高等学校教材

制药工程课程设计

张洪斌　杜志刚　主编

化学工业出版社

·北京·

图书在版编目（CIP）数据

制药工程课程设计/张洪斌，杜志刚主编．—北京：化学工业出版社，2007.6（2024.11重印）
高等学校教材
ISBN 978-7-5025-9618-7

Ⅰ．制…　Ⅱ．①张…②杜…　Ⅲ．制药工业-化学工程-课程设计-高等学校-教材　Ⅳ．TQ46

中国版本图书馆CIP数据核字（2007）第038184号

责任编辑：何　丽　徐雅妮　　文字编辑：李　瑾
责任校对：李　林　　装帧设计：于　兵

出版发行：化学工业出版社（北京市东城区青年湖南街13号　邮政编码100011）
印　　装：北京七彩京通数码快印有限公司
787mm×1092mm　1/16　印张11¾　字数284千字　2024年11月北京第1版第12次印刷

购书咨询：010-64518888　　售后服务：010-64518899
网　　址：http://www.cip.com.cn
凡购买本书，如有缺损质量问题，本社销售中心负责调换。

定　　价：29.00元

《制药工程课程设计》编写人员

主　编　张洪斌　杜志刚

副主编　陈效勤　胡雪芹　汤　青

编　委　（以姓氏笔画为序）

王佩迪（安徽省医药设计院）
朱慧霞（合肥工业大学）
任怀宇（安徽省医药设计院）
汤　青（安徽中医学院）
许小球（安徽省医药设计院）
杜志刚（安徽省医药设计院）
吴明德（安徽省医药设计院）
张显如（安徽省医药设计院）
张洪斌（合肥工业大学）
陈效勤（安徽省医药设计院）
周建华（安徽省医药设计院）
胡雪芹（合肥工业大学）
姚日生（合肥工业大学）
翁安军（安徽省医药设计院）
郎文庆（安徽省医药设计院）
琚泽亚（安徽省医药设计院）

前　言

就制剂工程学的理论教学而言，各兄弟院校都有丰富的教学经验可供借鉴，但为制剂工程学配套的课程设计环节没有成熟的教学模式和完善的教材可供参考。因此，根据合肥工业大学制药工程系教师的实际工作经验和科研设计项目，我们针对《药物制剂工程技术与设备》这门专业课设置了课程设计环节，在连续六届对本校制药工程专业学生进行课程设计教学的基础上，对其教学内容和教学模式进行了总结归纳，并结合安徽省医药设计院的具体医药工程设计实例和吸收兄弟院校的教学积累，形成了较完整的制药工程课程设计指导书。

本课程设计指导书内容具有以下特色：①设计课题与科研、工程设计实践相结合；②设计内容基本做到专业课与基础课或相近课程相结合；③课程设计与计算机辅助优化设计使用相结合；④课程设计与实验相结合。指导书中设置的题目具有真实性，贴近工程实际，让学生进行“真刀实枪”的设计训练，调动其积极性，增强其责任感。

本书主要作为高等学校制药工程专业和药物制剂专业的教学用书，也可用作药学相关专业的教材或教学参考书，并且可作为药物制剂生产企业与工程设计单位技术人员的参考资料。

本书由合肥工业大学、安徽省医药设计院、安徽中医学院等单位共同编写，张洪斌和杜志刚担任主编。全书共分七章，各章节的编写人员有：张洪斌（第一、第二、第三、第四、第五章），杜志刚（第三、第七章）、陈效勤（第三、第五章）、王佩迪、吴明德、琚泽亚（第三章），周建华、俞安军、胡雪芹（第四章）、许小球、朱慧霞、姚日生（第五章），郎文庆、张显如、任怀宇（第六章）、汤青（第七章）。

本书为《药物制剂工程技术与设备》教材配套，编写过程中得到教育部制药工程教学指导分委员会委员姚日生教授的指导，同时得到了化学工业出版社的大力支持，在此一并深表感谢。

由于制药工程课程设计内容是随着制药技术、机电设备、GMP 规范的发展而不断进步，限于编者水平，所体现的设计思想内容不一定全面，恳请广大读者批评指正。

编者

2007 年 3 月于合肥工业大学

目　　录

第一章 绪 论

一、课程设计目的与内容

（一）课程设计目的要求

药物制剂工程是制药工程专业和工科药物制剂专业的一门重要专业课程，它是一门以药剂学、GMP《药品生产质量管理规范》、工程学及相关科学理论和工程技术为基础来综合研究制剂生产实践的应用性工程学科，即研究制剂工程技术及GMP工程设计的原理与方法，介绍制剂生产设备的基本构造、工作原理和工程验证以及与制剂生产工艺相配套的公用工程的构成和工作原理。

课程设计是课程教学过程中综合性和实践性较强的教学环节，是理论联系实际的桥梁，是使学生体察工程实际问题复杂性的初次尝试。通过课程设计，使学生掌握工程设计的基本程序、原则和方法，熟练查阅技术资料、国家技术规范，正确选用公式和数据，运用简洁的文字、图形和工程语言正确表述设计思想与结果，从而培养学生分析和解决工程实际问题的能力和实事求是、认真严谨的工作作风，使学生逐步树立正确的设计理念。

制药工程课程设计是制药工程专业的一个重要教学实践环节。进行本课程设计的目的是培养学生综合运用所学的知识，特别是本课程的有关知识解决制药工程车间设计实际问题的能力，使学生深刻领会洁净厂房GMP车间设计的基本程序、原则和方法。掌握制药工艺流程设计、物料恒算、设备选型、车间工艺布置设计的基本方法和步骤。从技术上的可行性与经济上的合理性两个方面树立正确的设计思想。同时通过本课程的学习，提高学生编程及运用计算机设计绘图（AutoCAD）的能力。

（二）课程设计指导原则

指导书中设计题目均来源于教师或医药设计院曾经承担或正在主持的工程设计及研究项目的一部分，使该课程的课程设计摆脱照搬课本、脱离实际的模式，使之具有真实性、更贴近工程实际，让学生进行“真刀实枪”的设计，调动其积极性、增加其责任感。其指导原则如下。

（1）强化学生的工程观点　在课程设计中，要求学生从多方案中筛选出技术上先进、经济上合理、操作中安全的最佳方案。

（2）培养学生的责任感　为改变学生应付教师课堂留下练习题的情况，除让学生明确课程设计的意义外，尽量结合生产或科研等任务“真刀真枪”进行，以调动其积极性，使学生对所设计的结果具有责任感。

（3）启发诱导式的答疑　由于每个学生承担的设计任务不同，而且各自基础有差异，在设计过程中将会遇到一些自己不能够解决的问题，是正常的，指导教师在答疑时，应对学生的问题不宜讲解得过于具体细致，而应采取启发诱导的方式，尽量让学生经过独立思考，自己解决问题。

（4）注重能力培养　设计的特点是综合性强。通过课程设计，应注意使学生具备收集和分析基本资料的能力，计算能力，方案比较和选择能力，工程制图能力及语言表达能力。

（三）课程设计任务

（1）培养收集和分析基本资料能力　根据课程设计的任务，学生首先要进行数据的收集，这需要查阅大量的资料，从有关手册图表中获得物性、常数及经验数据等。其次要充分利用实验室对相关参数进行研究测试。

（2）进行方案比较和选择　对一个设计任务，根据所选取的设备及操作条件参数等的不同，可以得到不同的设计方案。将这些不同的方案进行技术可行性和经济合理性两方面比较，可从中选出最佳方案、确定生产工艺。

（3）训练工艺计算　包括物料衡算、能量计算。根据所计算的问题，应能选择正确的计算式。特别对经验式的使用，应注意其满足条件。由于设计计算要进行多方案的比较，计算比较繁琐，应借助于计算机编程计算。

（4）熟悉设备选型　查阅资料、根据计算结果选择工艺设备，包括设备型号、尺寸、公用工程的消耗等。

（5）绘制工艺流程图　根据所确定的生产工艺，采用CAD技术绘制工艺流程图，应有管道、阀门及流体流向的标示。

（6）车间工艺平面设计　按照GMP规范和洁净厂房设计规范的要求，结合所确定的生产工艺流程绘制平面布置图。

（7）单体设备设计　按照设备的具体要求及设备的设计规范进行单体设备设计。

（8）编写设计说明书　设计任务的完成，除工程制图外，还应有设计说明书。以流畅的文字、清晰的图表、系统的计算，有条理地将设计内容表达出来，这种设计说明书的整理，有助于学生语言文字表达能力的提高。

（9）设计考核实行答辩制，提高学生表达设计思想的能力。

二、制药车间工程设计程序

设计工作仅仅是工程建设程序中诸多阶段工作中的一个阶段，同时设计阶段与其他各阶段有着密切的关系，所以，要搞好设计阶段工作必须了解各阶段的内容和深度要求，特别是各阶段转换的衔接。制药车间工程设计是一项技术性很强的综合工作，是由工艺设计和非工艺设计（包括土建、设备、安装、采暖通风、电气、给排水、动力、自控、概预算、经济分析等专业）所组成。作为从事制药工程专业的技术人员需要了解设计程序和标准规范，并具有丰富的生产实践和各专业知识，才能提供必要的设计条件和设计基础资料，协同设计单位完成符合标准规范要求并满足药品生产要求的设计工作，设计质量关系到项目投资、建设速度和使用效果，是一项政策性很强的工作。

制剂工程项目的设计包括三个阶段：设计前期工作阶段、设计工作阶段和设计后期服务阶段。在不同的阶段中，进行不同的工作，而这些阶段是相互联系的，工作是步步深入的。设计前期工作阶段和设计后期服务阶段可以参考其他书籍，下面就设计工作阶段的相关程序做一介绍。

（一）设计任务书

设计任务书是指导和制约工程设计和工程建设的决定性文件。它是根据可行性研究报告及批复文件编制的。编制设计任务书阶段，要对可行性研究报告的内容再进行深入研究，落实各项建设条件和外部协作关系，审核各项技术经济指标的可靠性，比较、确定建设厂址方案，核实建设投资来源，为项目的最终决策和编制设计文件提供科学依据。有了设计任务书，项目就可以进行初步设计和建设前期的准备工作。

（二）设计工作阶段

设计工作阶段是通过技术手段把可行性研究报告和设计任务书的构思和设想变为现实，一般按工程的重要性、技术的复杂性，将设计工作阶段分为三段设计、两段设计或一段设计，见表1-1。

表1-1 设计工作阶段

设计阶段	内容	设计对象
三段设计	初步设计→扩初设计→施工图设计	重大工程、技术上较新颖和复杂工程
两段设计	初步设计→施工图设计	技术成熟的中、小型项目
一段设计	施工图设计	技术简单、规模较小的工程项目

1. 初步设计

根据建设规模初步设计可分为总体工程设计、车间（装置）设计及概算书。总体工程设计适用于新建、改扩建的大中型项目的初步设计。对小型建设项目及部分较简单的项目，可适当简化或将部分内容合并。车间（装置）设计适用于大中型项目中的车间（装置）的初步设计或总体工程设计内容不多的车间（装置）项目的设计。

初步设计的主要任务就是在批准的可行性研究报告范围内，确定全厂性设计原则、设计标准、设计方案和重大技术问题。如详细工艺管路流程，生产方法，工厂组成，总图布置，水、电、气（汽）的供应方式和用量，关键设备及仪表选型，全厂贮运方案，消防、劳动安全与工业卫生，环境保护及综合利用以及车间或单体工程工艺流程和各专业设计方案等。编制出初步设计文件与概算。

2. 施工图设计

施工图设计是根据已批准的（扩大）初步设计及总概算为依据，它是为施工提供依据和服务的，它由文字说明、表格和图纸三部分组成。

施工图是工艺专业的最终成品，施工图纸包括：土建建筑及结构图、设备制造图、设备

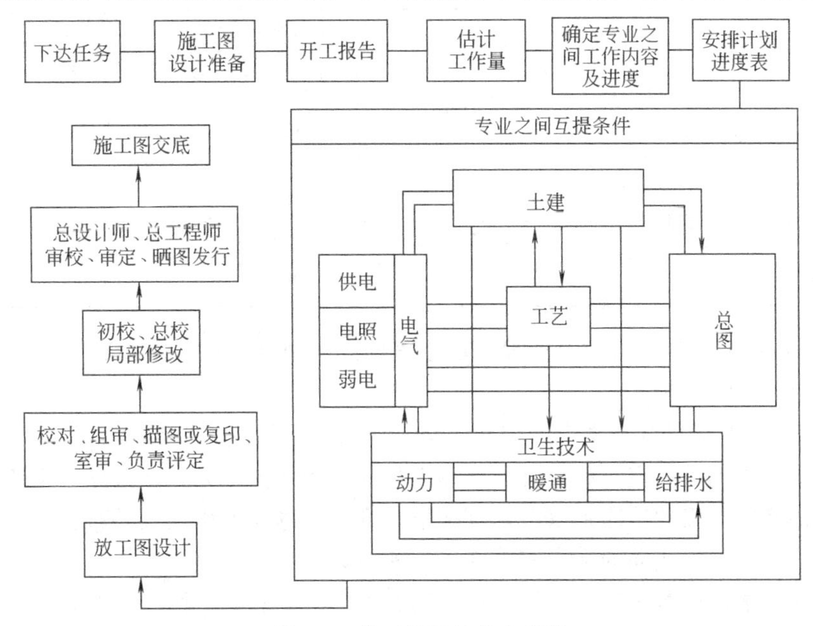

图1-1 施工图设计基本程序

安装图、管路安装图、供电、供热、给水、排水、电信及自控安装图等。施工图设计基本程序见图 1-1 所示。

三、洁净厂房设计原则和特点

（一）一般洁净厂房设计原则和特点

（1）厂址的选择要适宜，厂区的规划应合理，生产、行政、生活和辅助区不得互相妨碍。厂区的生产环境应整洁，路面应平整。

（2）厂房按生产工艺流程及所要求的空气洁净级别进行合理布局，同一厂房内以及相邻厂房之间的生产操作不得相互妨碍，并有防止昆虫和其他动物进入的设施，GMP 附录对药品生产厂房的洁净级别及要求作了明确规定，对空气净化系统等设施也有详细的规定。药品生产洁净室（区）的空气洁净度划分为四个级别，见表 1-2 所示。

表 1-2　药品生产洁净室（区）空气洁净度划分的四个级别

洁净度级别	尘粒最大允许量/(个/m^3)		微生物最大允许量	
	≥0.5μm	≥5μm	浮游菌/(个/m^3)	沉降菌/(个/m^3)
100 级	3500	0	5	1
10000 级	350000	2000	100	3
100000 级	3500000	20000	500	10
300000 级	10500000	60000	—	15

各种药品生产环境对应的空气洁净度级别见表 1-3、表 1-4 所示。

表 1-3　无菌药品及生物制品生产环境的空气洁净度级别

<table>
<tr><th>药　品　种　类</th><th colspan="2">洁　净　级　别</th></tr>
<tr><td rowspan="2">可灭菌小容量注射液(<50ml)</td><td colspan="2">浓配、粗滤:100000 级</td></tr>
<tr><td colspan="2">稀配、精滤、灌封:10000 级</td></tr>
<tr><td rowspan="4">可灭菌大容量注射剂(>50ml)</td><td colspan="2">浓配:100000 级</td></tr>
<tr><td rowspan="2">稀配滤过</td><td>非密闭系统:10000 级</td></tr>
<tr><td>密闭系统:100000 级</td></tr>
<tr><td colspan="2">灌封:局部 100 级</td></tr>
<tr><td rowspan="4">非最终灭菌的无菌药品及生物制品</td><td rowspan="2">配液</td><td>不需除菌滤过:局部 100 级</td></tr>
<tr><td>需除菌滤过:10000 级</td></tr>
<tr><td colspan="2">灌封、分装,冻干、压塞:局部 100 级</td></tr>
<tr><td colspan="2">轧盖:100000 级</td></tr>
</table>

（3）厂房应按生产工艺流程及所要求的空气洁净级别合理布局，做到人、物流分开，流程顺畅、短捷、不交叉。

（4）在满足工艺条件的前提下，有洁净级别要求的房间按下列要求布置：

① 洁净级别高的洁净室（区）宜布置在人员最少到达的地方，并宜靠近空调机房；

② 不同洁净度等级的洁净室（区）宜按洁净度等级的高低由里及外布置；

③ 空气洁净度等级相同的洁净室（区）宜相对集中；

④ 不同空气洁净度等级房间之间人员及物料的出入应有防止污染措施，如设置更衣间、缓冲间、传递窗等。

表 1-4　非无菌药品及原料药生产环境的空气洁净度级别

药品种类		洁净级别
栓剂	除直肠用药外的腔道用药	暴露工序:100000 级
	直肠用药	暴露工序:300000 级
口服液体药品	非最终灭菌	暴露工序:100000 级
	最终灭菌	暴露工序:300000 级
外用药品	深部组织创伤和大面积体表创面用药	暴露工序:100000 级
	表皮用药	暴露工序:300000 级
眼用药品	供角膜创伤或手术用滴眼剂	暴露工序:10000 级
	一般眼用药品	暴露工序:100000 级
口服固体药品		暴露工序:300000 级
原料药	药品标准中有无菌检查要求	局部 100 级
	其他原料药	300000 级

(5) 生产区应有足够的面积和空间，用以安置设备、物料等，便于操作（如原辅料暂存，中间物中转，中间体化验室，洁具室，工具清洗间，工器具存放间，不合格器具存放间等)。高度一般以人的适宜为准，2.7m 左右。

(6) 进行厂房设计时应考虑使用时便于进行清洁工作，洁净区的内表面应平整光滑、无裂缝、接口严密、无颗粒物脱落，并能耐受清洗和消毒，墙壁与地面的交界处宜成弧形或采取其他措施，以减少灰尘积聚和便于清洁。洁净室（区）的窗户、天棚及进入室内的管路、风口、灯具与墙壁或天棚的连接部位均应密封。

(7) 洁净室（区）内各种管道、灯具、风口以及其他公用设施，在设计和安装时应考虑使用中避免出现不易清洁的部位；水池、地漏不得对药品产生污染。

(8) 空气洁净级别不同的相邻房间之间的静压差应大于 5Pa，洁净室（区）与室外大气的静压差应大于 10Pa，并应有指示压差的装置。洁净室（区）的温度和相对湿度应与药品生产工艺要求相适应。无特殊要求时，温度应控制在 18～26℃，相对湿度控制在 45%～65%。厂房必要时应有防尘及捕尘设施。

(9) 仓贮区要保持清洁和干燥。照明、通风等设施及湿度、湿度的控制应符合贮存要求并定期监测。仓贮区可设原料取样室，取样环境的空气洁净度级别应与生产要求一致。

(10) 质量管理部门根据需要设置的检验、中药标本、留样观察以及其他各类实验室应与药品生产区分开。生物检定、微生物限度检定和放射性同位素检定要分室进行。对有特殊要求的仪器、仪表，应安放在专门的仪器室内，并有防止静电、震动、潮湿或其他外界因素影响的设施。

(11) 设备主要管路应标明管内物料名称、流向。贮罐和输送管路所用材料应无毒、耐腐蚀。管路的设计和安装应避免死角、盲管。纯化水、注射用水的制备、贮存和分配应能防止微生物的滋生和污染。设备及工艺用水贮罐和管路要规定清洗、灭菌周期。

(12) 注射用水的贮存可采用 80℃以上保温、65℃以上保温循环或 4℃以下存放。

(13) 实验动物房应与其他区域严格分开，其设计建造应符合国家有关规定。

(二) 特殊品种的规定

① 青霉素等高致敏性药品的生产必须设置独立厂房。

② 避孕药品、卡介苗、结核菌素的生产厂房，要与其他药品的生产厂房严格分开。

③ β-内酰胺类药品与其他药品生产区域要严格分开。

④ 中药材的前处理、提取、浓缩必须与其制剂生产严格分开；中药材的蒸、炒、炙、煅等炮制操作应有良好的通风、除烟、除尘、降温设施。

⑤ 动物脏器、组织的洗涤或处理，必须与其制剂生产严格分开。

⑥ 含不同核素的放射性药品，生产区必须严格分开。

四、工艺流程设计

生产工艺流程图设计可以分为三个阶段。

1. 生产工艺流程草图

为了便于进行物料衡算、能量衡算及有关设备的工艺计算，在设计的开始阶段，首先要绘制药物制剂生产工艺流程草图，定性地标出物料生产流向及所用的制剂设备。

2. 工艺流程图的绘制

在完成物料计算后便可绘制工艺物料流程图，它是以图纸和文字相结合的形式表达物料计算结果，作为下一步设计依据和为接受审查提供资料。

3. 带控制点的工艺流程图

在工艺计算、设备设计和工艺流程图的绘制完成之后，便可绘制带控制点的工艺流程图。内容如下。

(1) 工艺物料流程

① 设备示意图。大致依设备外形尺寸比例画出，标明设备的主要管口，适当考虑设备的相对位置。

② 设备位号。一般按照车间和生产流程来编。

③ 物料及公用工程（水、电、气、真空、空压等）管线及流向箭头。

④ 管线上的主要阀门、设备及管道的必要附件，如疏水器、微孔滤膜过滤器等。

⑤ 必要的计量、控制仪表，如流量计、液位计、真空表、压力表等。

⑥ 文字注释，如蒸汽、物料名称、物料去向。

(2) 图例　图例是将工艺物料流程图中绘制的有关管线、阀门、设备附件、控制仪表等图形用文字加以说明。

(3) 图签　图签是写出图名、设计单位、设计人员、制图人员、审核人员、审定人员、图纸比例尺、图号等内容的表格。其位置在流程图右下角。

第二章　固体制剂车间工程设计

第一节　固体制剂车间 GMP 设计的理论及要点

一、口服固体制剂车间 GMP 设计要点

工艺设计在固体制剂车间设计中起到核心作用，直接关系到药品生产企业的 GMP 验证和认证。所以在紧扣 GMP 规范进行合理布置的同时，应遵循以下设计原则和技术要求。

① 固体制剂车间设计的依据是《药品生产质量管理规范》（1998 年修订）及其附录、《洁净厂房设计规范》（GB 50073—2001）和国家关于建筑、消防、环保、能源等方面的规范。

② 固体制剂车间在厂区中布置应合理，应使车间人流、物流出入口尽量与厂区人流、物流道路相吻合，交通运输方便。由于固体制剂发尘量较大，其总图位置应不影响洁净级别较高的生产车间如大输液车间等。

③ 车间平面布置在满足工艺生产、GMP 规范、安全、防火等方面的有关标准和规范条件下尽可能做到人、物流分开，工艺路线通顺、物流路线短捷、不返流。

但从目前国内制药装备水平来看，固体制剂生产还不可能全部达到全封闭、全机械化、全管道化输送、物料运送离不开人的搬运。大量物料、中间体、内包材的搬运、传递是人工操作完成的，即人带着物料走。所以不要过分强调人流、物流交叉问题。但应坚持进入洁净区的操作人员和物料不能合用一个入口，应该分别设置操作人员和物料出入口通道。

④ 若无特殊工艺要求，一般固体制剂车间生产类别为丙类，耐火等级为二级。洁净区洁净级别 30 万级，温度 18～26℃，相对湿度 45％～65％。洁净区设紫外灯，内设置火灾报警系统及应急照明设施。级别不同的区域之间保持 5～10Pa 的压差并设测压装置。

⑤ 操作人员和物料进入洁净区应设置各自的净化用室或采取相应的净化措施。如操作人员可经过淋浴、穿洁净工作服（包括工作帽、工作鞋、手套、口罩等）、风淋、洗手、手消毒等经气闸室进入洁净生产区。物料可经脱外包、外表清洁、消毒等经缓冲室或传递窗（柜）进入洁净区。若用缓冲间，则缓冲间应是双门联锁，空调送洁净风。洁净区内应设置在生产过程中产生的容易污染环境的废弃物的专用出口，避免对原辅料和内包材造成污染。

⑥ 充分利用建设单位现有的技术、装备、场地、设施。要根据生产和投资规模合理选用生产工艺设备，提高产品质量和生产效率。设备布置便于操作，辅助区布置适宜。为避免外来因素对药品产生污染，洁净生产区只设置与生产有关的设备、设施和物料存放间。空压站、除尘间、空调系统、配电等公用辅助设施，均应布置在一般生产区。

⑦ 粉碎机、旋振筛、整粒机、压片机、混合制粒机需设置除尘装置。热风循环烘箱、高效包衣机的配液需排热排湿。各工具清洗间墙壁、地面、吊顶要求防霉且耐清洗。

二、相关工序的局部设计

1. 备料室的设置

综合固体制剂车间原辅料的处理量大，应设置备料室，并布置在仓库附近，便于实现定额定量、加工和称量的集中管理。生产区用料时由专人登记发放，可确保原辅料领用。车间

与仓库在一起，对GMP要求的原辅料前处理（领取、处理、取样）等前期准备工作充分，可减少或避免人员的误操作所造成的损失。仓库布置了备料中心，原辅料在此备料，直接供车间使用。车间内不必再考虑备料工序，可减少生产中的交叉污染。

其空气洁净度同该物料的制剂生产洁净级别一致。备料室、称量室布置实例见图2-1所示。

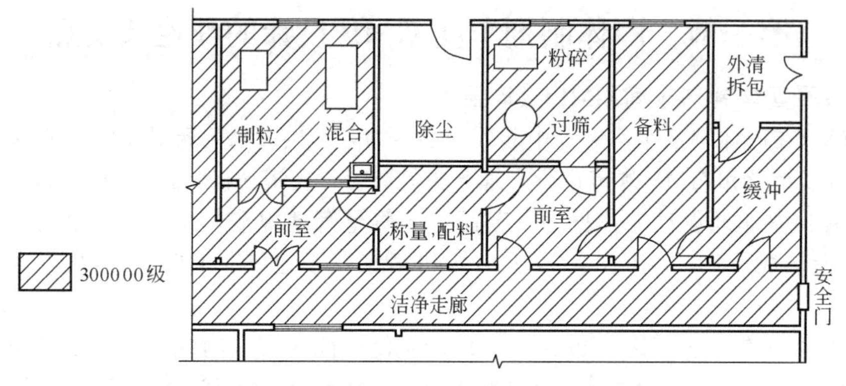

图2-1 备料室、称量室布置示意图

2. 固体制剂车间产尘的处理

固体制剂车间的显著特点是产尘的工序多，班次不一。发尘量大的粉碎、过筛、制粒、干燥、整粒、总混、压片、充填等岗位，需设计必要的捕尘、除尘装置（见图2-2），产尘室内同时设置回风及排风，排风系统均与相应的送风系统联锁，即排风系统只有在送风系统运行后才能开启，避免不正确的操作，以保证洁净区相对室外正压。工序产尘时开除尘器，关闭回风；不产尘时开回风，关闭排风。

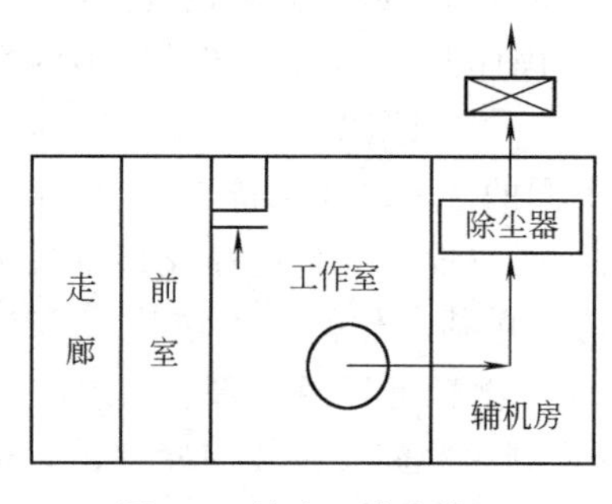

图2-2 捕尘、除尘装置

设置操作前室，前室相对公共走道为正压，前室相对产尘间为正压，产尘间保持相对负压，以阻止粉尘的外溢，避免对邻室或共用走道产生污染。如图2-3所示，压片间和胶囊充填间与它的前室保持5Pa的相对负压。

3. 固体制剂车间排热、排湿及臭味的的处理

配浆、容器具清洗等散热、散湿量大的岗位，除设计排湿装置外，也可设置前室，避免由于散湿和散热量大而影响相邻洁净室的操作和环境空调参数。

烘房是产湿、产热较大的工序，如果将烘房排气先排至操作室内再排至室外，则会影响工作室的温湿度。将烘房室排风系统与烘箱排气系统相连，并设置三通管道阀门，阀门的开关与烘箱的排湿联锁，即排湿阀开时，排风口关。此时烘房的湿热排风不会影响烘房工作室的温度和气流组织。

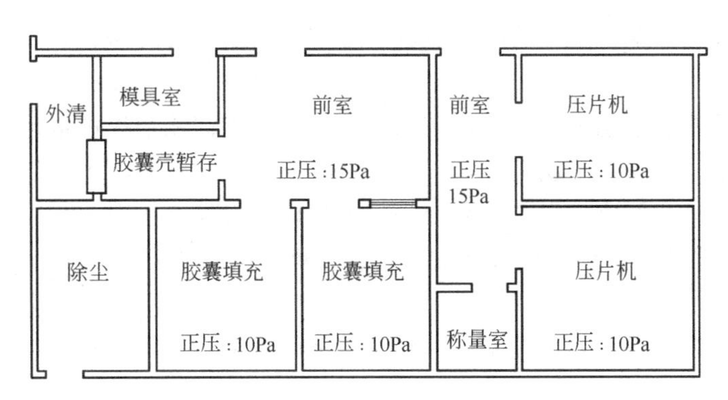

图 2-3　压片间和胶囊充填间与其前室压差

胶囊壳易吸潮，吸潮后易粘连，无法使用，应贮存在温度 18～24℃、相对湿度 45%～65%，可使用恒温恒湿机调控。硬胶囊充填相对湿度应控制在 45%～50%范围内，应设置除湿机，避免因湿度而影响充填，胶囊剂特别易受温度和湿度的影响，高温易使包装不良的胶囊剂变软、变黏、膨胀并有利于微生物的滋长，因此成品胶囊剂的贮存也要设置专库进行除湿贮存。

铝塑包装机工作时产生 PVC 焦臭味，故应设置排风。排风口位于铝塑包装热合位置的上方。

4. 高效包衣工作室

高效包衣采用了大量的有机溶剂，根据安全要求，高效包衣工作室应设计为防爆区。防爆区采用全部排风，不回风，防爆区相对洁净区公共走廊为负压。

高效包衣机的局部布置见图 2-8 所示。

5. 一步制粒机的局部平面布置

如图 2-8 所示。

6. 参观走廊的设置

参观走廊的设置不仅是人物流通道，保证了消防安全通道畅通；使洁净区与外界有一定的缓冲，保证了生产区域的洁净；作为参观走廊，使参观者不影响生产，而且洁净走廊的设置，使采用暖气采暖成为可能，保护了洁净区，避免冬季内墙结露。因为洁净区靠外墙，不设窗，影响房间采光；若设双层窗，无论如何密闭，灰尘也会进来，窗户的清洗也成问题。

7. 安全门的设置

设置参观走廊和洁净走廊时就要考虑相应的安全门，它是制药工业洁净厂房所必须设置的，其功能是出现突然情况时迅速安全疏散人员，因此开启安全门必须迅速简捷。

第二节　口服固体制剂车间设计举例

设计题目：固体制剂综合车间设计

一、车间设计概述

1. 固体制剂综合车间

由于片剂、胶囊剂、颗粒剂的生产前段工序一样，如混合、制粒、干燥和整粒等，因此，将片剂、胶囊剂、颗粒剂生产线布置在同一洁净区内，这样可提高设备的使用率，减少洁净区面积，从而节约建设资金。在同一洁净区内布置片剂、胶囊剂、颗粒剂三条生产线，在平面布置时尽可能按生产工段分块布置，如将造粒工段（混合制粒、干燥和整粒总混）、胶囊工段（胶囊充填、抛光选囊）、片剂工段（压片、包衣）和内包装等各自相对集中布置，这样可减少各工段的相互干扰，同时也有利于空调净化系统合理布置。

2. 设计目的

首先满足药品的工业化生产要求，按照药品的生产工艺流程提供最佳布置。

其次《药品生产质量管理规范》(GMP) 是药品生产和质量管理的基本准则，其中心思想是：任何药品质量的形成是生产出来的，而不是检验出来的。因此厂房设计的目的就是依据 GMP 的思想，为药品生产提供合理的布局、合理的生产场所。

3. 设计依据

固体制剂车间设计的依据是国家食品药品监督管理局颁布的《药品生产质量管理规范》(1998 年修订)、《医药工业洁净厂房设计规范》(GB 50073—2001) 和国家关于建筑、消防、环保、能源等方面的规范。

4. 设计原则

① 车间平面布置在满足 GMP 安全、防火等方面的有关标准和规范条件下尽可能做到人、物流分开，不返流。并注意布局的合理性，运输方便、路线短捷。

② 选用国内外先进的生产工艺和设备，提高产品质量和生产效率。

③ 净化空调和舒适性空调系统能有效控制温湿度；制水工艺先进，水质符合要求。

④ 严格遵守现行安全法规，采取各种切实可靠、行之有效的事故防范和处理措施。

二、生产规模及包装形式

1. 生产规模

片剂：5 亿片/年；胶囊剂：3 亿粒/年；颗粒剂：1000 万袋/年。

2. 包装形式

片剂采用塑瓶和铝塑两种包装形式，胶囊采用铝塑包装，颗粒剂为复合铝箔包装。产品内包装后装小盒，再按不同要求分装中盒和箱，放入装箱单、合格证，封箱入库。

三、生产制度

年工作日：250 天；

1 天 2 班：每班 8h。

四、生产工序

目前固体制剂仍以间歇式生产为主，班次不一。工艺路线选择的原则是：工艺成熟，技术先进。对于制剂实现自动化、连续化、联动化的密闭化生产是防止交叉污染、人为污染的质量保证措施，也是 GMP 设备实施的主要内容。但对于固体口服制剂，目前仅实现单机机械化生产，由于产品规模较难与其他设备相平衡，物料输送及进料方式难以连线，所以较难实现整线连动，但单机的连续自动化程度某些设备已相当成熟。具体流程见图 2-4 所示。

(1) 粉碎、过筛　要注意排尘除尘。

(2) 配料　要注意称量时的扬尘问题。

(3) 制粒　注意制粒时必须按规定将原辅料混合均匀，制粒可以改善药物流动性，减少粉尘飞扬；要注意不同药物制粒时的湿度选择；流化法制粒时要注意防爆。

(4) 干燥　采用流化床干燥时要注意排气的交叉污染，排气要经过除尘过滤。

(5) 过筛、整粒与总混　过筛 (筛去结块)、整粒 (加入润滑剂，增加颗粒流动性) 后混合，要注意整粒机必须有除尘装置；特殊品种如激素类药物的操作人员应有隔离防护措施。

(6) 压片　要注意颗粒扩散和除尘问题，局部要保持相对负压。

(7) 胶囊填充　要注意颗粒扩散和除尘问题，局部要保持相对负压。

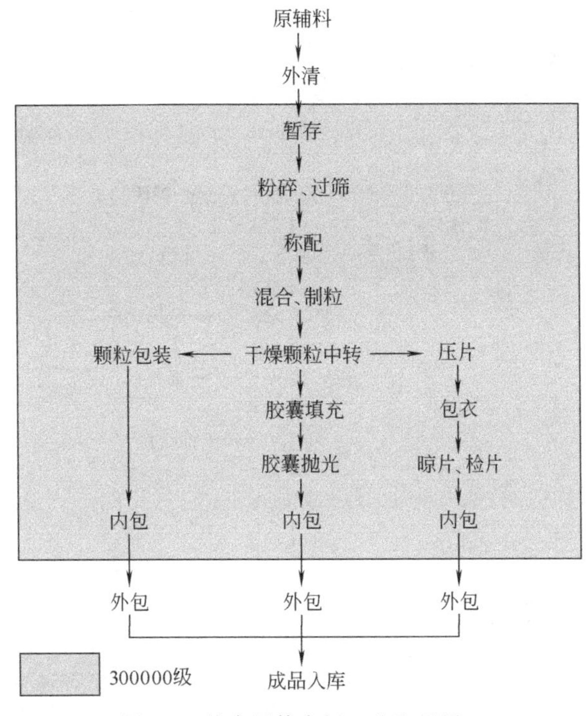

图 2-4　综合固体车间工艺流程图

(8) 包衣　要注意局部保持相对负压，有排尘除尘问题。

(9) 胶囊抛光　经胶囊抛光机去除胶囊外壁粘连的药粉。

(10) 包装　注意包装间的排热问题。

(11) 清场　有更换批号、品种、规格的要求时，每次更换前要对原生产车间进行卫生清场和有关设备的拆洗灭菌。

五、物料恒算

物料恒算就是分析生产过程，定量了解生产全过程，揭示原料消耗定额和物料利用情况，了解产品收率是否达到最佳数值，设备的生产能力是多少，各设备之间的生产能力是否平衡等。

根据所生产的剂型和生产量对每天生产的药物进行物料恒算。

1. 片剂（5 亿片/年）

计算基准　　kg/天　　　0.3g/片

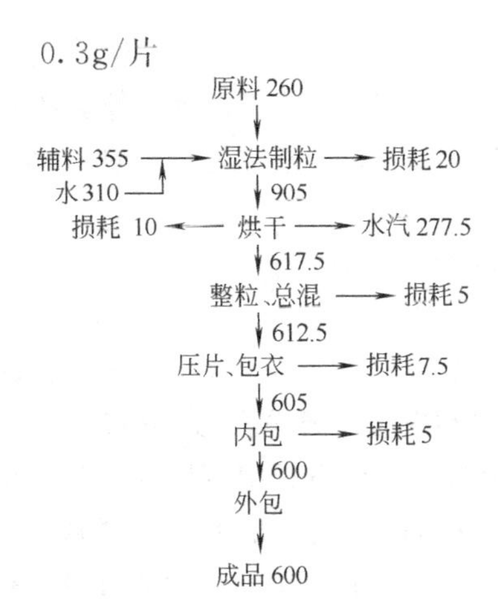

2. 胶囊剂（3亿粒/年）

计算基准　　kg/天　　0.3g/片

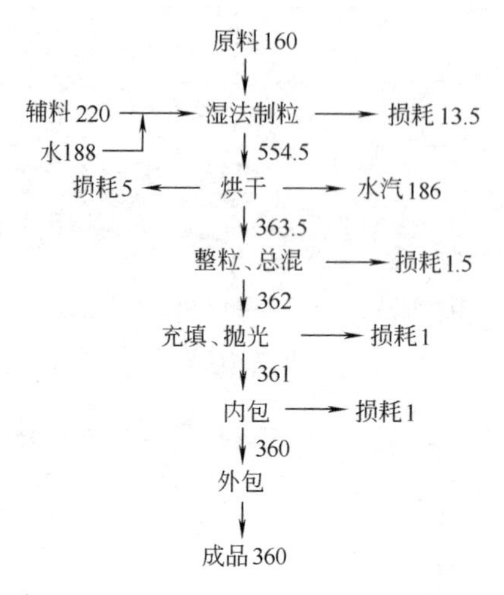

3. 颗粒剂（1000万袋/年）

计算基准　　kg/天　　5g/袋

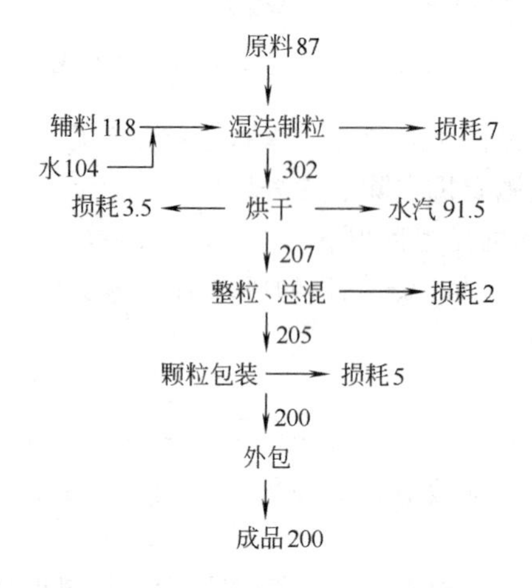

六、生产设备选型

（一）生产设备选型说明

设备选型是工艺设计的重要内容，国内制药企业积极推进GMP认证，但对国内生产药机设备却没有权威部门给予认证是否符合GMP，而国外生产的药机设备价格昂贵，因此在设备选型问题上应坚持按GMP的要求，力求先进、质量可靠、运行平稳、符合国情和企业实际情况。

1. 从设计角度看GMP对制剂设备的要求

GMP认证达标中一个重要内容是设备验证，它包括设备的安装确认（IQ）、运行确认（OQ）、性能确认（PQ）和投产后的产品验证（PV）四个阶段，制剂设备要达标，关键在于制剂设备在设计、选型、制造和安装上要符合GMP标准。

要达到GMP标准，制剂设备在具体设计中应体现符合产品生产及工艺要求、安全、稳定、可靠以及易于清洗、消毒或灭菌，便于生产操作和维修保养，并能防止差错和交叉污染的总体思想。在设计中，凡与药品直接接触的设备内表面及工作零件表面，尽可能不设计有台、沟及外露的螺栓连接。设备内外表面应平整、光洁、无棱角、无死角、无凹槽、易清洗与消毒。同时，为不对装置之外构成污染，设备应采取防尘、防漏、隔热、防噪声及防爆等措施。

设备的选材应严格控制，凡与药品直接接触的零部件均应选用无毒、耐腐蚀、不与药品发生化学反应、不释出微粒或吸附药品的材质。

无菌设备的清洗，尤其是直接接触的部件必须灭菌，除采用一般方法外，最好配备就地清洗（GIP），就地灭菌（SIP）的洁净、灭菌系统等。同时设备设计还应满足 GMP 对制剂设备在安装、维修、保养、管理和验证等方面的一系列要求。

2. 制剂设备设计应实现机械化、自动化、程控化和智能化

由于制剂工业 GMP 达标是个复杂的系统工程，因此我国制剂设备的设计与制造应该沿着标准化、通用化、系列化和机电一体化方向发展，以实现生产过程的连续密闭、自动检测。

3. 设备选型概述

① 空压机采用较先进的螺杆机组，该设备噪声低、可实现双机联锁，一方面节约了投资，另一方面也为将来的其他设备用气提供方便，保证了生产的持续进行。直接跟药品接触的压缩空气需经过净化程序达到药品生产所需标准后方可使用。

② 水处理采用反渗透技术或 EDI 技术，此技术跟传统的离子交换法相比，无需酸碱再生，不污染环境，可实现检测自动化，既方便、快捷、符合药厂的自身特点，又满足国家对环保的要求。

③ 混合、制粒、干燥采用先进的一步制粒法，此流程生产效率高，时间短，槽形混合机、摇摆式颗粒机、烘箱等设备不易清洗、不密闭，工艺过程繁琐，已逐步被淘汰。

④ 总混宜采用三维混合机，物料在无离心力的作用下混合、不产生比重偏析和积聚现象，混合均匀度高、装载系数大、工效高、无污染、无泄漏、易清洗。

⑤ 北京航空工艺研究所、北京国药龙立集团等单位研制的高速压片机，自动化程度高，检测、剔废、记录一体，有些性能指标已经超过国外同类产品，适合不同品种片剂的要求。

⑥ 北京翰林精工科技有限公司生产的胶囊充填机给人耳目一新的感觉，该设备的特点是：胶囊上机率高，装量准确，全封闭结构，运动部件与产品完全隔离，避免了因润滑而污染药品。新颖的压合推出吸尘机构，便于彻底清洗，独特的计量机构使机器漏粉极少，便于彻底清洗等。

⑦ 包衣机应选用高效包衣机，适用糖衣、有机薄膜、水溶薄膜的包衣，具有高效、节能、洁净、安全、操作简便等特点。

⑧ 铝塑包装主要用于药品小包装。采用平板正压成型和滚（辊）筒热封结合的药品包装机，用平板正压成型能使泡罩厚薄均匀，而滚（辊）筒连续热封能在较小的压力获得严密的线接触封合，适用于各种尺寸药板的包装，精度高、适用性强、操作简便、运行可靠、换模方便准确。铝塑包装应预留装盒、塑封、装箱包装联线，一方面节约人力，满足大规模生产需要，另一方面提高了产品的外观质量。

⑨ 包装不仅要考虑铝塑包装，而且还应考虑装瓶线，以适应不同品种不同档次的需求；为使产品符合 GMP 要求，适应国际市场，在包装线上可选用能打印生产标识、提高产品档次的喷墨打印机，便于产品的管理和提高防伪功能。

综上所述，由于药机设备的研制、生产不断发展，设备性能持续改进，需除尘的设备不

再很多，不要局限在GMP规定的框框里，应从减轻操作者劳动强度上，考虑采用液压提升上料，避免上料时粉尘飞扬；若设备本身密闭，自带除尘器，则就没有必要再设一套除尘系统。

（二）主要生产设备选型

① 由物料恒算可知，整个车间每天处理原辅料1200kg，再按生产班制可计算出每小时至少处理物料75kg。可选一台型号为FL-300的万能粉碎机，其单机生产能力为150kg/h，能满足生产要求，而且有较大的弹性。

生产能力/(kg/h)	150	重量/kg	300
配套电机/kW	5.5	主要材质	不锈钢
外形尺寸/mm	1100×600×1480	数量/台	1

② 工艺的第二步是过筛，根据固体制剂的需要，固体制剂过筛的主要目的是将物料颗粒大小筛匀，可选一台型号为ZS-350型的振动筛，其单机生产能力为60～360kg/h，可满足生产要求。

生产能力/(kg/h)	60～360	重量/kg	100
配套电机/kW	0.55	主要材质	不锈钢
外形尺寸/mm	880×880×1350	数量/台	1

③ 制粒过程中应用到水，每天处理的原辅料和水分可达1800kg，按每小时计算至少处理物料113kg，可选一台型号为CH-200的物料混合机，其每次能装150kg的物料，工作容积200L。

装料量/(kg/次)	150	重量/kg	630
配套电机/kW	4	主要材质	不锈钢
外形尺寸/mm	1790×660×1190	数量/台	1

④ YK-160型摇摆式颗粒机适用于制药、化工、食品等行业，其工作原理是通过机械传动，使刮粉轴往复运动，将物料从筛网挤出，制成颗粒。本机结构简单，操作方便，便于维修，每小时能处理360kg的物料，是目前固体制剂制粒行业制粒岗位常用的设备，选用一台即可。

生产能力/(kg/h)	360	重量/kg	380
配套电机/kW	1.5	主要材质	不锈钢
外形尺寸/mm	1030×450×1100	数量/台	1

⑤ 需经过干燥才能进行下一道工序的生产，因此选用两台型号为RXH-14-B的热风循环烘箱，该烘箱的生产能力是100kg/次。

生产能力/(kg/次)	100	重量/kg	1200
配套电机/kW	1.5×2	主要材质	不锈钢
外形尺寸/mm	2430×1200×2375	数量/台	2

⑥ 喷雾制粒是将喷雾干燥与流化床制粒技术相结合的制粒方法，该工艺所用到的设备即是沸腾制粒干燥机（一步制粒机），就是在物料粉碎过筛后，直接送到一步制粒机中，一步完成混合、干燥、制粒任务。其工作原理是利用高速热气流使流化床内物料粉末成流态化，将黏合剂喷成雾状凝聚在颗粒表面结成多孔状颗粒。集混合、制粒、干燥功能于一体，

多流体雾化器确保成粒均匀。利用浸膏（密度 1.25g/cm^3 左右）作为黏合剂可节约大量乙醇降低成本，并能生产出小剂量、无糖或低糖的中成药，所制出的冲剂速溶、片剂易于崩解。其主要的配套结构由一个主机和进风系统构成。但这种设备在生产的时候噪声比较大，需要用到蒸汽和压缩空气，所以使用时候应有消音系统并注意安全。另外它的出风口需要安装在比较高的位置，所以在安装时需要局部抬高 3.5～4m。根据工艺要求，选用一台型号为 FL-300 的沸腾制粒干燥机，其干燥能力为 300kg/h，容器容积为 1000L，蒸汽（0.4MPa）耗量 336kg/h，压缩空气耗量 0.9m^3/min，干燥温度 20～120℃，物料收得率可达 99%。

生产能力/(kg/h)	300	重量/kg	1800
配套电机/kW	30	主要材质	不锈钢
外形尺寸/mm	2400×2100×3200	数量/台	1

⑦ 制粒后的工序是整粒，根据物料恒算，需要一台生产能力至少为 74kg/h 的整粒机，可选用一台型号为 GKZ-200 的快速整粒机，其生产能力为 200kg/h，成粒范围在 6～80 目。

生产能力/(kg/h)	200	重量/kg	125
配套电机/kW	2.2	主要材质	不锈钢
外形尺寸/mm	1000×980×1300	数量/台	1

⑧ HDJ 系列多向运动混合机使用于制药、化工、食品等行业，其工作原理是混合时物料在器内做强烈湍动、平移、翻转，加速物料的扩散，且不产生偏析和聚积，桶内装料系数大，进出料方便，无死角、不损料、易清洗。根据工艺可选一台型号为 HDJ-1000 的三维运动混合机，装料容积为 850L，最大装量 500kg。

生产能力/(kg/h)	600	重量/kg	2200
配套电机/kW	7.5	主要材质	不锈钢
外形尺寸/mm	2800×2600×2400	数量/台	1

⑨ 高速旋转式压片机能将颗粒状原料压成原形片、异型片、图形片及双面刻字片，其工作原理是通过先进的控制系统，使转盘上的上下冲沿轨道做升降运动，自动完成加料、充填、压片、出片的连续动作。根据生产需要每小时至少压片 12.7 万片，选一台型号为 GZ-PK-132 的高速旋转式压片机即可满足工艺要求，其生产能力为 19.2 万片/h，最大压片直径可达 18mm。电气控制系统与主机分离，并配有 SZ300 振动式旋转除粉筛。

生产能力/(万片/h)	19.2	重量/kg	2300
配套电机/kW	7.5	主要材质	不锈钢
外形尺寸/mm	1820×800×400	数量/台	1

⑩ 高效包衣机适用于制药行业中、西药片包裹糖衣、有机薄膜或水溶薄膜。根据生产需要，每天需处理物料 300kg，可选两台型号为 GB-150B 的高效包衣机，结构由主机、热风柜、排风柜、蠕动泵、喷雾装置、高压无气泵、清洗系统等组成。包衣过程全封闭操作，电脑控制、触摸屏操作。其生产能力为 150kg/批，转筒转速为 18r/min，高效过滤热风电机功率 1.5kW，除尘排风机电机功率 6.5kW。

生产能力/(kg/批)	150	重量/kg	750
配套电机/kW	2.2×2	主要材质	不锈钢
外形尺寸/mm	1730×1320×2030	数量/台	2

⑪ 胶囊填充时，根据生产需要每分钟至少填充 1250 粒，NJP 系列型号的全自动胶囊填充机目前在国内还是较先进的胶囊填充设备，可选两台型号为 NJP-800 的全自动胶囊填充机，其单机生产能力为 800 粒/min，胶囊上机率>98%，装量差异±4%之间，适用于型号为 $0^{\#}$～$5^{\#}$ 的胶囊，工作时噪声<80dB，真空度－(0.04～0.08) MPa。

生产能力/(粒/min)	800	重量/kg	700
配套电机/kW	3×2	主要材质	不锈钢
外形尺寸/mm	700×900×1800	数量/台	2

⑫ 胶囊填充后需清除附着在胶囊外壳上的粉尘，即抛光。根据生产需要，可选一台型号为 PG-7000 的胶囊抛光机，适用于各种型号的胶囊，吸尘机的功率为 1.2kW，其工作原理是采用直流电机无级调速，将锁合后的硬胶囊成品放入料斗，经毛刷旋转及螺旋运动，反复滚动、抛光，使胶囊表面光洁，主轴倾斜角可任意调整。

生产能力/(粒/min)	3000～7000	重量/kg	60
配套电机/kW	0.3	主要材质	不锈钢
外形尺寸/mm	1150×1250×400	数量/台	1

⑬ 颗粒剂现广泛采用复合铝箔包装，根据生产需要，颗粒自动包装机每分钟至少完成 42 袋，可选用一台型号为 DXDK-100 的颗粒自动包装机，其包装速度为 55～100 袋/min，计量范围为 1～10ml，制袋尺寸长 40～145mm、宽 50～100mm。

包装速度/(袋/min)	55～100	重量/kg	175
配套电机/kW	0.86	主要材质	不锈钢
外形尺寸/mm	625×751×1558	数量/台	1

⑭ 铝塑包装是片剂和胶囊剂的常用包装形式，通常有平板式和滚筒式。按生产方式有板式正压成型的，有真空吸成型的，还有压缩空气吹塑成型的。一般都是集成型、装药、封口、冲裁为一体的。根据生产需要可选三台型号为 DPP-250B 的平板式泡罩包装机，其冲切频率为 20～40 次/min，冲切板块每次 4 板，包装效率 5000～8000 板/h，标准板块 58mm×90mm，压缩空气压力为 0.4～0.6MPa。

包装效率/(板/h)	5000～8000	重量/kg	1500
配套电机/kW	4×3	主要材质	不锈钢
外形尺寸/mm	4000×800×1900	数量/台	3

⑮ 为了增加包装的多样性，另设一条塑瓶包装线用于片剂包装，选用型号为 DP-245A 的片剂包装机一台，其生产能力为 30～50 瓶/min，适应规格 15～55ml，药片直径 5.5～10mm，装量 30～200 片/瓶。

生产能力/(瓶/min)	30～50	重量/kg	900
配套电机/kW	0.6	主要材质	不锈钢
外形尺寸/mm	2800×800×1500	数量/台	1

七、车间设计说明

1. 在厂区中的位置

固体制剂综合车间在厂区中布置应合理，应使车间人流物流出入口尽量与厂区人流物流道路相吻合。由于固体制剂发尘量较大，应位于当地常年风向的下游。在决定厂房总图方位时，厂房总轴应尽量布置成东、西向，以避免有大面积的窗墙受日晒影响。

固体制剂综合车间按GMP标准设计，建造成含片剂、胶囊剂、颗粒剂的车间，仓库（原辅料库、前处理间、包材库、成品库等）与固体制剂车间成一整体建筑物。仓库和固体制剂车间为单层轻钢结构。

2. 正确处理工艺布局中的人流物流关系

在固体制剂车间工艺设计中，工艺布局设计对于药品生产企业实施GMP有着重要作用。应按GMP所要求的“工序衔接合理，人物流分开”、“避免人物流交叉”的规定进行合理的布置，应遵循以下设计原则。

（1）进入洁净区的操作人员和物料不能合用一个入口。应该分别设置操作人员和物料入口通道。原辅材料和直接接触药品的内包材料，如果均有可靠的包装相互之间不会产生污染，工艺流程上也是合理的话，原则上可以使用一个入口。而生产过程中产生的废弃的内包材，应设专门的出入口，以免污染原辅料和内包材料。进入洁净区的物料和运出洁净区的成品其出入口应分开设置。

（2）操作人员和物料进入洁净区应设置各自的净化用室或采取相应的净化措施。如操作人员可经过淋浴、穿洁净工作服（包括工作帽、工作鞋、手套、口罩等）、风淋、洗手、手消毒等经气闸室进入洁净生产区。物料可经脱外包、风淋、外表清洁、消毒等经缓冲室或传递窗（柜）进入洁净区。采用传递窗方式，实际是很不方便的。这是由于固体制剂车间的生产能力和原辅料包装体积都很大，传递窗尺寸不可能太大，时间长久易造成传递窗的损坏，起不到应有的作用。使用货淋或缓冲间比较好，缓冲间的门是双门联锁，空调送风。洁净区内设计时还应设置生产过程中产生的容易污染环境的废弃物的专用出口，避免对原辅料和内包材造成污染。由于操作人员在洁净区操作时间较长，工作环境不是很好（发尘、湿热岗位较多），应在人员进入洁净区附近设休息间，内设置饮水机，以方便员工饮水。

（3）为避免外来因素对药品产生污染，洁净生产区只设置与生产有关的设备、设施和物料存放间。空压站、除尘间、空调系统、配电等公用辅助设施，均应布置在一般生产区。

（4）在洁净区内设计洁净走廊时，应保证此通道直接到达每一个生产岗位、中间物或内包材存放间。不能把其他岗位操作间或存放间作为物料和操作人员进入本岗位的通道。这样可有效防止因物料运输和操作人员流动而引起的不同品种药品的交叉污染。同时由于固体制剂生产的特殊性及工艺配方和设备的不断改进，应适当加宽洁净走廊，减少运输过程中对隔断的碰撞和设备更换时必须拆除或破坏隔断。所以说洁净走廊不仅仅是人员、物料的通道，而且也是设备更换的通道。

（5）在不同工艺流程、工艺操作、设备布置的前提下，相邻洁净操作室，如果空调系统参数相同，可在隔墙上开门，开传递窗或设传送带来传送物料。尽量少用或不用洁净操作室外共用的通道。

车间的出入口往往是昆虫、鸟类、鼠类进入车间的通道，因此车间的出入口要尽量少。整个车间主要出入口分两处，一处是人流出入口，即门厅；另一处是物流出入口，即收、发厅。车间内的人员和物料通过各自的专用通道进入洁净区，人流和物流无交叉。但从目前国内制药装备水平来看，固体制剂生产还不可能全部达到全封闭、全机械化、全管道化输送的水平，物料运送离不开人的搬运。大量物料、中间体、内包材的搬运、传递是由人工操作完成的，即人带着物料走。所以不要陷入“人流、物流不交叉”的误解中去，以为人流、物流绝对不能交叉。但应坚持进入洁净区的操作人员和物料不能合用一个入口，应该分别设置操作人员和物料出入口通道。

3. 生产线安排

粉碎、过筛、称配等工序使用一独立的空调系统，位于仓库附近。由于片剂、胶囊剂、颗粒剂的生产前段工序一样，如混合干燥和整粒等，因此，将片剂、胶囊剂、颗粒剂生产线布置在同一洁净区内，这样可提高设备的使用率，减少洁净区面积，从而节约建设资金。由于在同一洁净区内布置了片剂、胶囊剂、颗粒剂三条生产线，因此平面布置时尽可能按生产工段分块布置，如将造粒工段（混合制粒、干燥和整粒总混）、胶囊工段（胶囊充填、抛光选囊）、片剂工段（压片、包衣）和内包装等各自相对集中布置，这样可减少各工段的相互干扰，同时也有利于空调净化系统合理布置。包装区域设4条全自动包装流水线，每条流水线都设置在独立的房间中，可防止不同品种的混淆。

4. 备料室的设置

GMP要求药品生产企业应设备料室，但除了β-内酰胺类药品的备料室应设在专门的厂房内，对一般药品没有说明备料室该置于何处，应该包括哪些内容。GMP规定药品生产企业生产区的运输不应对药品的生产造成污染。因此考虑总体和厂房布局时既要保证人流、物流分开，又要使物料的运输距离尽可能缩短。综合固体制剂车间原辅料的处理量大，应设置备料室，并布置在仓库附近，便于实现定额定量、加工和称量的集中管理。生产区用料时由专人登记发放，可确保原辅料领用。车间与仓库在一起，对GMP要求的原辅料前处理（领取、处理、取样）等前期准备工作充分，可减少或避免人员的误操作所造成的损失，这比分体设计要好。仓库布置了备料中心，原辅料在此备料，直接供车间使用。车间内不必再考虑备料工序，可减少生产中的交叉污染。

5. 中间站的布置

洁净区内设置了与生产规模相适应的原辅料、半成品存放区，如颗粒中间站、胶囊间和素片中转间等，有利于减少人为差错，防止生产中混药。中间站布置方式有两种：第一种为分散式，优点为各个独立的中间站邻近操作室，二者联系较为方便，不易引起混药，这种方式操作间和中转间之间如果没有特别要求，可以开门相通，避免对洁净走廊的污染，缺点是不便管理。第二种为集中式，即整个生产过程中只设一个中间站，专人负责，划区管理，负责对各工序半成品入站、验收、移交，并按品种、规格、批号加盖区别存放，明显标志。此种布置优点是便于管理，能有效地防止混淆和交叉污染；缺点是对管理者的要求较高。当采用集中式中间站时，生产区域的布局要顺应工艺流程，不迂回、不往返，并使物料传输距离最短。在本次车间设计实例中采用的是集中式中间站，如图2-6所示。

6. 固体制剂车间产尘、散热、散湿、臭味的处理

固体制剂车间的显著特点是产尘的工序多，班次不一。发尘量大的粉碎、过筛、制粒、干燥、整粒、总混、压片、充填等岗位，如不能做到全封闭操作，则除了设计必要的捕尘、除尘装置外，还应设计操作前室，以避免对邻室或共用通道产生污染。

配浆、容器具清洗等散热、散湿量大的岗位，除设计排湿装置外，也可设置前室，避免由于散湿和散热量大而影响相邻洁净室的操作和环境空调参数。

胶囊壳易吸潮，吸潮后易粘连，无法使用，应贮存在温度18～24℃、相对湿度45%～65%，可使用恒温恒湿机调控。硬胶囊充填相对湿度应控制在45%～50%范围内，应设置除湿机，避免因湿度而影响充填，胶囊剂特别易受温度和湿度的影响，高温易使包装不良的

胶囊剂变软、变黏、膨胀并有利于微生物的滋长，因此成品胶囊剂的贮存也要设置专库进行除湿贮存。

铝塑包装机工作时产生 PVC 焦臭味，故应设置排风。排风口位于铝塑包装热合位置的上方。

7. 容器具的清洗

一般生产区内布置洁具清洗、存放间。洁净区内要设计容器具清洗、存放间，而且面积不能太小。使用的中转容器具应表面光洁，具有耐磨性和易清洗性，以不锈钢制品为佳。清洗用水要根据被洗物是否直接接触药物来选择。不接触者可使用饮用水清洗，接触者还要依据生产工艺要求使用纯水或注射用水清洗。但不论是否接触药物，凡进入无菌区的工器具、容器等均需灭菌。

8. 参观走廊的设置

参观走廊的设置不仅是人物流通道，保证了消防安全通道畅通；使洁净区与外界有一定的缓冲，保证了生产区域的洁净；作为参观走廊，使参观者不影响生产，而且洁净走廊的设置，使采用暖气采暖成为可能，保护了洁净区，避免冬季内墙结露。因为洁净区靠外墙，不设窗，影响房间采光；若设双层窗，无论如何密闭，灰尘也会进来，窗户的清洗也成问题。

9. 仓库

为了增大仓库的贮存量，仓库采用钢制货架、塑料托盘，货物分区分架存放。仓库内设收发货厅、原辅料区、包装材料区、成品区等。

10. 洁净工作服的处理

洁净工作服的洗涤，要跟生产级别一致。即洁净工作服是在与生产洁净区同等级的区域内清洗、干燥完成封口，并存放在洁净工作服存衣柜中。在一般生产区洗衣、干燥后传入洁净区，这样洁净工作服和一般生产区的工作服窗口易混淆，造成污染。

此外，洁净工作服的衣柜不应采用木质材料，以免生霉长菌或变形，应采用不起尘、不腐蚀、耐消毒的材料，衣柜的选用应该与对设备选型的要求一致。

11. 安全门的设置

设置参观走廊和洁净走廊时就要考虑相应的安全门，它是制药工业洁净厂房所必须设置的，其功能是出现突然情况时迅速安全疏散人员，因此开启安全门必须迅速简捷。

12. 其他设计说明

含片剂、颗粒剂、胶囊剂的固体制剂综合车间设计其物流出入口与人流出入口完全分开，固体制剂车间为同一个空调净化系统和同一套人物流净化措施。

关键工位：制粒的制浆间、包衣间需防爆；压片间、混合间、整粒总混间、胶囊充填、粉碎筛粉需除尘。

固体制剂综合生产车间洁净级别为 30 万级，按 GMP 规范的要求，洁净区控制温度为 18～26℃，相对湿度为 45％～65％。

八、附图

具体附图如下所示。

图 2-5 为固体制剂综合生产工艺流程图。

图 2-6 为固体制剂综合车间平面布置图。

图 2-7 为设备表、技术要求和图例。

图 2-8 为局部设备安装图。

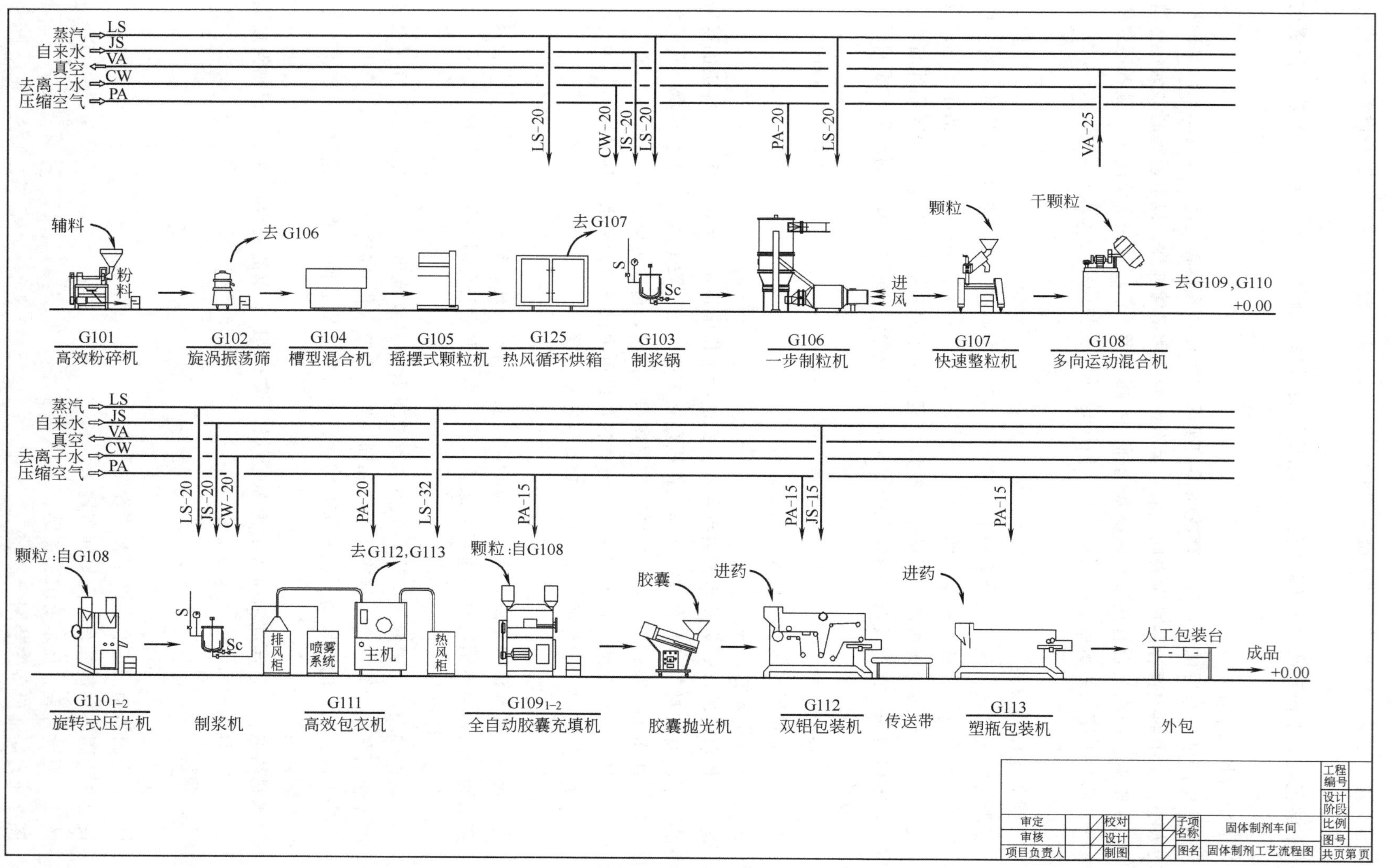

图 2-5 固体制剂综合生产工艺流程

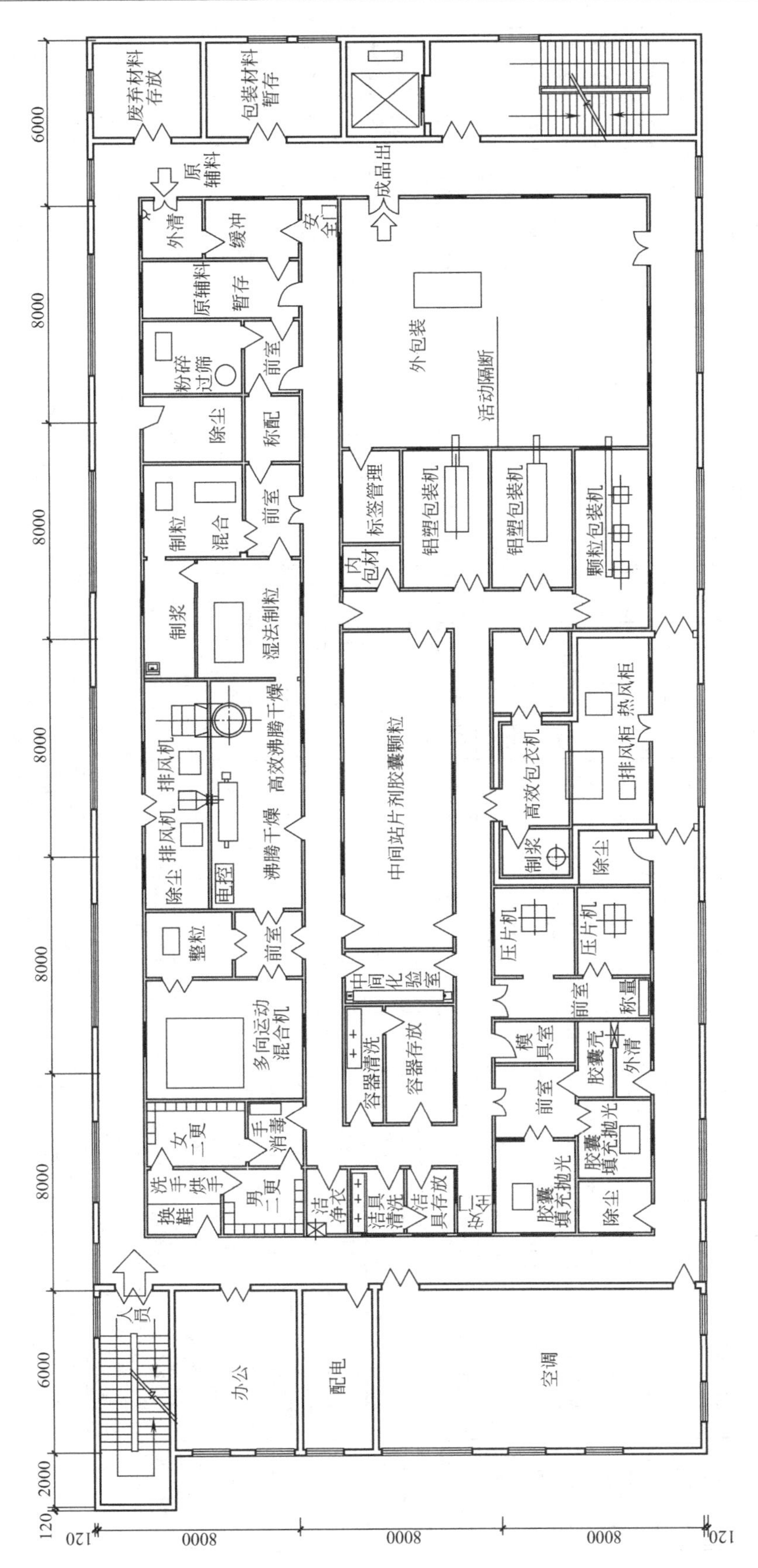

图 2-6　固体制剂综合车间布置

序号	位号	设备名称	型号规格	外形尺寸/mm	单机重量	电容量/kW	数量	生产量	备注
19	G126	洗衣烘干机	美菱牌(5L)			5	1		
18	G125	热风循环烘箱	RXH-14-B	2430×1200×2375	1200kg	1.5×2	2	100kg/次	
17	G124	打包机	DZB	3200×900×1400	700kg	2.2	1	180 包/min	
16	G123	槽型混合机	CH150	1600×1600×1100	500kg	3.0	1		
15	G115	颗粒包装机	DXDK100	625×751×158		3×2	2		
14	G114	塑瓶包装机		8620×1530×1500		12	1		
13	G113	铝塑包装机	DPP250	3200×1000×1850	1000kg	4	1	5280 板/h	
12	G112	铝塑包装机	DPH130	2400×940×1750	1600kg	9.3	1	2.8 万～7 万粒/h	
11	G111	高效包衣机	GB150B	1730×1320×2030		15	1	150kg	
10	G110	压片机	ZP129	930×950×1800	1400kg	4×2	2	7.8 万片/h	
9	G109	全自动胶囊填充机	NJP-800	950×785×1920	700kg	3.5×3	3	800 粒/min	
8	G108	多向运动混合机	HDJ600	1850×2500×1900	1500kg	5.5	1	300kg/批	
7	G107	快速整粒机	ZL160	1000×1000×1300	150kg	1.5	1	100～1200kg/h	
6	G106	一步制粒机	FL60	ϕ2000×2800	1700kg	15	1	100～300kg/批	
5	G105	摇摆式颗粒机	YK160	1030×450×1100	360kg	2.2	1	200～300kg/h	
3	G103	制浆锅	QJ-150	1350×660×1000	230kg	0.8×2	2	50kg/h	
2	G102	过筛	ZS-350	1100×1100×1200	100kg	0.8	1	60～500kg/h	
1	G101	粉碎机	SF-250	700×500×1100		5.5	1	250kg/h	

固体制剂车间技术要求

1. 室内装修水、电、汽(气)管道敷设,照明灯具设计按照 GMP 要求设计。
2. 本车间生产类别为丙类耐火等级二级。
3. 洁净区外窗均采用双层固定窗,并要求密封,防止灰尘和粉尘进入。
4. 厂房入口处和车间参观走廊设置电击式杀虫灯。
5. 洁净室内设置火灾报警系统及应急照明设施。
6. △为 30 万级洁净区,控制温度 18～26℃,相对湿度 45%～63%。
7. 洁净级别不同的区域之间保持 5～10Pa 的压差,并有测压装置,其中粉碎过筛混合制粒快速整粒房间相对其前室为负压大相对外面为正压。
8. 洁净室内安装紫外杀菌灯,一步制粒机间及其制浆、包衣间及其制浆电气防爆各制浆间需设酒精浓度报警器。
9. 洁净区内墙采用轻质隔断,上部设铝合金固定观察窗。
10. 洁净地漏为符合 GMP 的洁净地漏。
11. 本车间层高为 5.50m,吊顶底离地面 2.70m,其中一步制粒车间局部抬高 3.5m。
12. 工具清洗间,洁具清洗制粒的制浆间,高效包衣机制浆间,制水间,洁净衣洗涤烘干间,晾片检片间需排热、排湿、热风循环烘箱需排热、排湿仓库要加强排风防霉。
13. 生产区所需压缩空气须经除油、无菌过滤处理。
14. 洁净区地面采用环氧自流坪,颜色:30 万级:深绿,控制区、非洁净区较 30 万级深一点。传递窗(L×W×H)700×600×700 底边距楼面 800。
15. 需除尘的点:粉碎机 G10、过筛 G102、快速整粒机 G107、多向运动混合机 G108、全自动胶囊填充机 G109、压片机 G110、槽型混合机 G123
16. 图中除特殊说明外单相插座三相插座 6kW

名称	蒸汽点	供电点	三相插座	单相插座	烘手器	供自来水	排水点	去离子水	防爆
图例	△	●				⊙	⊗	Ⓒ	B
名称	除尘	水池	地漏	压缩空气	真空接点	通风	传递窗	冷却上水	冷却回水
图例	Ⓣ	水池		PA	Ⓥ	T	⊠	CR	CW

						工程编号	
						设计阶段	
审定		校对		子项名称	固体制剂车间	比例	
审核		设计				图号	
项目负责人		制图		图名	设备表技术要求及图例	共 页 第 页	

图 2-7 设备表、技术要求和图例

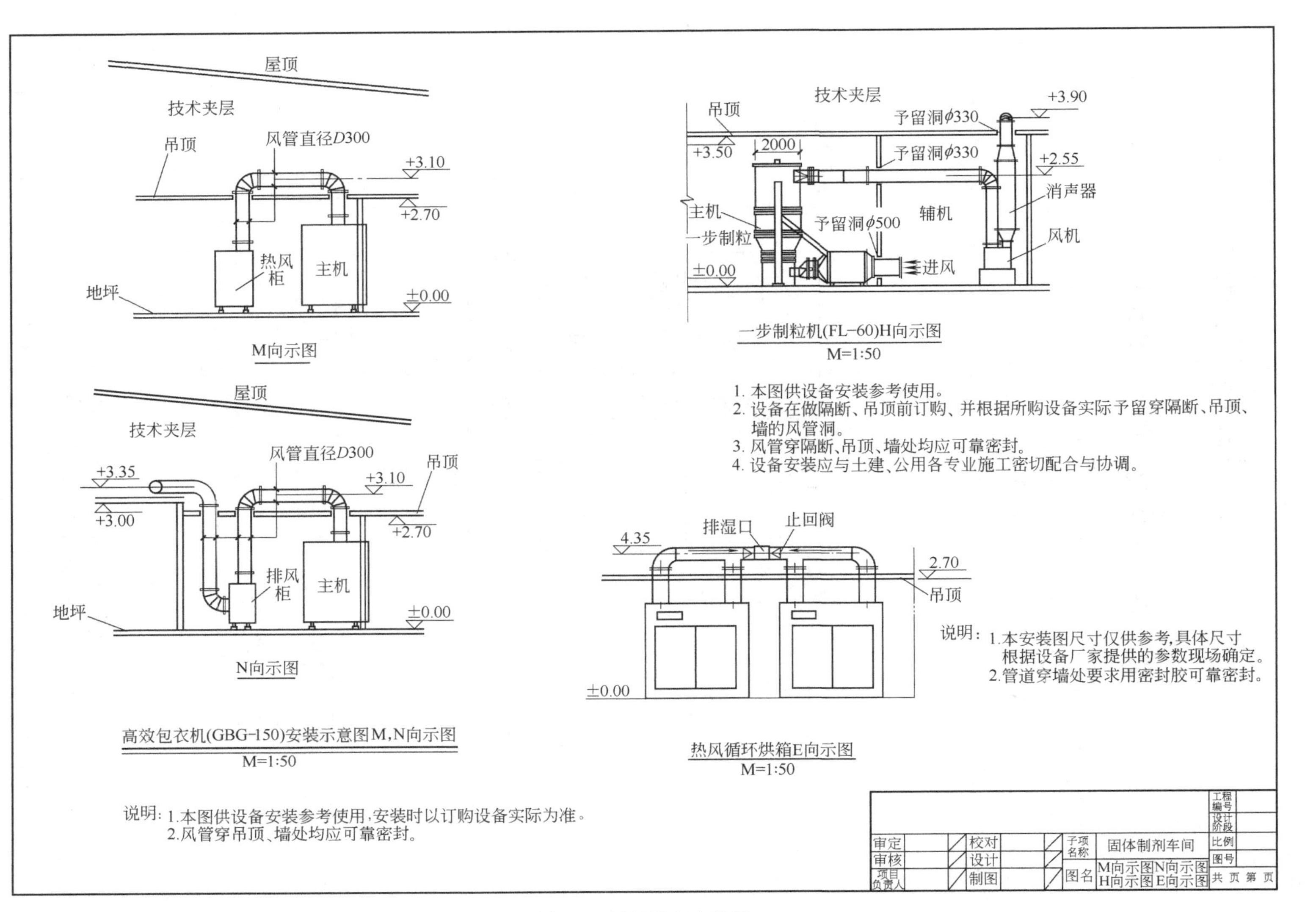
屋顶
技术夹层
吊顶
风管直径D300
+3.10
+2.70
热风柜
主机
地坪
±0.00
M向示图
屋顶
技术夹层
风管直径D300
+3.35
+3.00
+3.10
吊顶
+2.70
排风柜
主机
地坪
±0.00
N向示图
高效包衣机(GBG-150)安装示意图M,N向示图
M=1:50
说明: 1.本图供设备安装参考使用,安装时以订购设备实际为准。
2.风管穿吊顶、墙处均应可靠密封。
技术夹层
吊顶
+3.90
予留洞ϕ330
+3.50
2000
予留洞ϕ330
+2.55
消声器
主机
一步制粒
予留洞ϕ500
辅机
风机
±0.00
进风
一步制粒机(FL-60)H向示图
M=1:50
1. 本图供设备安装参考使用。
2. 设备在做隔断、吊顶前订购、并根据所购设备实际予留穿隔断、吊顶、墙的风管洞。
3. 风管穿隔断、吊顶、墙处均应可靠密封。
4. 设备安装应与土建、公用各专业施工密切配合与协调。
排湿口
止回阀
4.35
2.70
吊顶
±0.00
说明: 1.本安装图尺寸仅供参考,具体尺寸根据设备厂家提供的参数现场确定。
2.管道穿墙处要求用密封胶可靠密封。
热风循环烘箱E向示图
M=1:50
工程编号
设计阶段
审定
校对
子项名称
固体制剂车间
比例
审核
设计
图号
项目负责人
制图
图名
M向示图N向示图
H向示图E向示图
共 页 第 页

图 2-8　局部设备安装图

第三章　注射剂车间工程设计

第一节　水针剂车间GMP设计

一、最终灭菌小容量注射剂（水针）车间设计一般性要点

① 最终灭菌小容量注射剂生产过程包括原辅料的准备、配制、灌封、灭菌、质检、包装等步骤，按工艺设备的不同形式可分为单机生产工艺和联动机组生产工艺两种，其流程及环境区域划分见图3-1。关于水针各单机设备和联动机组设备的具体内容详见《药物制剂工程技术与设备》教材。

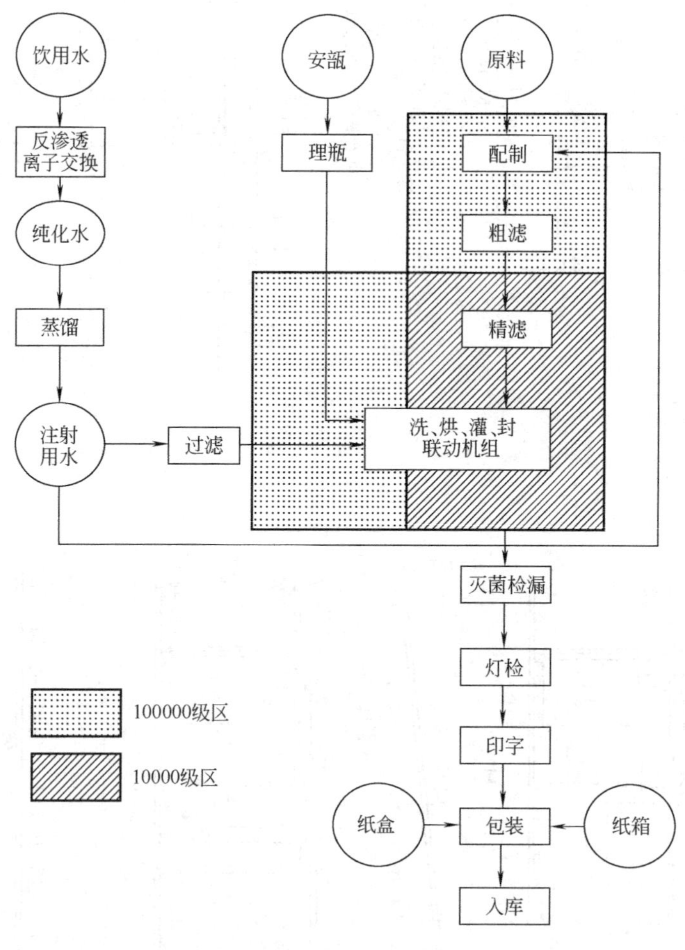

图3-1　最终灭菌小容量注射剂洗、烘、灌、封联动机组工艺流程及环境区域划分示意

② 按照GMP规范的规定最终灭菌小容量注射剂生产环境分为三个区域：一般生产区、10万级洁净区、1万级洁净区。一般生产区包括安瓿外清处理、半成品的灭菌检漏、异物检查、印包等；10万级洁净区包括物料称量、浓配、质检、安瓿的洗烘、工作服的洗涤等；1

万级洁净区包括稀配、灌封，且灌封机自带局部100级层流。洁净级别高的区域相对于洁净级别低的区域要保持5～10Pa的正压差。如工艺无特殊要求，一般洁净区温度为18～26℃，相对湿度为45%～65%。各工序需安装紫外线灯。

③ 车间设计要贯彻人、物流分开的原则。人员在进入各个级别生产车间时，要先更衣，不同级别的生产区需有相应级别的更衣净化措施。生产区要严格按照生产工艺流程布置，各个级别相同的生产区相对集中，洁净级别不同的房间相互联系中设立传递窗或缓冲间，使物料传递路线尽量短捷、顺畅。物流路线一条是原辅料、物料经过外清处理，进行浓配、稀配；另一条线是安瓿瓶，安瓿经过外清处理后，进入洗灌封联动线清洗、烘干，两条线汇聚于灌封工序。灌封后的安瓿再经过灭菌、检漏、擦瓶、异物检查，最后外包，完成整个生产过程。

④ 辅助用房的合理设置是制剂车间GMP设计的一个重要环节。厂房内设置与生产规模相适应的原、辅材料，半成品，成品存放区域，且尽可能靠近与其联系的生产区域，减少运输过程中的混杂与污染。存放区域内应安排待验区，合格品区和不合格品区；贮料称量室、质检室、工具清洗存放间、洁具洗涤存放间、洁净工作服洗涤干燥室等均要围绕工艺生产来布置，要有利于生产管理；空调间、泵房、配电室、办公室、控制室要设在洁净区外，且有利于包括空调风管在内的公用管线的布置。

⑤ 水针生产车间内地面一般做耐清洗的环氧自流坪地面，隔墙采用轻质彩钢板，墙与墙、墙与地面、墙与吊顶之间接缝处采用圆弧角处理，不得留有死角。

⑥ 水针生产车间需要进行排热、排湿的房间有浓配间、稀配间、工具清洗间、灭菌间、洗瓶间、洁具室等，灭菌检漏考虑通风。公用工程包括给排水、供气、供热、强弱电、制冷通风、采暖等专业的设计应符合GMP原则。

⑦ 水针剂为灭菌注射剂，每支规格为1ml、2ml、5ml、10ml、20ml，多为1ml、2ml规格。水针剂设计对生产中环境、设备、人员、生产操作等方面采取的措施，应能保证使产品的微生物污染或尘粒的污染降至最低限度。尤其应注意对生产用水、灌装（封）、灭菌工序的设计。

⑧ 水针剂生产批号的确定以一个配液罐配制的均质药液，并使用同一台灭菌设备灭菌的产品为一个批号；当使用数台灭菌设备时应加亚批号。

⑨ 主要设计思路与步骤：水针剂GMP车间设计应遵照GMP对水针剂的要求，结合生产设备及工艺路线进行布局，按照生产纲领及班制要求，进行合理的物料衡算，确定主要工艺设备选型，绘制工艺设备一览表（含技术要求），依据工艺流程图设计工艺平面布局图，从而完成工艺设计的主体框架工作。工艺设计施工图还包括设备定位图、设备安装图、工艺管道布置图、主要设备进场路线图等。

⑩ 主要生产设备对工艺设计的影响。水针剂生产线设备及布局以物料衡算为依据，但也相互影响和制约。按照GMP规范及国家发放的相关政策规定（淘汰过时的单机拉丝灌封生产工艺设备），水针剂生产线主流设备均选用BXSZ1/20型安瓿水针洗烘灌封联动机组。主要生产设备的定型化决定了工艺设计要以主体生产线为中心的设计思想。

⑪ 水针剂生产洁净区域划分示意图。图3-1为最终小容量注射剂洗、烘、灌、封联动机组工艺流程及环境区域划分示意图。

二、水针剂生产GMP现场要点

1. 生产用水的制备、贮存和输送

（1）水源

① 药品生产企业应有适宜的水源，水质应符合国家饮用水质量标准（GB 5749—85）。供水量应满足生产需要。

② 药品生产企业应对水质进行监测，应有每月一次全项检验的报告书。对出现水质不符合标准的情况，应有处理措施及处理后水质再监测记录或报告书。

（2）纯水（蒸馏水、去离子水）制备

① 纯水的水源必须符合国家饮用水的质量标准。

② 蒸馏水应按照《中国药典》标准至少每周进行一次全项检验，结果应符合规定。制备过程中应对水质进行监测，其“酸碱度”、“氯化物”、“铵盐”、“重金属”等重点项目至少每2h监测一次。去离子水至少每2h监测一次，电阻率应大于0.5MΩ·cm。

③ 水质监测时，采样点的位置应合理。对出现水质不符合标准的情况，应有处理措施及处理后的水质再监测记录或报告书。

④ 蒸馏水、去离子水的制备间不得有霉斑，应有有效的排水（或排气）设施。

⑤ 去离子水的制备应有离子交换树脂再生的有关规定、再生操作规程和再生记录，并应有微生物的监测记录。

（3）注射用水制备

① 注射用水的水源宜为纯水。

② 注射用水按照《中国药典》标准至少每周进行一次全项检验，结果应符合规定。制备过程中应对水质进行监测，其“酸碱度”、“氯化物”、“铵盐”、“重金属”等重点项目至少每2h监测一次。

③ 水质监测时，采样点的位置应合理。对出现水质不符合标准的情况，应有处理措施及处理后水质再监测记录或报告书。

④ 注射用水的制备间不得有霉斑，并有有效的排水、排气设施。

（4）纯水、注射用水的贮存和输送

① 贮罐和输送管道的材质应无毒、耐腐蚀，宜用搪瓷玻璃、优质不锈钢或其他适宜材料。

② 贮罐应密闭，贮罐的通气口应安装不脱落纤维的疏水性除菌滤器。贮罐、输送管道不得有“死角”（不易清洗或不循环静止角落）。

③ 贮水条件及时间的规定应能保证水的质量。

④ 纯水、注射用水使用前如需微孔滤膜过滤，应注意滤膜的更换；过滤装置的安装和使用应有检查。

⑤ 贮罐、输送管路的清洗规程应能保证清洗、消毒或灭菌的效果符合生产要求；清洗、消毒或灭菌应有检查记录。

2. 安瓿的清洗

① 待洗安瓿保存的环境及状态应尽可能使对其污染的影响降至最低限度。

② 用于安瓿粗洗、精洗的生产用水应符合要求。

③ 安瓿的清洗应严格执行清洗操作规程，其清洗方法应能保证清洗质量符合生产要求。需灭菌的安瓿，应有灭菌操作记录和灭菌效果的检查记录。

④ 干燥、灭菌后的安瓿贮存和运转过程应采取有效措施，防止再污染。并应有保存时限及再洗涤的规定。

⑤ 安瓿清洗室应设置有效的排水、排气设施，其排水口的处理应与清洗室的洁净级别相适应。

3. 贮料

① 设置专用贮料室，仅供贮存即将投入生产的原辅料或生产后的剩余原辅料的零头。

② 贮料室应有专人管理。对进出物料应按生产指令进行管理，其品名、批号、规格、数量、领料日期及领料人签名的领料单等应有核对；结果应记录，并纳入批生产记录。

③ 按批生产指令领用的原辅料应在专用场所除去外包装或对外包装进行清洁。采用的清洗方法及进入贮料室的方式不应影响原辅料的质量及贮料室的洁净级别。

④ 同一批量的产品有多种原辅料包装时，其贮存码放的方式应能防止异物污染或交叉污染；单位包装应有品名、批号、数量等明显标志。

4. 原辅料称量

① 所选用的量器的精度、衡器的感量与所称量物料的量应相适应，并有定期校正的检查记录和合格证。

② 称量应严格按批生产指令进行，并有经他人复称的记录。称量记录应纳入批生产记录。

③ 不同品种的原辅料称量使用的盛取器具不得混用。用于称量的盛装原辅料的容器应清洁、具有盖或密闭，并应有品名、批号、数量、生产日期等明显标志。

④ 活性炭称量应在具有有效排尘设施的专用操作间内进行，并注意防止对环境的污染。

5. 药液配制

① 配制室不得有霉斑，并有有效的与洁净级别相适应的排气、排水设施。

② 配制室的清洁消毒操作规程应能保证清洁效果符合生产和洁净级别的要求，不应存在引起污染或混药的可能。

③ 与药液直接接触的设备、管道、滤器及容器具的清洗、消毒或灭菌操作规程，内容应包括清洗周期、清洗方法、清洗剂的选用、消毒或灭菌方法、清洁程度的检查等项目。

④ 稀配液（或粗滤液）、精滤液的质量应有检验记录。液体量需重新配制时应有再行检验的记录。

⑤ 配制药液需使用惰性气体保护时，使用的惰性气体应有检验合格报告书（单），并经洗涤净化处理。

6. 灌装（封）

① 洁净厂房的空气滤器安装或更换后应检查和监测其滤效，换气次数或层流风速应符合洁净级别要求；其洁净级别应定期监测，结果应记录。

② 灌装操作间的温、湿度应有监测记录。

③ 灌装操作间内的用具、物料、设备及物料进出口、排水设施等应与其生产洁净级别相适应。

④ 灌装设备、容器及用具、工作服的清洗规程应符合生产洁净级别的要求，不应存在引起污染或混药的可能。

⑤ 进入灌装（封）工序的人员应按生产和洁净级别的要求更衣。工作服的材质、服式及人员着装应满足灌装（封）的生产要求。

⑥ 与药液直接接触的灌装设备的表面应光滑、平整、易清洗或消毒、耐腐蚀、无“死

角”滞留药液。

⑦ 灌装（封）操作应有清场复查，其复查记录应纳入批生产记录。

⑧ 灌装量应符合规定，并有定时（期）监测记录。记录应纳入批生产记录。

⑨ 配液至灌装（封）完毕的操作时限应有规定，保证药液的质量。

⑩ 同一批药液灌装操作完毕后，其实际收得率应与计算收得率进行核对。若有显著差异必须查明原因，确认无潜在质量事故后，方可按正常产品处理。

7. 灭菌

① 灭菌设备、生产操作、工艺管理应能有效地防止未灭菌品与已灭菌品的混淆。

② 操作现场的清场应彻底。灭菌操作前应进行清场复查，其复查记录应纳入批生产记录。

③ 未灭菌品与已灭菌品应有有效的分别存放措施，并有明显标志。

④ 灭菌设备的检查、维修、验证应有记录。灭菌工艺应能保证灭菌效果，不得影响产品质量。

⑤ 灭菌操作应符合生产工艺规程的要求。灭菌记录（包括灭菌温度曲线）应纳入批生产记录。

⑥ 灌装后至灭菌完毕的操作时限应有规定，以保证药品的质量。

⑦ 灭菌后如需冷却时，冷却用水不得对已灭菌品产生再污染。

⑧ 灭菌后应有检漏试验，其结果应记录。检漏记录应纳入批生产记录。

8. 灯检

① 灯检室的设施、澄明度检测仪的性能、操作人员的视力应符合规定。

② 灯检操作开始前应进行清场复查，其复查记录应纳入批生产记录。

③ 每批产品灯检操作结束后应彻底清场。同一灯检室不应同时从事两种以上品种或两个以上批号产品的操作。

④ 未灯检品、灯检合格品、灯检不合格品应有有效地防止混淆的存放措施，并有明显标志。

9. 印字、贴签和包装

① 包装操作前应有清场复查，其复查结果应纳入批生产记录。

② 待包装品应符合工艺要求和质量标准；对于采用全自动（或半自动）连续生产线的包装操作，需要先行包装的产品，包装完毕待检验合格后方可入成品库。

③ 包装材料的领用或销毁应符合规定。

④ 安瓿上需印字的产品，其字迹应清晰、不易磨灭；品名、批号、规格等项目应齐全。

⑤ 产品进行外包装（装箱）前，其内、外包装上所标明的品名、批号、规格、批准文号、生产日期等应一致。

10. 其他

① 具有有效期的药品，其原料药贮存期的规定应合理，并能保证其制剂的有效期的确定。

② 剩余药液、各工序的剔除品、不合格品的报废等处理应有规程，处理结果应记录。

三、水针剂车间课程设计实例

(1) 课程设计题目　年产 1 亿支水针车间 GMP 工艺设计。

(2) 年工作日　255 天。

(3) 生产班制　一天二班制。

(4) 产品规格　1ml/支，2ml/支，安瓿瓶。

(5) 设计技术要求见图 3-3。

(6) 物料衡算　每天工作时间：8×2=16h；按每班准备时间 1h 算，则每天生产时间：16－2=14h。

年产 1 亿支，则每天产量：1 亿/250=40 万支/天；每小时产量：40 万/14=2.9 万支/h。

(7) 主要设备选型

① 配液机组　容积　1000L　耗电量 6kW

② 安瓿洗、灌、封联动机组

型号规格　BXSZ1/20

主要用途　用于制药、生物制品等行业安瓿的灌封和封口。

主要技术参数

安瓿规格　1～20ml　　生产能力　8000～36000 支/h

产品合格率　98%　　耗电量　44kW

重量：5300～5980kg　　材质　不锈钢

外形尺寸：7540mm×2120mm×2380mm～8191mm×2120mm×2450mm

台数　1 台

③ 安瓿水浴灭菌器

型号规格　XG1. SSB-1. 2 系列

主要用途　适用于制药行业水针剂的灭菌和检漏。

主要技术参数

灭菌室尺寸 1700mm×610mm×910mm～4700mm×1000mm×1200mm

装载量　276000 瓶/柜（每瓶 2ml）　　蒸汽耗量　80～260kg/柜

汽源压力　0. 3～0. 5MPa　　水耗量　1000～4500kg/柜

水源压力　0. 15～0. 3MPa　　消毒车　2～4 辆

配套电机　3. 5kW　　材质　不锈钢

重量　2400kg

外形尺寸　1950mm×2780mm×1920mm～5062mm×3610mm×2100mm

台数　1 台

④ 灯检机

型号规格　ZJ

主要用途　适用于对灌装后的抗生素西林瓶、口服液瓶、安瓿瓶进行异物检查并剔除。

主要技术参数

生产能力　60～180 瓶/min

适用瓶子规格　直径≤30mm　　瓶高　35mm

检查灯　18W/220V/50Hz　　配套电机　0. 06kW

重量　105kg　　主要材质　不锈钢

台数　3 台

⑤ 安瓿印字包装联动机

主要用途　适用于制药行业安瓿印字和包装。

型号规格　YBL-2

主要技术参数

适用安瓿规格　1ml、2ml、5ml、10ml、20ml

生产能力　60000支/h（每支1～2ml）

配套电机　2kW　　外形尺寸　6800mm×1500mm×1550mm

重量　1500kg　　主要材质　不锈钢，钢

台数　1台

⑥ 工艺用水设备

a. 纯水制取装置　JYR系列

主要用途　适用于制药、食品、饮料、化工等行业制取纯水。

工作原理　由预处理、反渗透、离子交换三大部分组成，对含盐量在100～1000mg/L范围内的水质进行纯水的制取。

主要技术参数

纯水产量　0.5～2T/H　　组件数量　1～80

工作电压　150～350V　　工作电流　1～15A

配套电机　2.2～15kW

主要材质　不锈钢

外形尺寸　(600～1400)mm×600mm×1600mm

b. 多效蒸馏水机

型号规格　LD-500

锅炉蒸汽压力　0.3～0.5MPa　　原料水耗量　1240～1750/L/h

蒸馏水产量　500L/h　　冷却水耗量　650～980L/h

设备净重　1250kg　　耗电量　1.1kW

外形尺寸　1870mm×950mm×3100mm

(8) 车间平面布置图说明

① 由于水针是用安瓿灌装的，安瓿在搬运过程中易碎，所以设计时将整个车间设置在一个层面。车间的设计严格按照生产工艺流程布置，一条是物料线，物料经过外清处理，进行浓配、稀配、质检；另一条流向是安瓿，安瓿经过外清处理后，进入洗灌封联动线清洗，两条线汇聚于灌封部。灌封后的安瓿再经过灭菌、检漏、擦瓶、异物检查，最后外包，完成整个生产过程。

② 洁净区域。本车间共分为三个区域：一般生产区，10万级洁净区，1万级生产区。设计时，各个级别的生产区相对集中，10万级的称量与浓配、洗瓶车间布置在一起，1万级的稀配、灌封、质检车间布置在一起。生产线的关键地区，即安瓿洗后的烘干及灌封处实行局部100级，用层流洁净台工作。洁净级别和卫生要求不同的房间相互联系中设立了气闸室和缓冲间，在洁净区入口处布置洁净等级较低的工作室。

③ 人、物流。设计中坚持了人物流分开的原则，人流入口与物料入口分开，没有混杂。物料传递路线尽量短捷，减少通过走廊传送。人员在进入各个级别的生产车间时，要先更衣，每个级别的生产区都有相应的更衣室。

④ 生产辅助部门。安排了物料净化用室，原、辅料外包装清洁室，称量室，配料室，设备容器具清洁室，清洁工具洗涤存放室，洁净工作服洗涤干燥室，空调间，泵房，配电室，测试室，废品间，控制室。

⑤ 生活部门。人员净化室，包括换鞋间、脱衣间、穿衣间、办公室等。

⑥ 洁净厂房内设置与生产规模相适应的原、辅材料，半成品，成品存放区域，且尽可

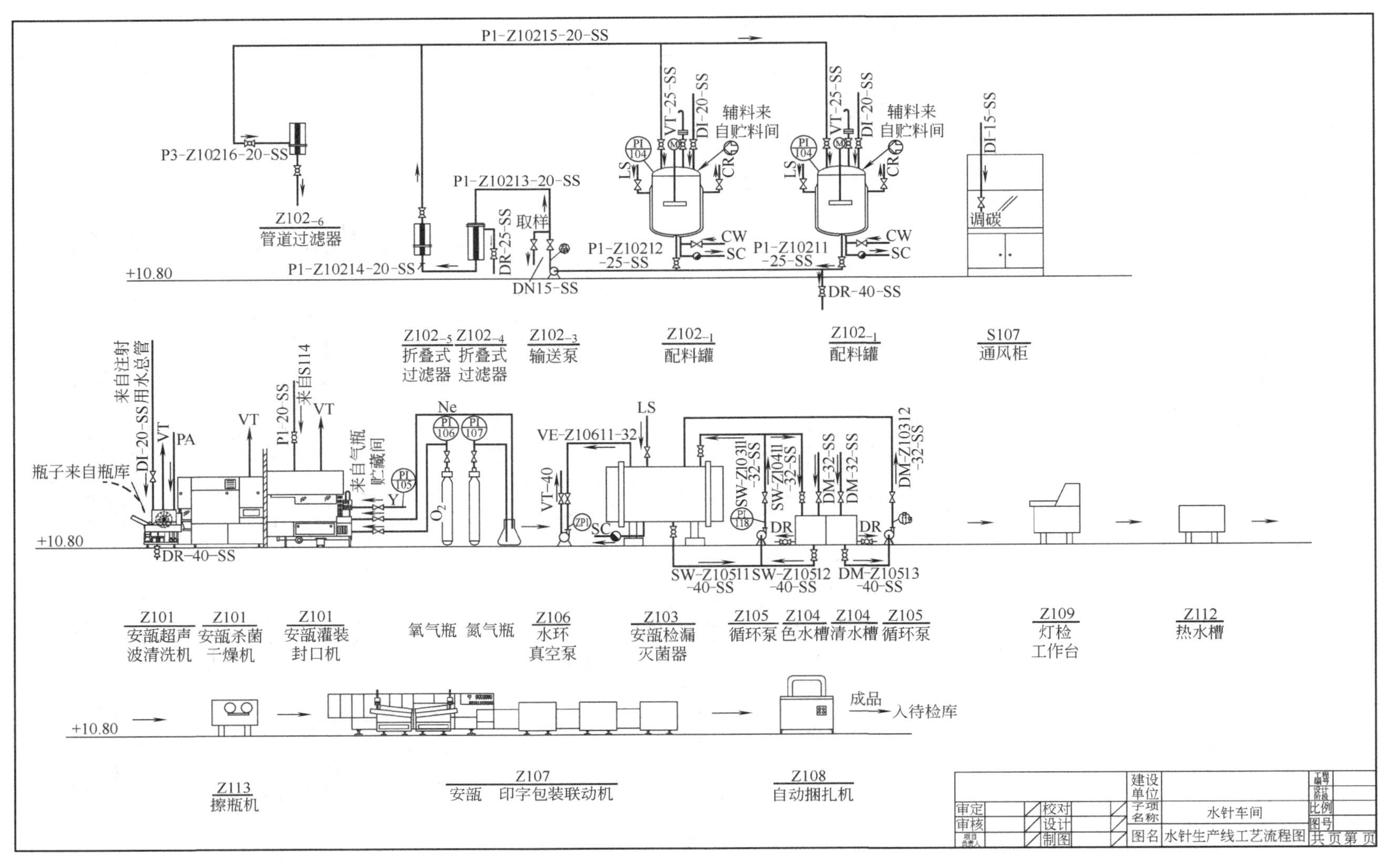
P1-Z10215-20-SS
P3-Z10216-20-SS
Z102-6
管道过滤器
P1-Z10213-20-SS
取样
DR-25-SS
P1-Z10214-20-SS
DN15-SS
+10.80
VT-25-SS
DI-20-SS
辅料来自贮料间
LS
CR
CW
SC
P1-Z10212-25-SS
P1-Z10211-25-SS
DR-40-SS
DI-15-SS
调碳
Z102-5
折叠式过滤器
Z102-4
折叠式过滤器
Z102-3
输送泵
Z102-1
配料罐
Z102-1
配料罐
S107
通风柜
来自注射用水总管
DI-20-SS
VT
PA
瓶子来自瓶库
P1-20-SS
来自S114
来自气瓶贮藏间
Ne
O2
VE-Z10611-32
VT-40
SW-Z10311-32-SS
SW-Z10411-32-SS
DM-32-SS
DM-Z10312-32-SS
DR
SW-Z10511-40-SS
SW-Z10512-40-SS
DM-Z10513-40-SS
Z101
安瓿超声波清洗机
Z101
安瓿杀菌干燥机
Z101
安瓿灌装封口机
氧气瓶
氮气瓶
Z106
水环真空泵
Z103
安瓿检漏灭菌器
Z105
循环泵
Z104
色水槽
Z104
清水槽
Z105
循环泵
Z109
灯检工作台
Z112
热水槽
成品
入待检库
Z113
擦瓶机
Z107
安瓿 印字包装联动机
Z108
自动捆扎机
建设单位
子项名称
水针车间
图名
水针生产线工艺流程图
审定
审核
校对
设计
制图
比例
图号
共页第页

图 3-2　水针工艺流程图

图例

供电点	单相插头	供蒸汽点	供自来水	排水	纯水	排热排湿	除尘	冷冻水供	冷却水供
•	△	△	⊙	⊗	◐	T	T	LR	CR
烘手器	三相插头	压缩空气	水池	地漏	真空	传递窗	防爆	冷冻水回	冷却水回
⊡	△	K	⊞	⊘	⌀		B	LW	CW

技术要求

1. 本车间生产类别为丙类，耐火等级二级。
2. 本车间层高为5.40m，洁净区吊顶距楼面2.70m，局部抬高。
3. 灯检、包装工序安装舒适性空调，吊顶距地坪3.00m。
4. 洁净级别不同的房间保持5～10Pa的压差并有测压装置。
5. 洁净区全部采用软吊顶，彩钢板轻质隔断。
6. 货运走廊墙面下部装不锈钢护拦。
7. 洁净区内设置与洁净区外联系的通话设施。
8. 洁净区内设紫外杀菌灯，传递窗内设紫外灯，万级区与非控制区间的传递窗内设层流罩。
9. 制水间地面，墙面防腐处理。
10. 水针灌封间电气要求防爆，气瓶间要求防爆并上下通风，严格限定储量为当班用量并设浓度报警器。

序号	位号	设备名称	型号规格	外形尺寸/mm	单机重量/kg	电容量/kW	数量/台	备注
18								
17	Z120	洗衣机(带烘干)	5kg			3.5	2	
16	Z119	蒸馏水储罐						
15	Z118	蒸馏水机泵				3.5	1	
14	Z117	多效蒸馏水机	LD-500	1870×950×3100	1250	1.1	1	
13	Z113	擦瓶机				2	1	
12	Z112	热水槽	非标				1	
11	Z111	消毒池		2000×600×600	1000		1	
10	Z110	消毒锅	NF-Ⅲ	1150×850×1100	300		1	
9	Z109	灯检台	非标				3	
8	Z108	打包机	SK-1A	1257×636×1330	280	0.72	1	
7	Z107	印包机组	YBL-2	6800×1500×1550	1500	2	1	
6	Z106	水环式真空泵				4	1	
5	Z105	循环泵	IH50-32-125	1000×500×500	200	3	2	
4	Z104	水箱	非标	1000×1000×1500			2	
3	Z103	安瓿灭菌器	XG1.SSB-1.2			3.5	1	
2	Z102	配液机组	1000L			6	1	
1	Z101	安瓿洗烘灌封联动机	BXSZ1/20	7500×2100×2600	5000	44	1	

				建设单位		工程编号	
						设计阶段	
审定		校对		子项名称	水针车间	比例	
审核		设计				图号	
项目负责人		制图		图名	设备表，技术要求，图例	共　页　第　页	

图3-3　设备表、技术要求和图例

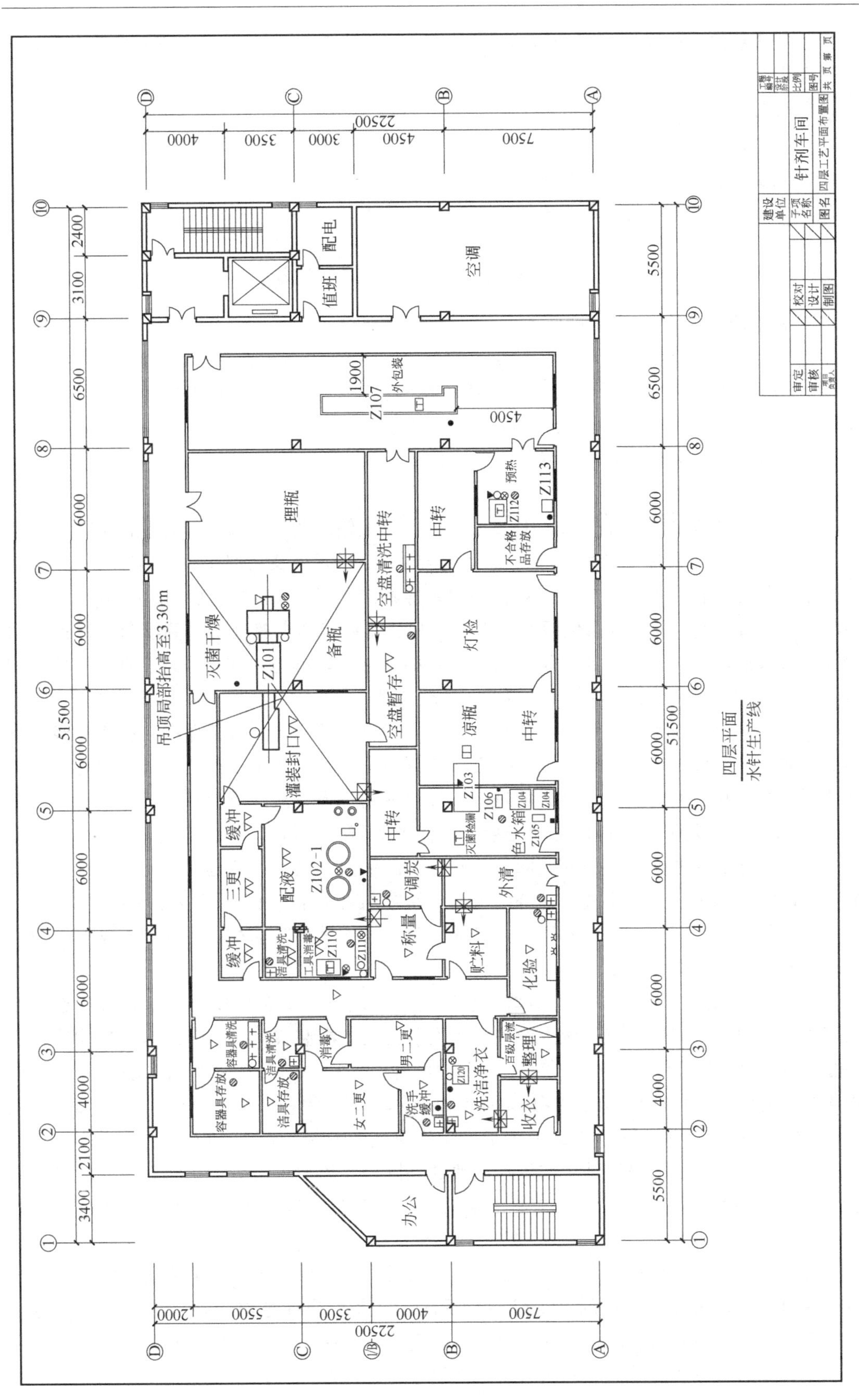

图 3-4 水针车间工艺平面布置图

能靠近与其联系的生产区域，减少运输过程中的混杂与污染。存放区域内应安排待验区，合格品区和不合格品区。

（9）附图

图 3-2 为水针工艺流程图。

图 3-3 为设备表、技术要求和图例。

图 3-4 为水针车间工艺平面布置图。

第二节　输液剂车间 GMP 设计

一、大输液车间设计一般性要点

① 掌握大输液的生产工艺是车间设计的关键，输液剂为灭菌注射剂，每瓶规格多为 250ml、500ml。输液容器有玻璃瓶、聚乙烯塑料瓶、复合膜（非 PVC 共挤膜）等，包装容器不同其生产工艺也有差异，无论何种包装容器其生产过程一般包括原辅料的准备、浓配、稀配、包材处理（瓶外洗、粗洗、精洗等）、灌封、灭菌、灯检、包装等工序。下面介绍最为常用的玻璃瓶装输液。

② 设计时要分区明确，按照 GMP 规范规定、由大输液的工艺流程及环境区域划分示意图可知，大输液生产分为一般生产区、10 万级洁净区、1 万级及局部 100 级洁净区。一般生产区包括瓶外洗、粒子处理、灭菌、灯检、包装等；10 万级洁净区包括原辅料称配、浓配、瓶粗洗、轧盖等；1 万级洁净区包括瓶精洗、稀配、灌封，其中瓶精洗后到灌封工序的暴露部分需 100 级层流保护。生产相联系的功能区要相互靠近，以达到物流顺畅、管线短捷，如物料流向：原辅料称配→浓配→稀配→灌封工序尽量靠近。

车间设计时合理布置人、物流，要尽量避免人、物流的交叉。人流路线包括人员经过不同的更衣间进入一般生产区、10 万级洁净区、1 万级洁净区；进出车间的物流一般有以下几条：瓶子或制瓶粒子的进入、原辅料的进入、外包材的进入、成品的出口。

③ 熟练掌握工艺生产设备是设计好输液车间的关键，输液包装容器不同其生产工艺有异，导致其生产设备亦不同。即使是同一包装容器的输液，其生产线也有不同的选择，如玻璃瓶装输液的洗瓶工序有分粗洗、精洗的滚筒式洗瓶机和集粗、精洗于一体的箱式洗瓶机。工艺设备的差异，车间布置必然不同，目前的输液生产均采用联动线，图 3-5 为我国较为常用的玻璃瓶输液生产线。

④ 主要生产设备对工艺设计的影响。输液剂生产线设备及布局以物料衡算为依据，但也相互影响和制约。玻璃瓶装输液生产线主体设备为液体灌装线，分为普通速度液体灌装线（60 瓶/min）和高速液体灌装线（120 瓶/min）两种。输液剂的配液系统和水浴灭菌系统也是相当重要的设备。输液剂车间 GMP 设计要以主体生产线为中心进行设计。

⑤ 合理布置好辅助用房。辅助用房是大输液车间生产质量保证和 GMP 认证的重要内容，辅助用房的布置是否得当是车间设计成败的关键。一般大输液生产车间的辅助用房包括 1 万级工具清洗存放间、10 万级工具清洗存放间、化验室、洗瓶水配制间、不合格品存放间、洁具室等。

⑥ 输液剂 GMP 设计对生产中环境、设备、人员、生产操作等方面采取的措施，应能保证使产品的微生物污染或尘粒的污染降至最低限度，尤其应注意对生产用水、灌装（封）、灭菌工序的设计。输液剂生产批号的确定以一个配液罐配制的均质药液，并使用同一台灭菌设备灭菌的产品为一个批号；当使用数台灭菌设备时应加亚批号。

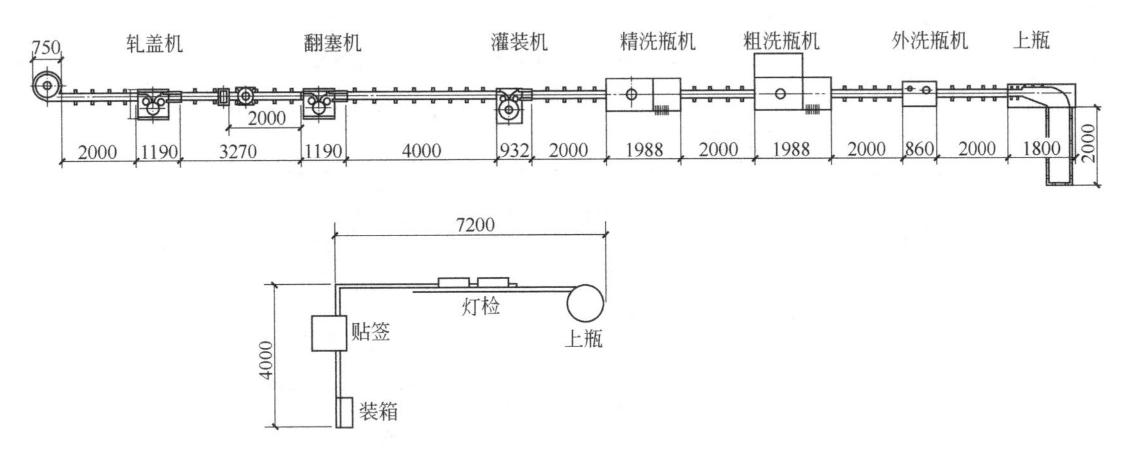

图 3-5 常用的玻璃瓶输液生产线

⑦ 主要设计思路与步骤。输液剂 GMP 车间设计应遵照 GMP 对输液剂的要求，结合生产设备及工艺路线进行布局，按照生产纲领及班制要求，进行合理的物料衡算，确定主要工艺设备选型，绘制工艺设备一览表（含技术要求），依据工艺流程图设计工艺平面布局图，从而完成工艺设计的主体框架工作。工艺设计施工图还包括设备定位图、设备安装图、工艺管道布置图、主要设备进场路线图等。

⑧ 输液剂生产洁净区域划分示意见图 3-6 所示。

二、输液剂生产流程说明

1. 注射用水系统

注射用水用于药液配制和直接接触药液的器具，包括材料的清洗。过程如下：

原水→预处理→弱酸床→反渗透→阳离子交换→阴离子交换→混床→纯化水→蒸馏水机→注射用水贮存。

2. 配制及过滤

原辅料应在称量室称料，其环境的空气洁净度级别应与配制间一致，并有捕尘和防止交叉污染的措施。配液是保证药品质量的首要环节。配液工序应具备空气净化条件，防止外界空气污染。配液设备的材料应无毒、防腐蚀，接触药液的零件表面光洁，无积液死角，清洗方便。配液工序按先浓配后稀配的顺序进行。

选用的过滤器材与处理方法应符合工艺要求，滤棒按品种专用，在同一品种连续生产时要每天清洗、煮沸消毒或采用其他经验证的清洁及灭菌程序处理。根据不同品种，选用 0.22～0.45μm 微孔滤膜进行过滤，以降低药液的微生物污染水平。

3. 胶塞及涤纶膜的处理

采用天然胶塞时，必须用涤纶膜。胶塞的处理采用胶塞清洗机清洗，洗净的胶塞应当天用完，剩余的胶塞在下次使用前应重新清洗至符合要求。涤纶薄膜的处理应当采用经验证的清洁程序进行处理，如将涤纶膜逐张分散后以药用乙醇浸泡，纯化水清洗除去乙醇，再用经过滤的纯化水清洗，最后在 10000 级洗涤室用经滤膜过滤的注射用水清洗至洗涤水目检无小白点。生产剩余的涤纶膜应将水沥干后再浸入药用乙醇中，按规定重新处理使用。

4. 洗瓶、灌装、封口工序

采用洗、灌、封联动生产线，玻璃输液瓶由等速等差进瓶机（或进瓶转盘）送入外洗机

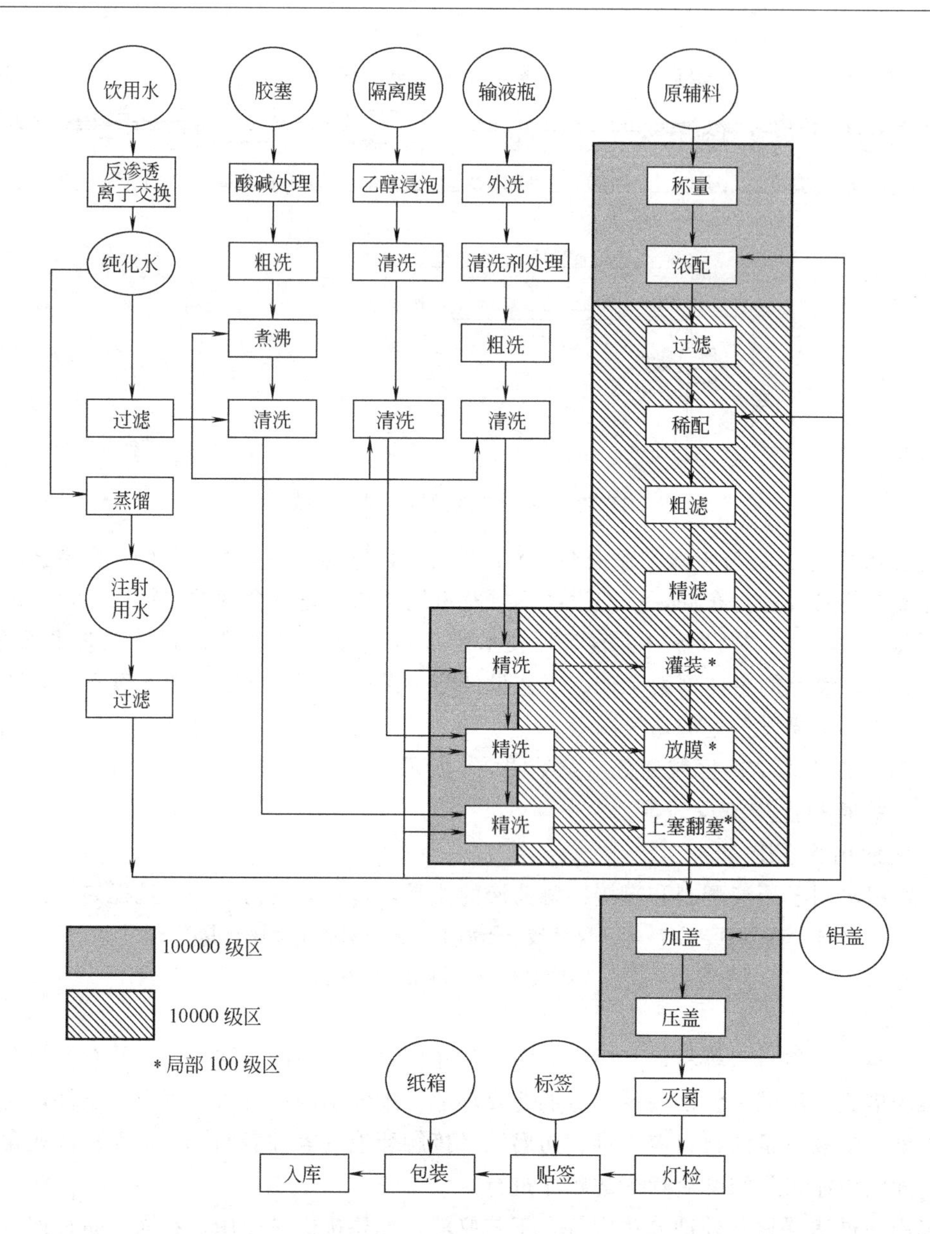

图 3-6　最终灭菌大容量注射剂（玻璃瓶）工艺流程及环境区域划分示意图

刷洗瓶外表面，然后由输瓶机进入滚筒式清洗机。洗净的玻璃瓶直接进入灌装机，灌满药液立即封口（经胶塞机、翻胶塞机、扎盖机）进入下一道生产工序。洗瓶时瓶子在准备室除去外包装后送至洗瓶室，不得使用回收瓶，灌装时应用已验证的清洁程序对灌装机上贮存药液的容器、管路和管件进行清洁，并经常检验半成品装置与澄明度。药液从稀配到灌装结束一般不宜超过 4h，特殊品种另定。

5. 灭菌工序

采用水浴灭菌，对药品不会产生污染，可以很好地满足 GMP 要求。不同品种、规格产品的灭菌条件应予验证，验证后的灭菌程序，如温度、时间、柜内放置数量和排列层次等，不得随意更改，并定期对灭菌程序进行再验证。灭菌时应按配液批号进行灭菌，同一批号需要多个灭菌柜次灭菌时，需编制亚批号，每次灭菌后应认真清除柜内遗留产品，防止混批或混药。同时需监控灭菌冷却用水的微生物污染水平，灌装结束至灭菌的存放时间通常不宜超过6h。

6. 灯检工序

按照《中国药典》规定的澄明度检查标准和方法逐瓶检查。采用自动灯检机，机械手自动抓瓶，步进转位90°，包括放大镜目检、瓶复位和不合格产品剔除执行系统。检出的不合格产品应及时分类记录，标明品名、规格、代号、批号，置于盛器内移交专人处理。

7. 贴签、包装及装箱工序

贴签、包装及装箱过程中应核对半成品的名称、规格、代号、批号、数量，与领用的包装材料、标签相符合后方可进行作业。并应随时检查品名、规格、批号是否正确，内外包装是否相符，包装结束后包装品及时交待验库，检验合格后入库。

三、大输液车间一般性技术要求

① 大输液车间控制区包括10万级洁净区、1万级洁净区、1万级环境下的局部100级层流，控制区温度为18～26℃，相对湿度为45%～65%。各工序需安装紫外线灯。

② 洁净生产区一般高度以2.7m左右较为合适，上部吊顶内布置包括风管在内的各种管线，加上考虑维修需要，吊顶内部高度需为2.5m。

③ 大输液生产车间内地面一般做耐清洗的环氧自流坪地面，隔墙采用轻质彩钢板，墙与墙、墙与地面、墙与吊顶之间接缝处采用圆弧角处理，不得留有死角。

④ 洁净生产区需用洁净地漏，100级区不得设置地漏。

⑤ 浓配间、稀配间、工具清洗间、灭菌间、洗瓶间、洁具室需排热、排湿。在塑料颗粒制瓶和制盖的过程中均产生较多热量，除采用低温水系统冷却外，空调系统应考虑相应的负荷，塑料颗粒的上料系统必须考虑除尘措施。洗瓶水配制间要考虑防腐与通风。

⑥ 纯化水和注射用水管路设计时要求65℃回路循环，管路安装坡度一般为0.1%～0.3%，不锈钢材质。支管盲段长度不应超过循环主管管径的6倍。

⑦ 不同环境区域要保持5～10Pa的压差，1万级洁净区对10万级洁净区保持5～10Pa的正压，10万级洁净区对一般生产区保持5～10Pa的正压。

四、大输液车间设计课程设计实例

(1) 课程设计题目　年产1500万瓶大输液车间GMP工艺设计。

(2) 年工作日　255天。

(3) 生产班制　一天二班制，按每班6h生产计。

(4) 产品规格　500ml/瓶，玻璃瓶。

(5) 设计技术要求见图3-9。

(6) 物料衡算

年产量　1500万瓶，500ml大输液。

年工作日　250天。

产量计算　每日6万瓶，每小时5000瓶，合计约100瓶/min；

每班需配药液1.5t。

(7) 主要设备选型说明

① 配料罐。采用优质不锈钢反应容器。

浓配罐　型号：1000L。

稀配罐　型号：2000L。

② 洗塞设备。多功能自动胶塞清洗灭菌机。型号 JS-100。

工作原理及结构特点：采用进口 PLC 编程控制器，自动完成胶塞洗涤、高压喷淋、硅化、烘干灭菌的作业。全过程在一机内完成，无交叉污染，人机界面显示各设备自动运行状态，进行温度监控。运行参数可在人机界面上按工艺要求进行设定。

主要技术参数：

生产能力/(万只/批)	4	外形尺寸/mm	3100×1410×2500
水槽容积/m^3	0.48	重量/kg	1500
耗电量/kW	20.3	主要材质	不锈钢
主轴转速/(r/min)	5		

③ 注射用水制取设备。多效蒸馏水机。型号 LD100-5。

工作原理及结构特点：主蒸发器采用垂直列管式降液膜蒸发原理外加涡旋式料水分布器，使料水在管内成膜状均匀流动，消除了由于局部料水分布不均而造成的干壁现象，大大提高了蒸发效率。

主要技术参数：

蒸馏水产量/(kg/h)	1100	原料水用量/(kg/h)	1380
蒸汽压力/MPa	0.3	冷却水用量/(kg/h)	960
蒸汽耗量/(kg/h)	360		

④ 洗灌封设备。大输液联动机组。型号 SHG50/500 Ⅰ。

工作原理及结构特点：由灌装机，塞塞、翻塞机，轧盖机组成，采用光电控制和 PC 机控制系统，实现机电一体化，可自动完成理瓶、输瓶、洗瓶、药液灌装、放膜（人工）、塞塞、翻塞、落盖、轧盖、计数等工序，有缺瓶、堆瓶自动停车装置。

主要技术参数：

生产能力/(瓶/min)	120	蒸馏水压力/MPa	0.2
瓶子规格/ml	100、250、500	耗电量/kW	10.03
耗水量/(m^3/h)	1	外形尺寸/mm	23210×1700×2100
水压力/MPa	0.2	重量/kg	7200
蒸馏水耗量/(m^3/h)	0.5	主要材质	不锈钢

⑤ 灭菌设备。大输液水浴灭菌器。型号 PSM4500。

工作原理及结构特点：利用水作为加热或冷却介质，灭菌温度适应范围广，升温、冷却速度快，温度均匀，采用微机加远程后台监控系统，可精确控制升温和降温梯度，自动检测温度、压力、时间等参数。

主要技术参数：

灭菌室尺寸/mm	4500×2680×1180	消毒车/辆	2
蒸汽耗量/(t/h)	0.7	耗电量/kW	19
气源压力/MPa	0.3	外形尺寸/mm	5000×4260×2100
水耗量/(t/柜)	6	重量/kg	8500
水源压力/MPa	0.15	主要材质	不锈钢

⑥ 贴签设备。贴标机 ZT20/1000。

工作原理及结构特点：采用不干胶卷筒贴标纸，在进瓶的过程中，连续将卷筒标纸撕下，按要求的位置贴到瓶身上，能自动完成定位瓶、送标签、同步分离标签、贴标签和自动打印批号。

⑦ 灯检设备。澄明度检测仪。型号 UDJ6。

工作原理及结构特点：双面检测，采用专用三基色荧光灯、电子填充器和遮光装置的光路系统，消除频闪，照度可调，提高了目检分辨率。具有报警功能及抗变形、耐腐蚀等特点，可完成对针剂、大输液和瓶装药液澄明度的检测。

主要技术参数：

照度范围/lx	1000～4000	外形尺寸/mm	6000×1000×1500
时限范围/s	1～99	重量/kg	500
灯管/W	20(专用荧光灯)	主要材质	工程塑料、碳刚、铝合金
配套电机/kW	0.06		

⑧ 药液输送泵。型号 ST-32-15。

主要技术参数：

流量/(L/h)	0～1000	外形尺寸/mm	520×235×300
最大转速/(r/min)	375	重量/kg	41
配套电机/kW	1.5	主要材质	不锈钢

(8) 车间设计说明

① 生产部门包括洁净区和一般生产区。洁净区是指由各个不同级别的洁净室所组成的区域，分为 100000 级、10000 级及局部 100 级；一般生产区是指无洁净级别要求的房间所组成的生产区域。

② 对洁净区的房间按下列要求布置。洁净级别相同的房间相对集中布置；洁净级别和卫生要求不同的房间在相互联系中设立了气闸室和缓冲间，在洁净区入口处布置洁净等级较低的工作室；由于厂房是有窗厂房，故设立了一封闭式走廊以缓冲。

③ 按工艺流程合理紧凑地布置，避免人流、物流交叉污染。生产区域的布置顺应工艺流程，避免迂回、往返；人员和物料的出入口分别设置，原、辅料和成品的出入口也分开布置；物料传递路线尽量短捷，减少通过走廊传送。

④ 由车间外来的原、辅料的外包装不宜进入洁净区，拆除外包装后的物料经处理方可进入，进入 100000 级洁净区域的容器及工具需对其外表面进行擦洗，然后通过气闸，并用紫外线照射杀菌。

⑤ 生产辅助部门。物料净化用室，原、辅料外包装清洁室，灭菌室，成品贮存间等；称量室，配料室，设备容器具清洁室，清洁工具洗涤存放室，洁净工作服洗涤干燥室；空调间，泵房，配电室，测试室，废品间，控制室。

⑥ 生活部门。人员净化室，包括换鞋间、脱衣间、穿衣间、办公室等。

⑦ 洁净厂房内设置与生产规模相适应的原、辅材料，半成品，成品存放区域，且尽可能靠近与其联系的生产区域，减少运输过程中的混杂与污染。存放区域内应安排待验区，合格品区和不合格品区。

⑧ 洁净区域内设置了足够的空间和面积安置设备和物料。

(9) 附图

图 3-7 为大输液工艺流程图（一）。

图 3-8 为大输液工艺流程图（二）。

图 3-9 为工艺设备平面布置图。

图 3-10 为技术要求、设备表和图例。

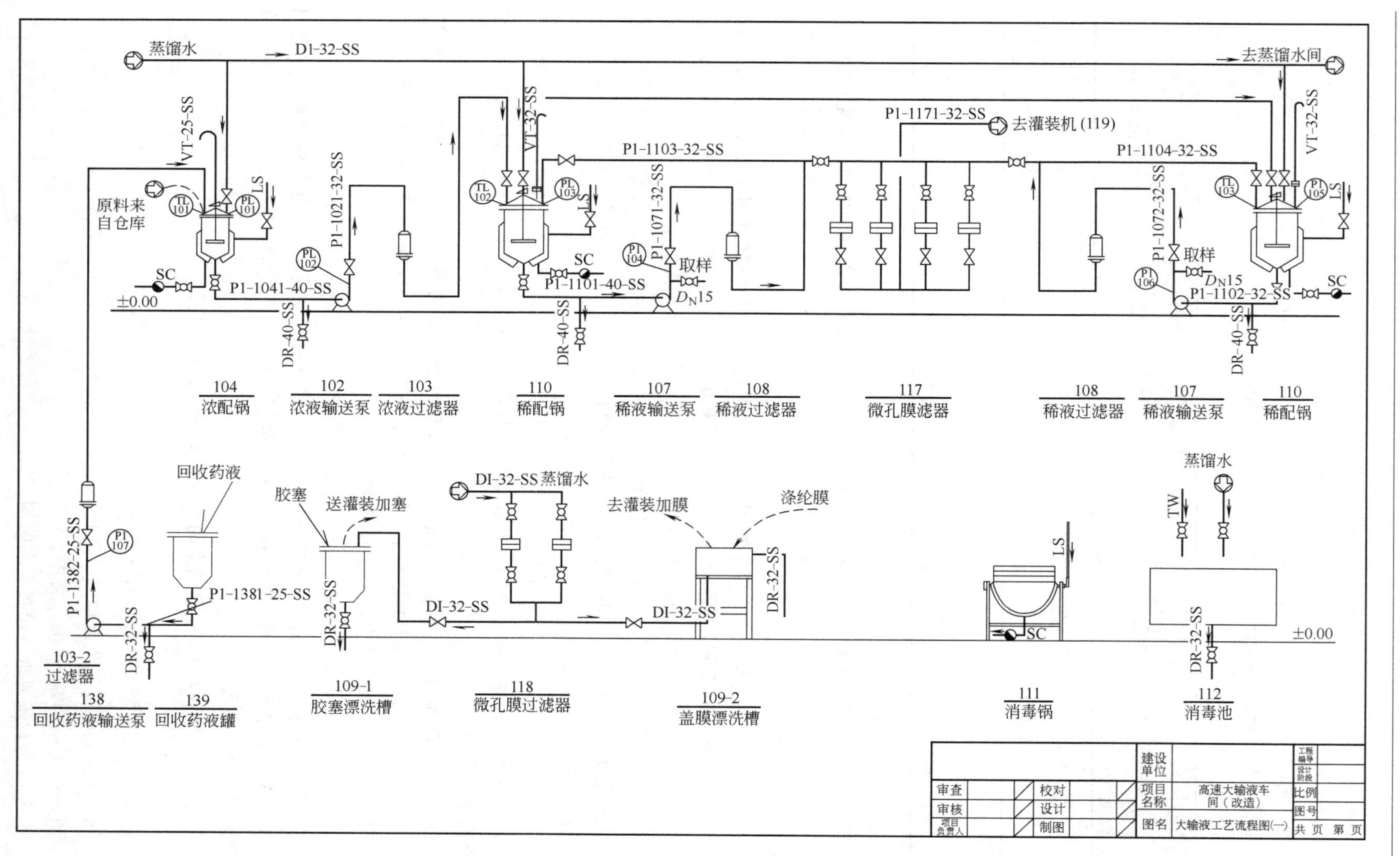

图 3-7 大输液工艺流程图（一）

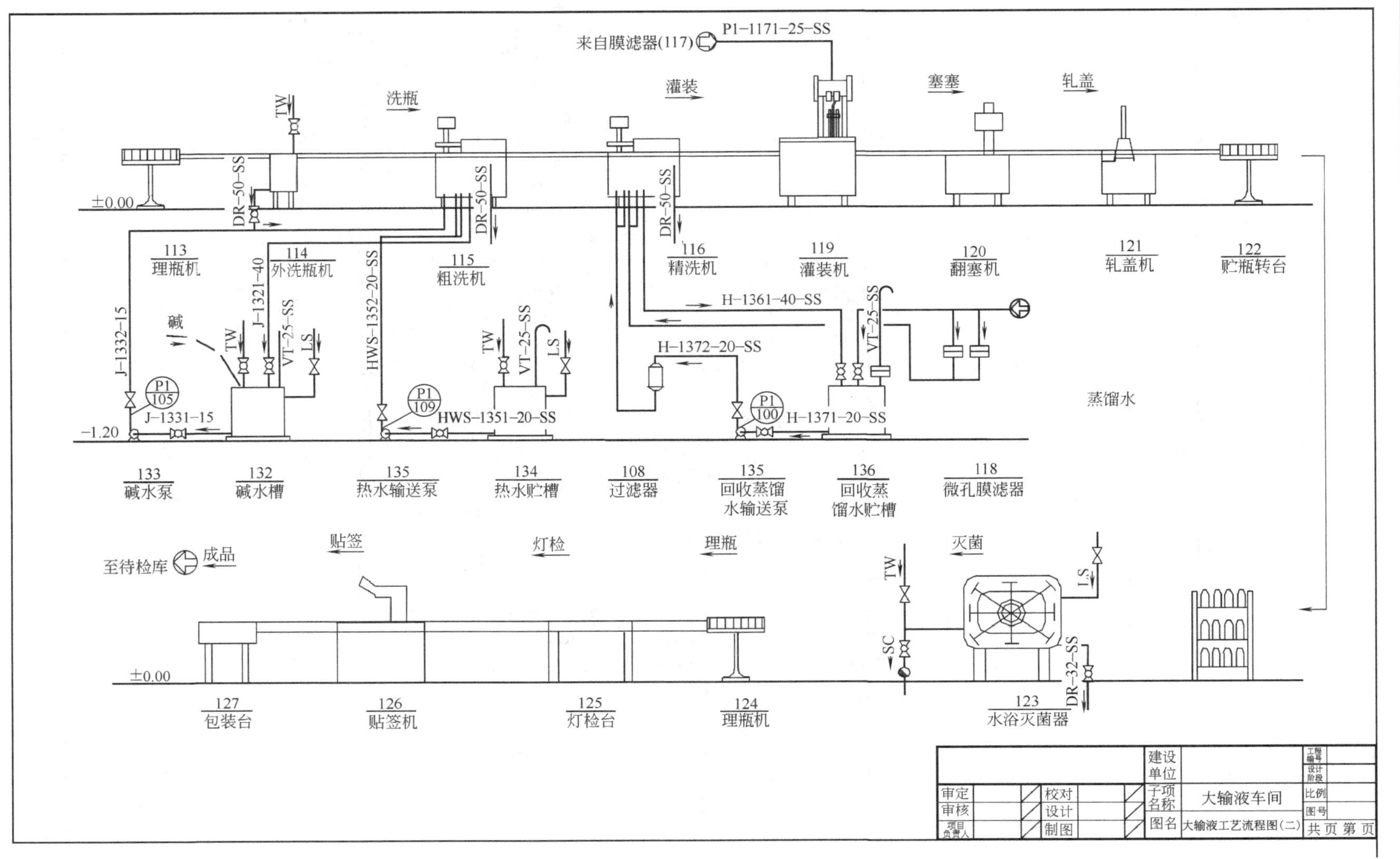

图 3-8　大输液工艺流程图（二）

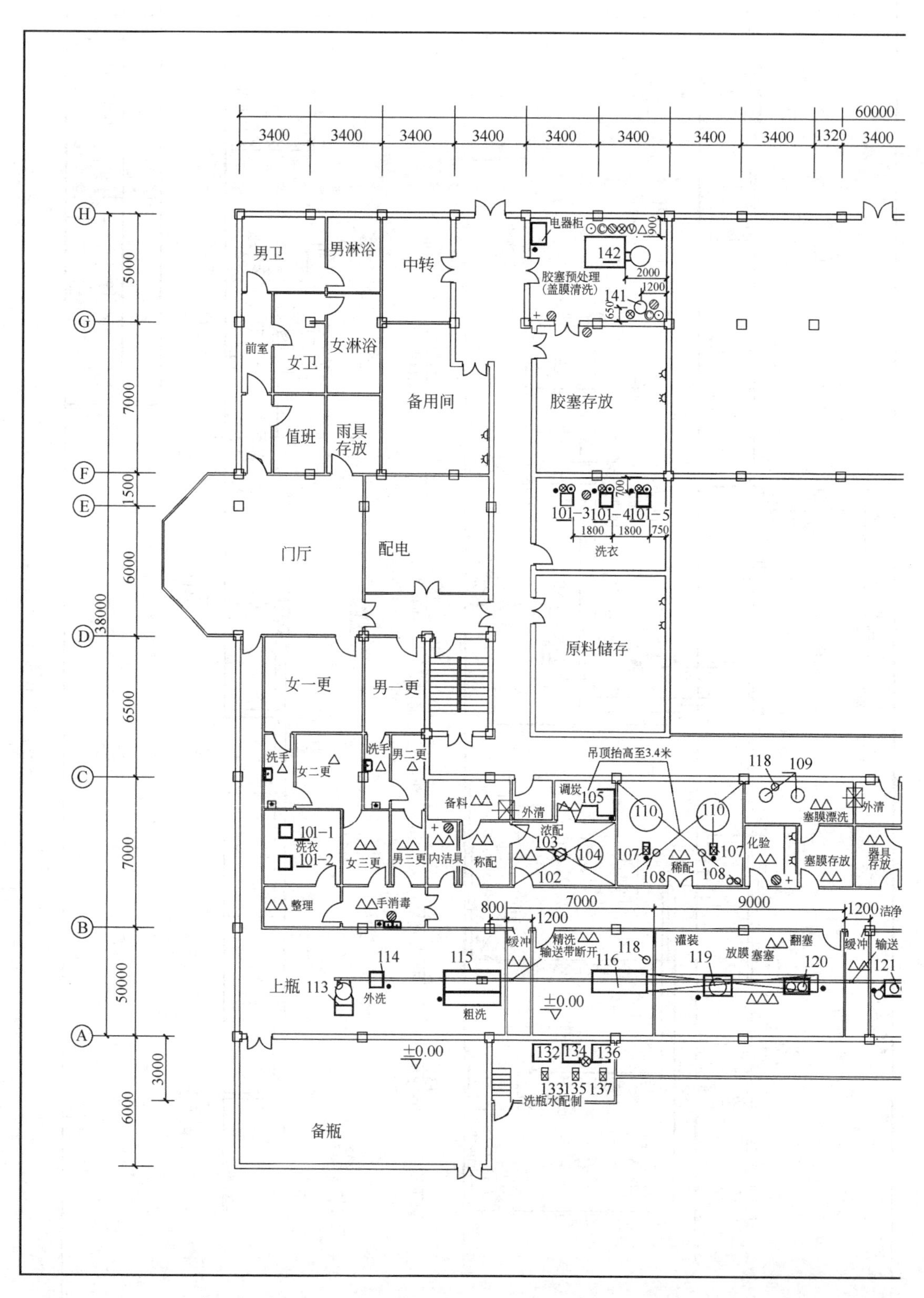

60000
3400 3400 3400 3400 3400 3400 3400 3400 1320 3400
男卫
男淋浴
中转
电器柜
142
胶塞预处理
(盖膜清洗)
141
前室
女卫
女淋浴
备用间
胶塞存放
值班
雨具存放
101-3 101-4 101-5
洗衣
门厅
配电
原料储存
女一更
男一更
洗手
女二更
洗手
男二更
吊顶抬高至3.4米
118
109
备料
外清
调炭
105
110
110
塞膜漂洗
外清
101-1
洗衣
101-2
女三更
男三更
内洁具
称配
浓配
103
104
102
107
107
稀配
108
108
化验
塞膜存放
器具存放
整理
手消毒
800
1200
7000
9000
1200
洁净
缓冲
精洗
输送带断开
118
灌装
放膜
塞塞
翻塞
缓冲
输送
114
115
116
119
120
121
上瓶 113
外洗
粗洗
±0.00
±0.00
132 134 136
133 135 137
洗瓶水配制
备瓶
5000
7000
1500
6000
38000
6500
7000
50000
3000
6000

图 3-9 工艺设备

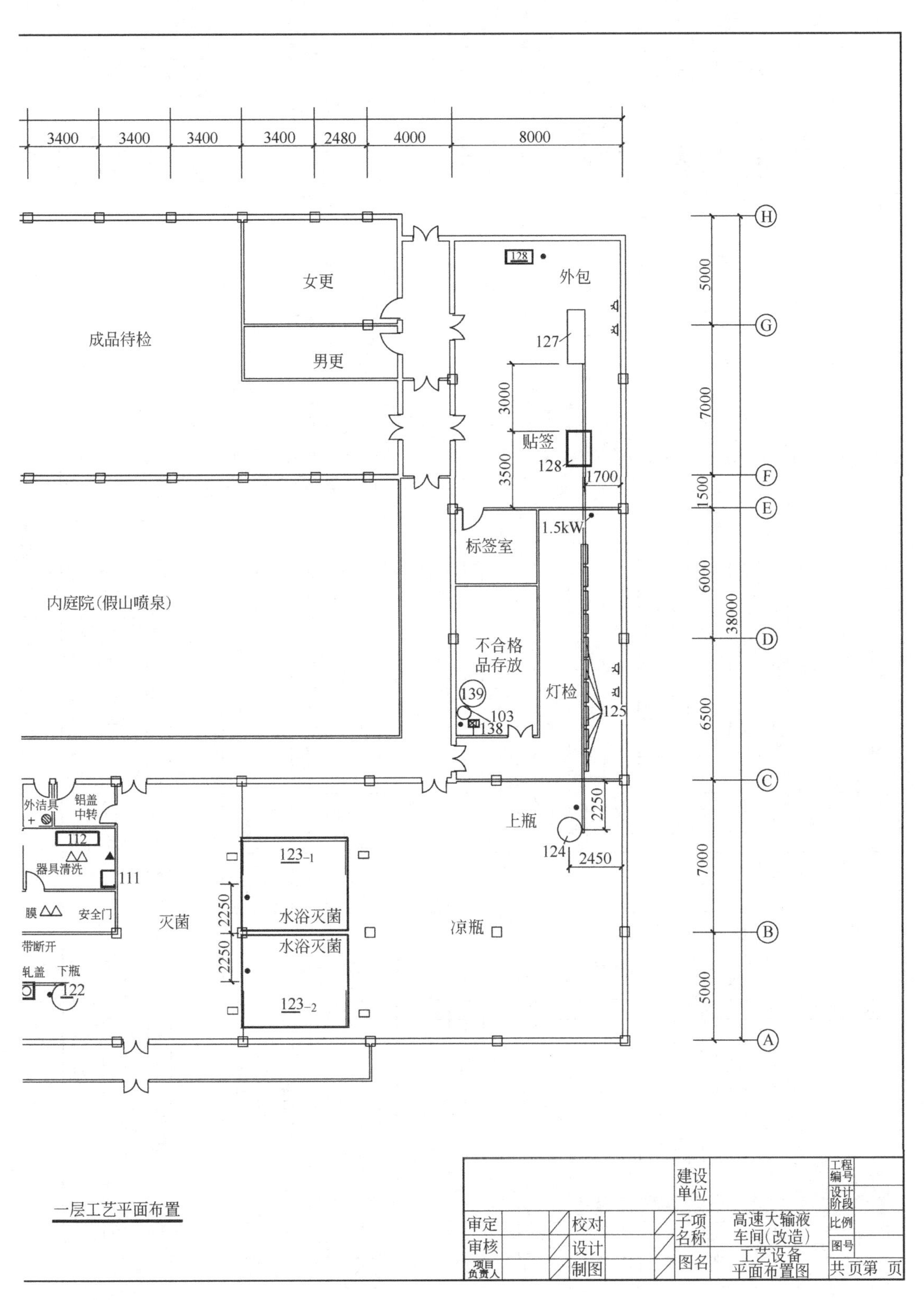
3400
3400
3400
3400
2480
4000
8000
女更
男更
成品待检
外包
127
128
贴签
3000
3500
1700
1.5kW
标签室
内庭院(假山喷泉)
不合格
品存放
139
103
138
灯检
125
外洁具
铝盖
中转
112
器具清洗
111
膜
安全门
灭菌
带断开
轧盖
下瓶
122
123-1
水浴灭菌
水浴灭菌
123-2
2250
2250
上瓶
124
2250
2450
凉瓶
5000
7000
1500
6000
38000
6500
7000
5000
H
G
F
E
D
C
B
A
一层工艺平面布置
建设单位
工程编号
设计阶段
审定
校对
子项名称
高速大输液车间(改造)
比例
审核
设计
图号
项目负责人
制图
图名
工艺设备平面布置图
共页第页

平面布置图

序号	位号	设备名称	型号规格	外形尺寸/mm	单机重量/kg	电容量/kW	数量	公用系统消耗(单台)
38	142	胶塞清洗器	JS-100	3100×1410×2500		5.5+0.75	1	△
37	141	铝盖清洗罐		ϕ600×500			1	
36	139	回收药液贮罐					1	
35	138	回收药液输送泵				2.5	1	
34	137	回收蒸馏水输送泵	ST-32-15	520×235×300	41	1.5	1	
33	136	回收蒸馏水贮槽		1000×1000×800			1	C3.0m³/h
32	135	热水输送泵	ST-32-15	520×235×300	41	1.5	1	
31	134	热水贮槽		1000×1000×800			1	▲0.06t/h(最大)⊙6.0m³/h
30	133	碱液输送泵	ST-32-15	520×235×300	41	15	1	
29	132	碱液配制槽		1000×1000×800			1	▲0.06t/h(最大)⊙10.0m³/h
28	128	捆扎机	SK-2	1120×680×1330		0.6	1	
27	127	包装工作台	自制				1	
26	126	贴标机	ZT20/1000	2800×775×830	1100	2.05	1	
25	125	输液灯检机	UDJ6	6000×1000×1500	500	1.5	1	
24	124	输送转盘		ϕ1000×970		1.0	1	
23	123₁₋₂	水浴灭菌器	PSM4500	5000×4260×2100	8500	19	2	▲0.70t/h(最大)(0.3～0.5MPa) ⒶD_N25(0.4～0.7MPa) Ⓦ D_N50
22	122	输瓶转盘		ϕ1000×970		1.0	1	
21	121	轧盖机	SHZ8-50/500-B	1190×850×1888	1000	2.25	1	
20	120	翻塞机	SHF8-50/500-B	1130×800×1700	1300	1.5	1	Ⓐ0.5m³/h(0.3～0.5MPa)
19	119	灌装机	SHG20-50/500	1600×760×1100	2400	2.6	1	Ⓐ2～3m³/h(0.6MPa)
18	118	微孔膜滤器	0.22μm	ϕ293×570			2	
17	117	微孔膜滤器	0.22μm	ϕ293×570			2	
16	116	精洗瓶机	STQ100/500	1700×1635×1570	1500	3.3	1	
15	115	粗洗瓶机	STQ100/500	1700×1635×1570	1500	2.95	1	©10.0m³/d
14	114	外洗瓶机	WX100/500C	1500×750×1300	600	1.65	1	⊙1.0m³/h(14h/d)
13	113	理瓶机	TLP	1000×1000×1000	200	0.65	1	
12	112	消毒池		2000×600×600			1	⊙1.0m³/d
11	111	立式消毒器	XLDS40	600×750×1350	190		1	▲0.06t/h(最大)(0.11～0.15MPa)
10	110₁₋₂	稀配锅	2000L	ϕ1600×2500		1.5	2	▲0.25t/h(最大)Ⓓ6.0t/d Ⓦ 18.0t/d
9	109	塞膜漂洗槽		ϕ600×500			2	
8	108-3	折叠式过滤器	PDA0.8μm	ϕ250×570			3	
7	107₁₋₂	输送泵	ST-32-15	520×235×300	41	1.5	2	
6	106₁₋₂	不锈钢板框压滤机	BAS370-4m	1400×460×1050	150		2	
5	105	通风柜	DF-2	1500×800×2400		1.5	1	
4	104	浓配锅	1000L	ϕ1200×2600		1	1	▲0.15t/h(最大) Ⓦ 12.0t/d
3	103	滤器					2	
2	102	输送泵	ST-32-15	520×235×300	41	1.5	1	
1	101	洗衣机(带烘干)	5kg	565×565×800		2.5	5	

图　例

名称	去离子水	冷却回水	冷却上水	供蒸汽点	压缩空气	供自来水	地漏	供电点	注射用水	热水
图例	©	®	Ⓦ	▲	Ⓐ	⊙	⊘	•	Ⓓ	◐
名称	真空	排热排湿	排水	洗手水池	双孔插头	三孔插头	烘手器	传递窗	清洗水池	
图例	Ⓥ	⊞	⊗	⊟	⩞	⩞	⊡	⊠	⊞	

技术要求

1. 本车间为老生产线改造，生产线位于一层，制水及空调机房位于二层，厂房生产类别为丙类，耐火等级为二级。
2. 主厂房为框架结构，洁净区吊顶距地坪为 2.8m，局部吊顶抬高见工艺平面布置图。
3. 10 万级洁净区以“△”标示，1 万级洁净区以“△△”标示。
4. 外洗、粗洗、精洗、灭菌、凉瓶、浓配、稀配、工具清洗房间要求排热排湿，其地坪、墙壁、吊顶要防潮、防霉，称配、浓配、调炭间空调送风不回(全排)。
5. 洗瓶水配制间、混配间、浓配间的地坪、墙裙、吊顶采用防腐蚀材料及涂料，洗瓶水间地坪下沉 1.0m。
6. 10000 级洁净室使用的传输设备不得穿越较低级别区域缓冲与精洗，灌装翻塞与缓冲之间输送带穿隔断处断开。
7. 精洗机出口、灌装、盖膜、塞塞上方加 100 级层流罩。
8. 下瓶、灭菌、凉瓶、灯检、贴签、压箱、包装区、上瓶、外洗、粗洗、一更设舒适性空调。
9. 洁净级别，不同的区域之间保持 5～10Pa 压差，并设检测压差的装置，洁净级别高的区域对相邻的洁净级别低的区域呈正压，洁净区内设置与洁净室外联系的通话设施。
10. 洁净区外窗均采用双层固定窗，并要求密封，防止灰尘和粉尘进入。
11. 洁净室内设置火灾报警系统及应急照明设施、洁净室内安装紫外杀菌灯。
12. 洗手间水龙头的开启方式采用感应式或其他非手动式开关，并设烘手器。
13. 室内装修，水、电、汽管道敷设，照明灯具设计按照 GMP 要求设计。
14. 管道穿越吊顶，楼板或不同洁净级别工房之间的隔断时设套管，管子与套管、套管与穿越处均需可靠密封。
15. 洁净区内设备排风管引至室外，须加止回阀。
16. 洁净区地漏为不锈钢水封地漏，传递窗为洁净型，内装紫外杀菌灯和自净系统，传递窗穿越墙处开洞，洞底离地坪 800mm，洞宽 820mm，洞高 620mm。
17. 穿越不同洁净区设备与墙应可靠密封。
18. 水磨石工作台高 650mm，宽 600mm。

				建设单位		工程编号	
						设计阶段	
审定		校对		子项名称	大输液车间(改造)	比例	
审核		设计				图号	
项目负责人		制图		图名	技术要求，设备表，图例	共　页　第　页	

图 3-10　技术要求、设备表和图例

第三节　无菌分装粉针剂与冻干粉针剂车间GMP设计

一、概论

无菌分装粉针剂和冻干粉针剂均属于非最终灭菌的无菌药品，对其生产环境及各项操作有严格要求。产品不仅要符合该药品项下各项理化质量标准，同时必须具有安全性和无菌性，是药品生产中要求相对严格的制剂。因此进行此两类产品生产车间设计时必须先了解其生产流程及环境控制要求及各自特殊要求，方能有针对性合理地进行车间内部设计布置。

二、无菌分装粉针剂和冻干粉针剂工艺流程及环境区域划分

图3-11为无菌分装粉针剂工艺流程及环境区域划分。图3-12为冻干粉针剂工艺流程及环境区域划分。

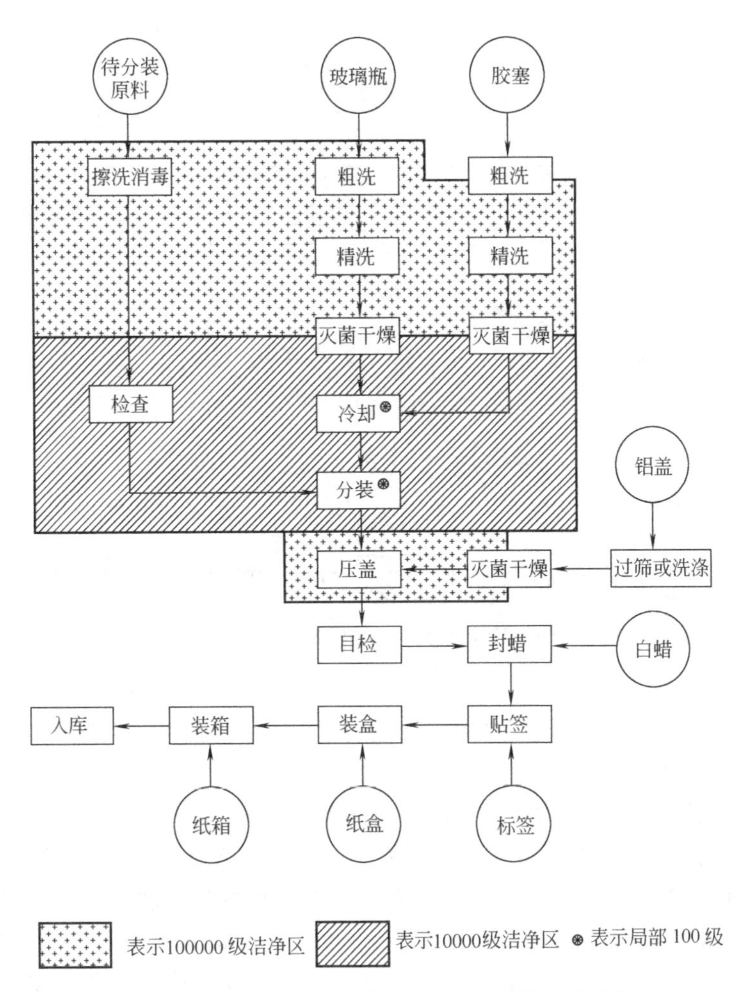

图3-11　无菌分装粉针剂工艺流程及环境区域划分

三、无菌分装粉针剂和冻干粉针剂生产特点与设计要点

1. 无菌分装粉针剂生产特点与设计要点

① 无菌分装粉针剂是指在无菌条件下将符合要求的药粉通过工艺操作制备的无菌注射剂，需要分装的注射剂为不耐热、不能采用成品灭菌工艺的产品，必须强调生产过程的无菌操作，并防止异物的混入。因此生产作业的无菌操作与非无菌操作应严格分开，凡进入无菌

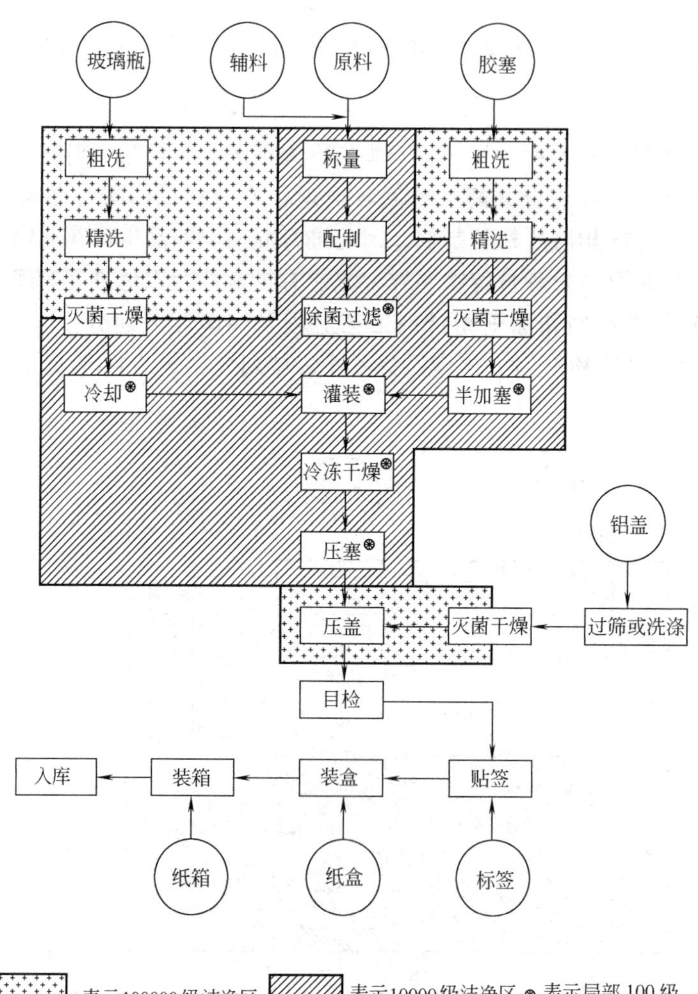

图 3-12 冻干粉针剂工艺流程及环境区域划分

操作区的物料及器具必须经过灭菌、消毒处理。人员必须遵循无菌作业的标准操作规程。同时，无菌分装的注射剂吸湿性强，在生产过程中应特别注意无菌分装室的相对湿度、胶塞和西林瓶的水分、工具的干燥和成品包装的严密性。

若分装高致敏性的青霉素类产品，必须设置单独厂房及设备，并与其他车间或设施保持安全距离，出车间的物料，如工作服、工作鞋、废瓶、空容器等用1%碱溶液处理。

② 粉针剂的生产工序包括：原辅料的擦洗消毒、西林瓶粗洗、精洗、灭菌干燥、胶塞处理及灭菌、铝盖洗涤及灭菌、分装、轧盖、灯检、包装等步骤，按GMP规范的规定其生产区域空气洁净度级别分为100级、10000级和100000级。其中无菌分装、西林瓶出隧道烘箱、胶塞出灭菌柜及其存放等工序需要局部100级层流保护，原辅料的擦洗消毒、瓶塞精洗、瓶塞干燥灭菌为10000级，瓶塞粗洗、轧盖为100000级环境。其工艺流程及环境区域划分见图3-11所示。

③ 车间设计要做到人、物流分开的原则，按照工艺流向及生产工序的相关性，有机地将不同洁净要求的功能区布置在一起，使物料流短捷、顺畅。粉针剂车间的物流基本上有以下几种：原辅料、西林瓶、胶塞、铝盖、外包材及成品出车间。进入车间的人员必须经过不

同程度的更衣分别进入 10000 级和 100000 级洁净区。

④ 车间设置净化空调和舒适性空调系统能有效控制温湿度，并能确保室内的温湿度要求。若无特殊工艺要求，控制区温度为 18～26℃，相对湿度为 45%～65%。各工序需安装紫外线灯。

⑤ 车间内需要排热、排湿的工序一般有洗瓶区、隧道烘箱灭菌间、胶塞铝盖清洗间、胶塞灭菌间、工具清洗间、洁具室等。

⑥ 级别不同洁净区之间保持 5～10Pa 的正压差，每个房间应有测压装置。如果生产青霉素或其他高致敏性药品，分装室应保持相对负压。

2. 冻干粉针剂生产特点

① 冻干粉针剂是指用无菌工艺制备的冷冻干燥注射剂。其生产过程中的无菌过滤、灌装、冻干、压塞操作必须严格在无菌条件下进行。因此，设计时应将无菌作业区和非无菌作业区严格分开，同时要求进入无菌作业区的物料及器具应经严格灭菌消毒处理，进入无菌作业区的人员必须严格遵循无菌作业操作标准。

② 冻干粉针剂的生产工序包括：洗瓶及干燥灭菌、胶塞处理及灭菌、铝盖洗涤及灭菌、分装加半塞、冻干、轧盖、包装等。按 GMP 规定其生产区域空气洁净度级别分为 100 级、10000 级和 100000 级。其中料液的无菌过滤、分装加半塞、冻干、净瓶塞存放为 100 级或 10000 级环境下的局部 100 级即为无菌作业区，配料、瓶塞精洗、瓶塞干燥灭菌为 10000 级，瓶塞粗洗、轧盖为 100000 级环境。其工艺流程及环境区域划分见图 3-12。

③ 车间设计力求布局合理，遵循人、物流分开的原则，不交叉返流。进入车间的人员必须经过不同程度的净化程序分别进入 100 级、10000 级和 100000 级洁净区，进入 100 级区的人员必须穿戴无菌工作服，洗涤灭菌后的无菌工作服在 100 级层流保护下整理。无菌作业区的气压要高于其他区域，应尽量把无菌作业区布置在车间的中心区域，这样有利于气压从较高的房间流向较低的房间。

④ 辅助用房的布置要合理，清洁工具间、容器具清洗间宜设在无菌作业区外，非无菌工艺作业的岗位不能布置在无菌作业区内。物料或其他物品进入无菌作业区时，应设置供物料、物品消毒或灭菌用的灭菌室或灭菌设备。洗涤后的容器具应经过消毒或灭菌处理方能进入无菌作业区。

⑤ 车间设置净化空调和舒适性空调系统能有效控制温湿度，并能确保室内的温湿度要求；控制区温度为 18～26℃，相对湿度为 45%～65%。各工序需安装紫外线灯。

⑥ 若有活菌培养如生物疫苗制品冻干车间，则要求将洁净区严格区分为活菌区与死菌区，并控制活菌区的空气排放及带有活菌的污水处理。

⑦ 按照 GMP 规范的要求布置纯水及注射用水的管道。

四、无菌分装粉针剂和冻干粉针剂生产车间功能间的设置

1. 无菌分装粉针剂生产车间应设置的功能间

根据无菌分装粉针剂生产工艺流程和特点，生产车间要满足生产需要至少应设置如下功能间。

① 人员净化功能间。脱衣洗手间、换鞋间、穿衣间、手消毒间；进入无菌作业区的前缓冲间、二次更衣换鞋间、后缓冲消毒间。

② 物料净化功能间。外清脱包间、缓冲间、消毒间、存放间。

③ 主生产操作功能间。瓶塞外清脱包间、瓶塞粗洗间、瓶塞精洗间、瓶塞灭菌干燥间、

瓶塞冷却存放间、铝盖外清脱包间、铝盖消毒间、铝盖冷却存放间、无菌分装间、扎盖间、外包装间。

④ 辅助功能间。工器具清洗消毒间、工器具存放间、洁具清洗消毒间、洁具存放间、消毒液配制间、洗衣间、工作服灭菌整理存放间、空调机房、制水站（纯化水、注射水制备）、配电室等。

2. 冻干粉针剂生产车间应设置的功能间

根据冻干粉针剂生产工艺流程和特点，生产车间要满足生产需要至少应设置如下功能间。

① 人员净化功能间。脱衣洗手间、换鞋间、穿衣间、手消毒间；进入无菌作业区的前缓冲间、二次更衣换鞋间、后缓冲消毒间。

② 物料净化功能间。外清脱包间、缓冲间、消毒间、存放间。

③ 主生产操作功能间。瓶塞外清脱包间、瓶塞粗洗间、瓶塞精洗间、瓶塞灭菌干燥间、瓶塞冷却存放间、铝盖外清脱包间、铝盖消毒间、铝盖冷却存放间、药液配制间、无菌过滤间、无菌分装间、冻干间、扎盖间、外包装间、待检冷库。

④ 辅助功能间。工器具清洗消毒间、工器具存放间、洁具清洗消毒间、洁具存放间、消毒液配制间、洗衣间、工作服灭菌整理存放间、空调机房、制水站（纯化水、注射水制备）、配电室等。

五、车间工艺设计的一般步骤（不含可行性研究、初步设计及施工图设计）

（1）收集设计所需基础资料　产品方案、生产规模、生产方法与生产工艺、原辅料及中间产品技术规格、成品包装形式与规格、建设规模、用地情况以及建设方的特殊要求等；对改建项目还应收集原有设计资料。

（2）初步确定车间面积、结构形式　根据生产产品品种、规模及建设规模初步确定车间应设置的功能间（生产区、辅助区），再结合厂区总体规划情况确定车间大致建筑面积、结构形式或建筑层数。

（3）物料衡算　根据产品产量、生产班制及生产特点进行物料衡算，计算每批生产投料量（原料、辅料）、包装材料（瓶、塞、铝盖）用量、工艺用水量。

（4）设备选型　根据物料衡算所确定的批产量，选择合适的设备及台数。选型时应考虑单机生产和联动线生产的适合性及建设单位的要求。

（5）车间定员　根据产量和设备选型操作要求确定车间人员数量。

（6）车间平面方案设计　在完成上述（1～5）项工作后可进行平面方案设计。此阶段设计思路如下。① 确定车间的人物流进出口位置，必须作到人物流路线合理短捷，互不交叉干扰，并与厂区总体人物流路线吻合。② 划分生产线和辅助区（包括空调制冷、配电、制水站等）在车间内部位置，如仓库、办公、质检等设在车间内应综合考虑。设计原则为人物流路线合理、互不交叉干扰，操作方便，各区域相对独立、相互无干扰，流体输送管道最短。③ 设计功能间，不论是辅助区，还是生产线，其均应满足生产要求和操作的方便性，尽量减少物料和人员的往返，各功能间不得相互穿越；洁净区和非洁净区、无菌操作区和非无菌操作区能有效分隔。④ 完成初步布置后，进一步分析布置的合理性，进行合理适当调整，以得到最佳的布局。

在方案设计中除满足工艺要求和GMP要求外，还应综合考虑到建筑结构、电气、暖通、给排水等方面的合理性，因此工艺设计人员必须对建筑结构、电气、暖通、给排水等设计规范有相应了解。

六、设计举例

1. 无菌分装粉针剂

（1）设计课题　年产 1000 万支无菌分装粉针生产线。

（2）设计条件　年工作日：254 天；

工作班制：一班。

产品包装形式：5ml 西林瓶。

（3）批产量计算　1000 万支/254 天=39370 支/天（约 4 万支/批）。

（4）物料消耗　西林平 4.2 万支（5%损耗）；

丁基胶塞 4.2 万支（5%损耗）；

铝盖 4.2 万支（5%损耗）。

（5）设备选型　满足批生产产量要求，略有富余。

详见表 3-1。

表 3-1　年产 1000 万支无菌分装剂生产线主要工艺设备一览表

序号	设　备　名　称	设　备　型　号	单机生产能力	台数	备注
1	超声波洗瓶机	CXP-250	160～280 瓶/min	1	
2	输瓶转盘	D1200		1	
3	隧道烘箱	SH-2	2 万瓶/h	1	
4	输瓶转盘	D1200		1	
5	双螺杆分装机	FLZ2-120	120 瓶/min	3	1 台备用
6	胶塞处理一体机	CDDA-5	6 万只/批	1	
7	灭菌干燥箱	DMH1		3	
8	扎盖机	KZG-130	130 瓶/min	3	1 台备用
9	滚蜡贴签机	ZGT7-150	150 瓶/min	3	1 台备用
10	自动捆扎机	SK-1A		1	

（6）工艺平面布置　根据厂区整体布局，本生产线与另两条生产线布置在同一厂房内，厂房为三层框架结构，为生产线服务的冷冻系统、制水系统和人员总更衣位于一层，三层为本次设计的粉针生产线。具体工艺布置详见平面布置图图 3-13 所示。

2. 冻干粉针剂

（1）设计课题　年产 100 万支冻干粉针剂生产线。

（2）设计条件　年工作日：254 天；

生产班制：一班，部分三班；

冻干周期：48h；

产品包装形式：5ml 西林瓶，分装量 0.5ml。

（3）批产量计算　因冻干周期为 48h，加上辅助生产时间，批生产周期应为三天，即每三天生产一批产品。

批产量=100 万支/254 天×3 天=11811 支/批（按 12000 支/批计）

（4）批物料消耗　待分装药液：12000 支/批×0.5ml/支=6000ml/批；

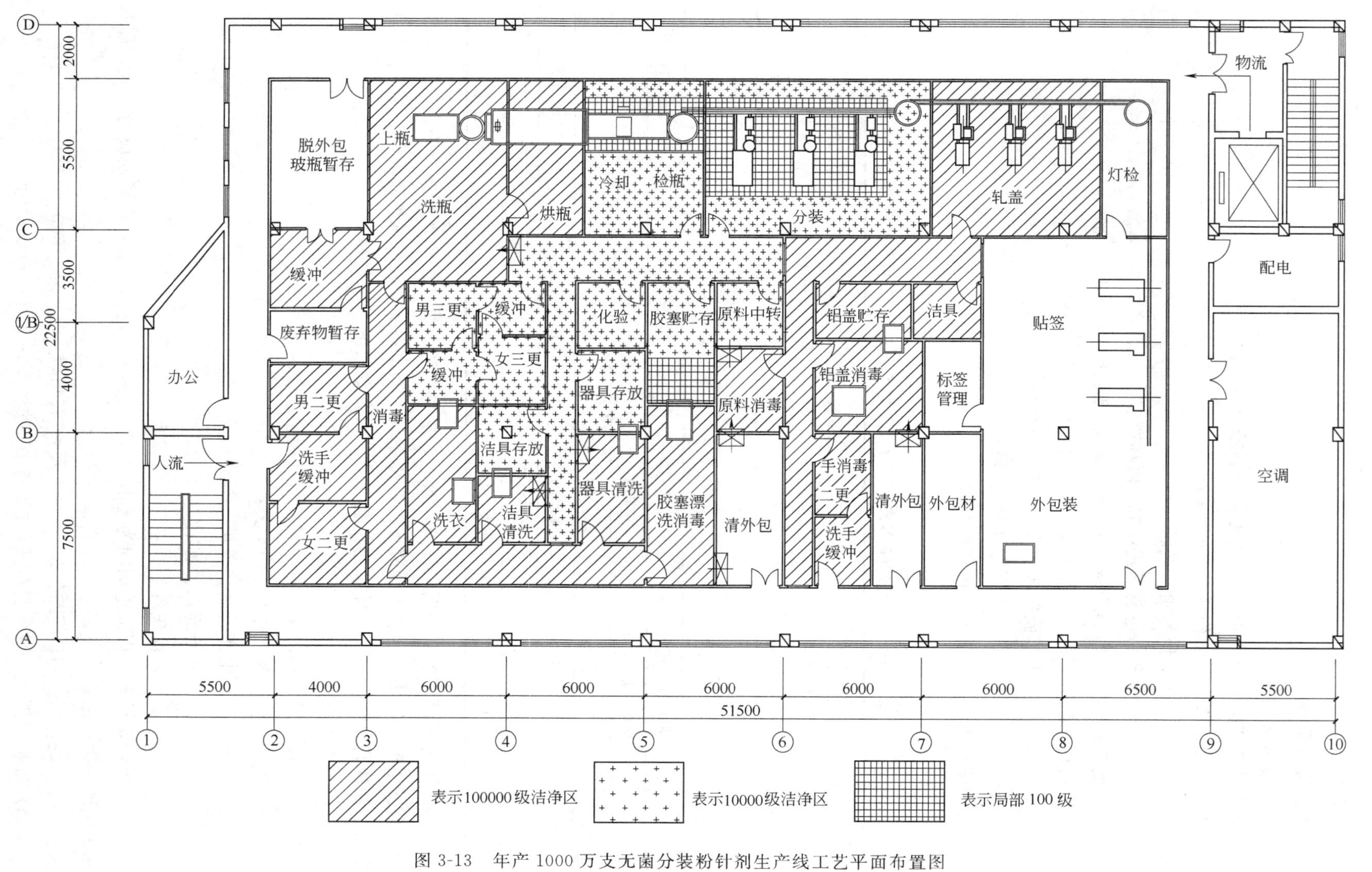

图 3-13 年产 1000 万支无菌分装粉针剂生产线工艺平面布置图

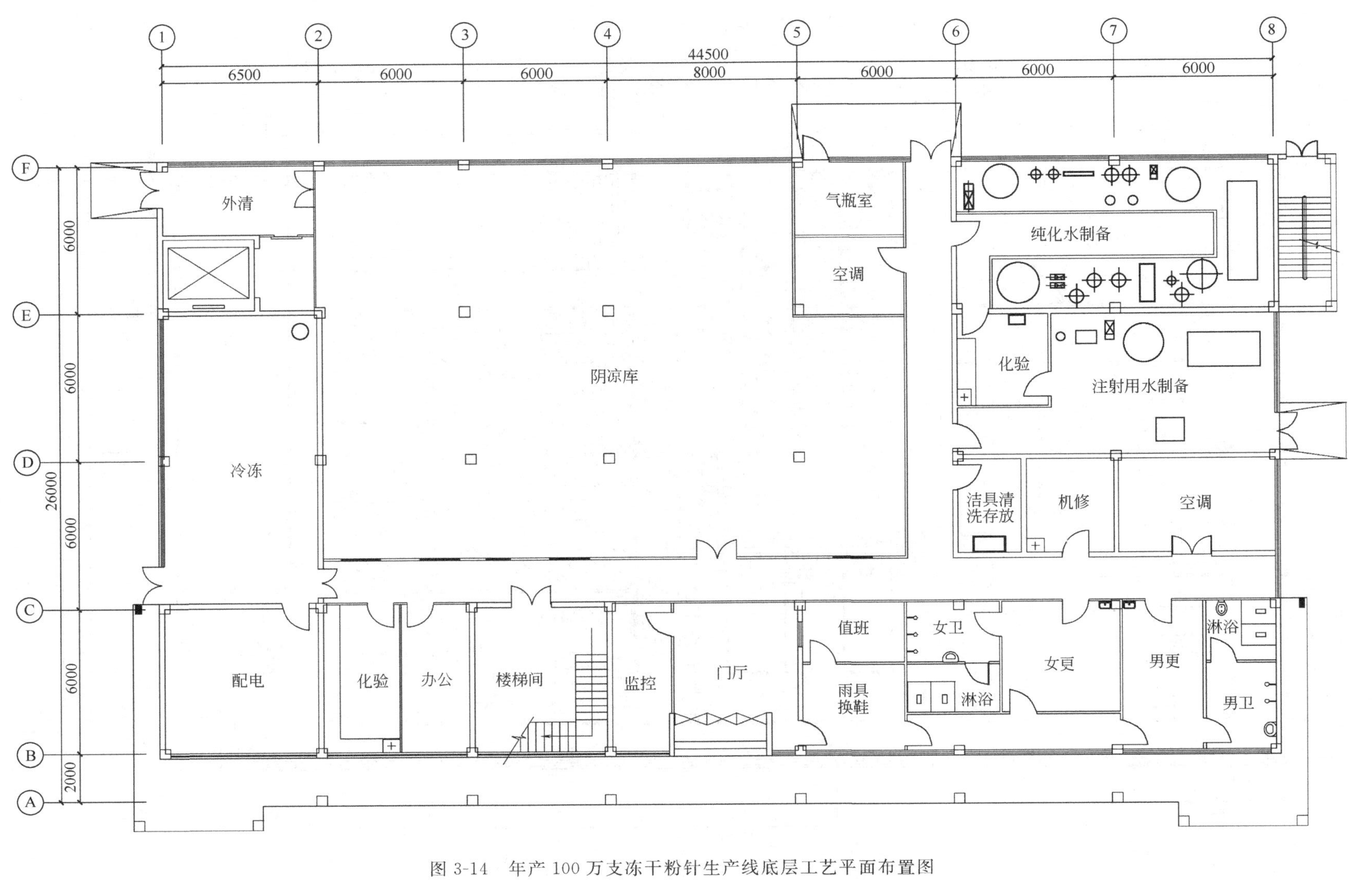

图 3-14　年产 100 万支冻干粉针生产线底层工艺平面布置图

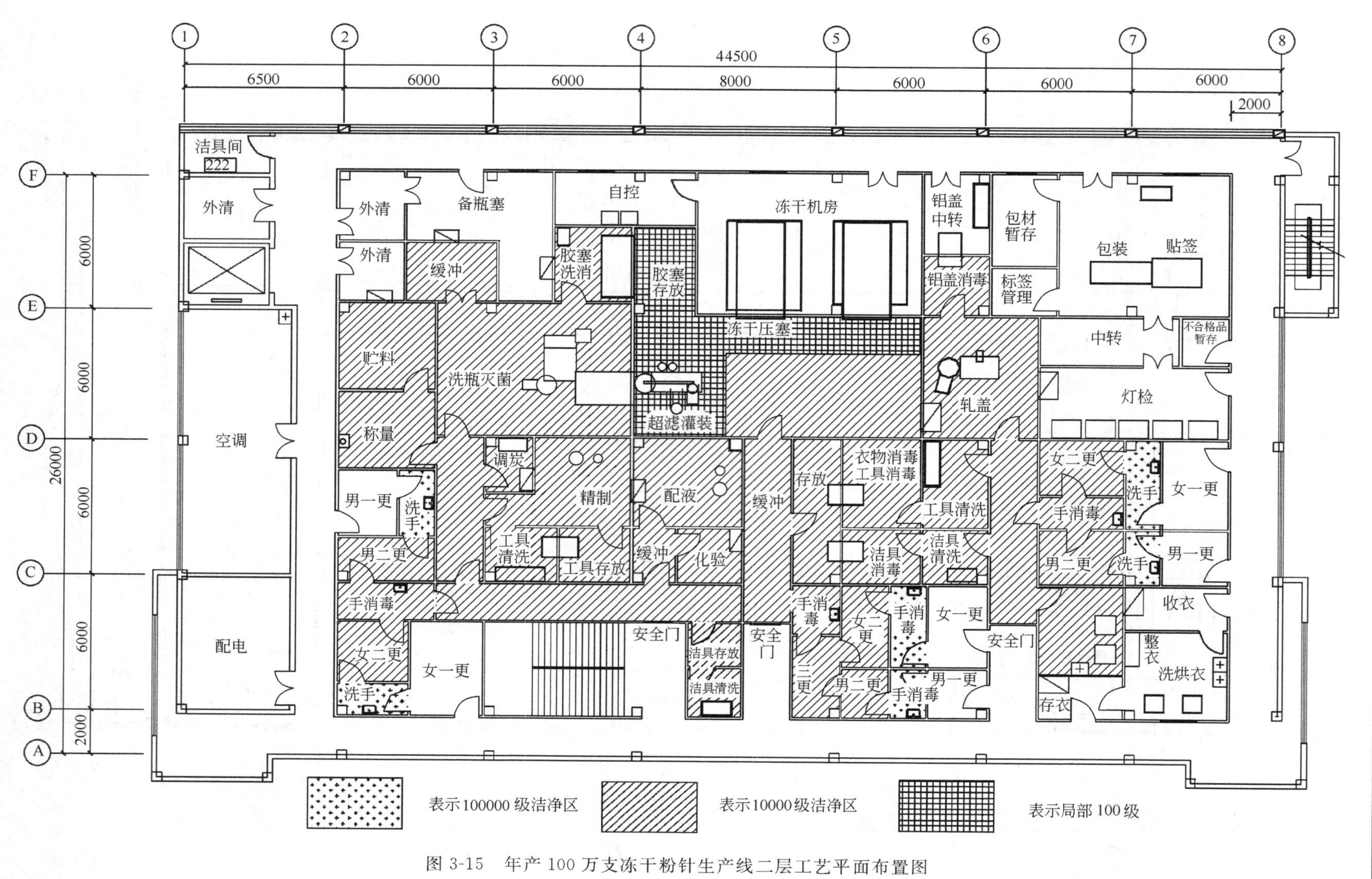

图 3-15　年产 100 万支冻干粉针生产线二层工艺平面布置图

西林瓶：126000只（考虑5%损耗量）；

丁基胶塞：126000只（考虑5%损耗量）；

铝塑盖：126000只（考虑5%损耗量）。

（5）设备选型　满足批生产产量要求，略有富余。

详见表3-2。

表3-2　年产100万支冻干粉针剂生产线主要工艺设备一览表

序号	设备名称	设备型号	单机生产能力	台数	备注
1	洗瓶机	ASVG200	100瓶/min	1	
2	输瓶转盘	D1000		1	
3	隧道烘箱	ST2	6000瓶/h	1	
4	输瓶转盘	D1000		1	
5	半加塞灌装机	DTE1000	100瓶/min	1	
6	胶塞处理一体机	LST	2万只/批	1	
7	冻干机	$5M^2$	8000瓶/批	2	
8	扎盖机	KVK106B	100瓶/min	1	
9	贴签机	KK906	100瓶/min	1	
10	自动捆扎机	SK-1A		1	
11	纯化水系统		3t/h	1套	
12	注射水系统		1t/h	1套	
13	纯蒸汽发生器		200kg/h	1套	

（6）工艺平面布置　根据厂区总体布局，本生产线布置为独立厂房，为两层框架结构。一层主要布置人员总更衣、制水站、冷冻、成品阴凉库等，二层为主生产线。具体布置详见工艺平面布置图（图3-14，图3-15）。

第四节　制药工艺用水站

一、概述

水是药物生产中用量最大、使用最广的一种原料，用于生产过程及药物制剂的制备。《中国药典》（2005年版）中所收载的制药用水，因其使用的范围不同而分为纯化水、注射用水及灭菌注射用水。制药用水的原水通常为自来水公司供应的自来水或深井水，其质量必须符合中华人民共和国国家标准GB 5749—85《生活饮用水卫生标准》。原水不能直接用作制剂的制备或试验用水。纯化水为原水经蒸馏法、离子交换法、反渗透法或其他适宜的方法制得的供药用的水，不含任何附加剂。

由于各种生产方法存在不同的污染的可能性，因此对各生产装置要特别注意是否有微生物污染，对其各个部位及流出的水应经常监测，尤其是这些部位停用几小时后再使用时，这些在设计中都要予以考虑。纯化水可作为配制普通药物制剂用的溶剂或试验用水，不得用于注射剂的配制。注射用水为纯化水经蒸馏所得的水，应符合细菌内毒素试验要求。注射用水必须在防止内毒素产生的设计条件下生产及分装。注射用水可作为配制注射剂用的溶剂。灭菌注射用水为注射用水按照注射剂生产工艺制备所得，主要用于注射用灭菌粉末的溶剂或注射液的稀释剂。

二、GMP 对工艺用水的要求

药品生产企业的工艺用水主要是指制剂生产中洗瓶、配料等工序以及原料药生产的精制、洗涤等工序所用的水。注射用水一般用纯化水通过蒸馏法（还有反渗透法和超滤法）制得，化学纯度高达 99.999%，无热原。因纯蒸汽的制备过程与用蒸馏水制备注射用水的过程相同，可使用同一台多效蒸馏水机或单独的纯蒸汽发生器，故将纯蒸汽放在注射用水一起讨论。药品生产工艺用水的用途见表 3-3 所示。

表 3-3 药品生产工艺用水的用途

水质类别	用　　途	水质要求
纯化水	1. 制备注射用水(纯蒸汽)的水源 2. 非无菌药品直接接触药品的设备、器具和包装材料最后一次洗涤用水 3. 注射剂、无菌药品瓶子的初洗 4. 非无菌药品的配料 5. 非无菌药品原料精制	符合《中国药典》标准
注射用水	1. 无菌产品直接接触药品的包装材料最后一次精洗用水 2. 注射剂、无菌冲洗剂配料 3. 无菌原料药精制 4. 无菌原料药直接接触无菌原料包装材料的最后洗涤用水	符合《中国药典》标准
纯蒸汽	1. 无菌药品物料、容器、设备、无菌衣或其他物品需进入无菌作业区的湿热无菌处理 2. 培养基的湿热灭菌	纯蒸汽冷凝水应符合《中国药典》注射用水标准

三、GMP 对纯化水、注射用水系统的规定

GMP（1998 年修订）规定：纯化水、注射用水的制备、贮存和分配应能防止微生物的滋生和污染。贮罐和输送管路所用材料应无毒、耐腐蚀。管路的设计和安装应避免死角、盲管。贮罐和管路要规定清洗、灭菌周期。注射用水贮罐的通气口应安装不脱落纤维的疏水性除菌滤器。注射用水的贮存可采用 80℃以上保温、65℃以上保温循环或 4℃以下存放。

纯化水、注射用水的预处理设备所用的管路一般采用 ABS 工程塑料，也有采用 PVC、PPR 或其他合适材料的。但纯化水及注射用水的分配系统应采用与化学消毒、巴氏消毒、热力灭菌等相应的管路材料，如 PVDF、ABS、PPR 等，最好采用不锈钢，尤以 316L 型号为最佳。不锈钢是总称，严格而言分为不锈钢及耐酸钢两种。无缝不锈钢管牌号对照见表 3-4 所示。

表 3-4 无缝不锈钢管牌号对照表

中国 GB 1220—92 标准	美国 AISI	中国 GB 1220—92 标准	美国 AISI
0Cr17Ni12Mo2	316	00Cr19Ni11	304L
00Cr17Ni14Mo2	316L	1Cr18Ni9Ti	321
0Cr18Ni9	304	1Cr18Ni9	302

（一）纯化水、注射用水的特点

为了有效控制微生物污染且同时控制细菌内毒素的水平，纯化水、注射用水系统的设计和制造出现了两大特点：一是在系统中越来越多地采用消毒/灭菌设施；二是管路分配系统从传统的送水管路演变为循环管路。

此外还要考虑到管内流速对微生物繁殖的影响。当雷诺数 Re 达到 10000 形成紊流时，才能有效地造成不利于微生物生长的环境条件。相反，如果没有注意到水系统设计及制造中的细节，造成流速过低、管壁粗糙或管路存在盲管，或者选用了结构不适应的阀门等，微生物完全有可能依赖由此造成的客观条件，构筑自己的温床——生物膜，给纯化水、注射用水系统的运行及日常管理带来风险及麻烦。

（二）纯化水、注射用水系统的基本要求

纯化水、注射用水系统是由水处理设备、存贮设备、分配泵及管网等组成的。制水系统存在着由原水及制水系统外部原因所致的外部污染的可能，而原水的污染则是制水系统最主要的外部污染源。《美国药典》、《欧洲药典》及《中国药典》均明确要求制药用水的原水至少要达到饮用水的质量标准。达不到饮用水标准的，先要采取预净化措施。由于大肠杆菌是水质遭受明显污染的标志，因此国际上对饮用水中大肠杆菌均有明确的要求。其他污染菌则不做细分，在标准中以“细菌总数”表示，我国规定的细菌总数限度为 100 个/ml，这说明符合饮用水标准的原水中也存在着微生物污染，而危及制水系统的污染菌主要是革兰阴性菌。其他如贮罐的排气口无保护措施或使用了劣质气体过滤器，水从被污染了的出口倒流等也可导致外部污染。

此外，在制水系统制备及运行过程中还存在着内部污染。内部污染与制水系统的设计、选材、运行、维护、贮存、使用等因素密切相关。各种水处理设备可能成为微生物的内部污染源，如原水中的微生物被吸附于活性炭、去离子树脂、过滤膜和其他设备的表面上，形成生物膜，存活于生物膜中的微生物受到生物膜的保护，一般消毒剂对它不起作用。另一个污染源存在于分配系统里。微生物能在管道表面、阀门和其他区域生成菌落并在那里大量繁殖，形成生物膜，从而成为持久性的污染源，因此对制水系统的设计应有比较严格的标准。基本要求如下。

1. 对预处理设备的要求

① 纯化水的预处理设备可根据原水水质情况配备，要求先达到饮用水标准。

② 多介质过滤器及软水器要求能自动反冲、再生、排放。

③ 活性炭过滤器为有机物集中地，为防止细菌、细菌内毒素的污染，除要求能自动反冲外，还可用蒸汽消毒。

④ 由于紫外线激发的 255nm 波长的光强与时间成反比，要求有记录时间的仪表和光强度仪表，其浸水部分采用 316L 不锈钢，石英灯罩应可拆卸。

⑤ 通过混合床去离子器后的纯化水必须循环，使水质稳定。但混合床只能去除水中的阴、阳离子，对去除热原是无作用的。

2. 对纯化水制取设备的要求

纯化水一般可以通过以下任一种方法来获得：去离子器、反渗透装置、蒸馏水机。三种设备有不同的要求。

① 去离子器可采用混合床，应能连续再生，并具有无流量和低流量时连续流动的措施。

② 反渗透装置在进口处需安装 3.0μm 的水过滤器。

③ 蒸馏水机宜采用多效蒸馏水机，其 316L 不锈钢材料内壁电抛光（240 粒）并钝化处理。

3. 对注射用水（清洁蒸汽）制取设备的要求

注射用水可通过蒸馏法、反渗透法、超过滤器法等获得，各国对注射用水的生长方法做了十分明确的规定，具体如下。

①《美国药典》(24 版) 规定“注射用水必须由符合美国环境保护协会或欧盟或日本法定要求的饮用水经蒸馏或反渗透纯化而得”。

②《欧洲药典》(1997 年版) 规定“注射用水为符合法定标准的饮用水或纯化水经适当方法蒸馏而得。

③《中国药典》(2005 年版) 规定“本品 (注射用水) 为纯化水经蒸馏所得的水”。

可见注射用水用纯化水经蒸馏而得是世界公认的首选方法，而清洁蒸汽可用同一台蒸馏水机或单独的清洁蒸汽发生器获得。

蒸馏法对原水中不发挥性的有机物、无机物，包括悬浮物、胶体、细菌、病毒、热原等杂质有很好的去除作用。蒸馏水机的结构、性能、金属材料、操作方法以及原水水质等因素，均会影响注射用水的质量。多效蒸馏水机的“多效”主要是节能，可将热能多次合理使用。蒸馏水机去除热原的关键部件是汽-水分离器。

对蒸馏水机的要求如下：

① 采用 316L 医药级不锈钢制的多效蒸馏水机或清洁蒸汽发生器；

② 电抛光 (240 粒) 并做钝化处理；

③ 装有测量、记录和自动控制电导率的仪器，当电导率超过设定值时自动转向排水。

4. 对贮水容器 (贮罐) 的基本要求

对贮水容器的总体要求是防止生物膜的形成，减少腐蚀，便于用化学品对贮罐消毒；贮罐要密封，内表面要光滑，有助于热力消毒和化学消毒并能阻止生物膜的形成。

贮罐对水位的变化要做补偿，通常有两种方法：一是采用呼吸器；另一个方法是采用充氮气的自控系统，在用水高峰时，经无菌过滤的氮气送气量自动加大，保证贮罐能维持正压，在用水量小时送气量自动减少，但仍对贮罐外维持一个微小的正压，这样做的好处是能防止水中氧含量的升高，防止二氧化碳进入贮罐并能防止微生物污染。

对贮罐的要求如下：

① 采用 316L 不锈钢制作，内壁电抛光并做钝化处理；

② 贮水罐上安装 0.2μm 疏水性通气过滤器 (呼吸器)，并可以加热消毒或有夹套；

③ 能经受至少 121℃高温蒸汽的消毒；

④ 排水阀采用不锈钢隔膜阀；

⑤ 若充以氮气，需装 0.2μm 疏水性过滤器过滤。

5. 对管路及分配系统的基本要求

管路分配系统的建造应考虑到水在管路中能连续循环，并能定期清洁和消毒。不断循环的系统易于保持正常的运行状态。

水泵的出水应设计成“紊流式”，以阻止生物膜的形成。分配系统的管路安装应有足够的坡度并设有排放点，以便系统在必要时能够完全排空。水循环的分配排放系统应避免低流速。隔膜阀具有便于去除阀体内溶解杂质和微生物不易繁殖的特点。

对管路分配系统的要求如下：

① 采用 316L 不锈钢管材内壁电抛光并做钝化处理；

② 管道采用热溶式氩弧焊焊接，或者采用卫生夹头分段连接；

③ 阀门采用不锈钢聚四氟乙烯隔膜阀，卫生夹头连接；

④ 管路有一定的倾斜度，便于排除存水；

⑤ 管路采取循环布置，回水流入贮罐，可采用并联或串联的连接方法，以串联连接方法较好；使用点阀门处的“盲管”段长度，对于加热系统不得大于 6 倍管径，冷却系统不得大于 4 倍管径；

⑥ 管路用清洁蒸汽消毒，消毒温度为 121℃。

6. 对纯化水和注射用水输送泵的基本要求

① 采用 316L 不锈钢（浸泡部分），电抛光并做钝化处理。

② 卫生夹头做连接件。

③ 润滑剂采用纯化水或注射用水本身。

④ 可完全排除积水。

7. 对热交换器的基本要求

热交换器用于加热或冷却注射用水，或者作为清洁蒸汽冷却冷凝用。其基本要求如下：

① 采用 316L 不锈钢制；

② 按卫生要求设计；

③ 电抛光并做钝化处理；

④ 可完全排除积水。

四、设计举例

（一）设计任务

① 确定纯化水和注射用水的工艺管道流程。

② 设备选型（纯化水 3t/h，注射用水 1t/h）。

③ 按规范要求设计制药用水站工艺平面图，并注明技术要求。总结和论述制药用水站的设计。

（二）具体设计

设计任务为纯化水产量 3t/h，注射用水产量 1t/h 的制药用水站。原水来源为城市提供的自来水，所要达到的标准为《中国药典》所规定的纯化水、注射用水要求。

1. 工艺流程

根据设计要求与现有工艺，采用二级反渗透工艺制备纯化水，再用纯化水根据蒸馏法除热原制得注射用水。系统主要工艺流程如下：

原水→机械过滤器→活性炭过滤器→软水器→保安过滤器→一级反渗透装置→加药装置→精密过滤器→二级反渗透装置→纯化水→紫外线灭菌器→精密过滤器→蒸馏水机→注射用水

二级反渗透法制备纯化水的具体工艺流程见图 3-16 所示。

完整的制药用水站布置平面图见图 3-17 所示。

采用二级反渗透工艺制备纯化水有其优点与缺点，二级反渗透工艺主要有以下优点：

① 任何酸、碱再生处理不会对环境造成污染；

② 出水电阻率现已有突破性发展；

③ 内毒素指标经检验均≤0.25EU/ml，出水水质完全能符合《中国药典》2005 年版纯化水标准；

④ 水利用率高，在采用软化器的情况下可使水利用率达 75%，因为二级浓水可以全部回用，在缺水地区及水费不断上涨的趋势下其优势将进一步得到发挥；

⑤ 操作简单，运行及维护费用较低；

⑥ 可以方便地实行自动运行，工人的工作环境好。

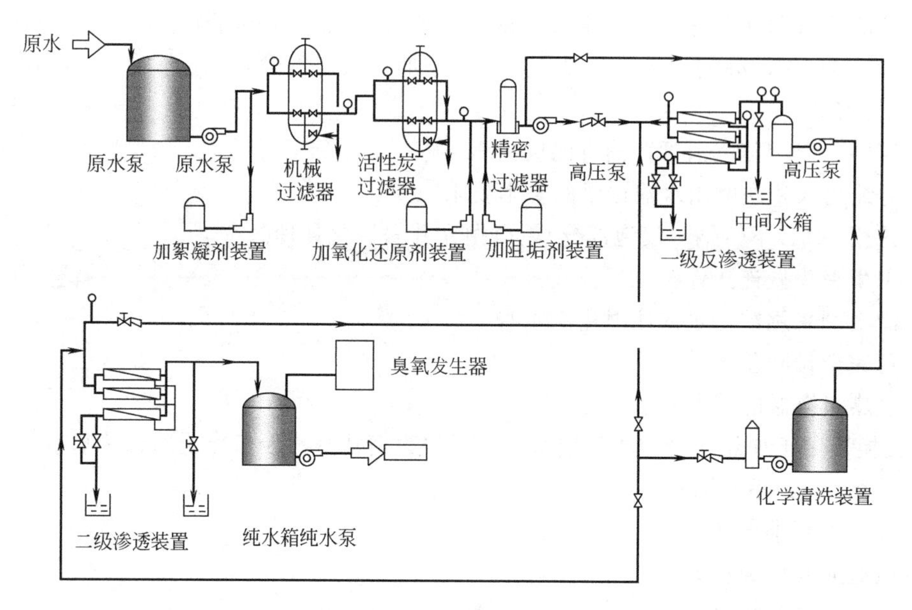

图 3-16 二级反渗透法制备纯化水工艺流程图

二级反渗透工艺的缺点是一次性投资比反渗透＋混床工艺略高一些。

2. 物料衡算

设计要求纯化水产量达到 3t/h，注射用水产量达到 1t/h，根据蒸馏水机蒸馏水生产能力与进料水之间的关系可知，要生产 1t 蒸馏水，需纯化水量约为 1.2t。因此，实际要求生产的纯化水量为 4.2t/h，注射用水量为 1t/h。

3. 设备选型

设备选型的主要依据是制药用水站的生产能力，即至少满足 4.2t/h 纯化水、1t/h 注射用水的生产量。

(1) 工艺主要设备要求及选型

① 原水贮罐。原水贮罐应设置高、低水位电磁感应液位计，动态检测水箱液位。在非低水位时仍具备原水泵、计量泵启动的条件，水箱材料多采用非金属，如聚乙烯（PE)。

② 原水泵。可采用普通的离心泵，泵设置高过热保护器、压力控制器，以提高泵的寿命。为防止出现故障，泵还应设有自动报警系统。

具体设备可选用太平洋泵业制造有限公司生产的 DL、DLP 型多级离心泵中的 40DL 型离心泵，其主要技术参数如下：

型号	级数	流量		扬程 H /m	转速 n /(r/min)	功率 N/kW		效率 /%	吸程 H_s /m	必需气蚀量 (NPSH)r/m
		m^3/h	L/s			轴功率	电机功率			
40DL	7	4.9 6.2 7.4	1.36 1.72 2.06	86.8 82.6 75.2	1450	2.91 3.22 3.62	5.5	37 40 39	7	3.19

③ 聚凝剂投加器。假如原水水质浊度较高，通常运用精密计量泵进行自动加药，同时可根据城市管网供水的特点及原水水质报告，加入适量的絮凝剂，使原水中的藻类、胶体、颗粒及部分有机物等凝聚成较大颗粒，以便后面的砂滤去除。

具体设备可选用南京慧邦科技研究所生产的 DHJ 系列一体化组合式加药装置中的 DHJ-

1 型加药装置，该设备主要技术参数如下：

项目型号	搅拌桶外形尺寸直径×高/mm	药剂箱外形尺寸长×高×宽/mm	搅拌机功率/kW
DHJ-1	800×1000	1000×1100×600	0.75

④ 机械过滤器。原水若使用井水，井水中常含有颗粒很细的尘土、腐殖质、淀粉、纤维素以及菌、藻等微生物。这些杂质与水形成溶胶状态的胶体颗粒，由于布朗运动和静电排斥力而呈现沉降稳定性和聚合稳定性，通常它们不可能用自然沉降的方法除去。可应用原水预处理，即用添加絮凝剂的方法来破坏溶胶的稳定性，使细小的胶体颗粒絮凝成较大的颗粒，通过砂滤和炭滤预过滤，除去这些颗粒。在砂滤中所用的滤料多采用大颗粒石英砂，把原水中的絮状杂质（主要为有机物腐殖质和黏土类无机化合物）去除。通过机械过滤器处理后，出水的浊度<0.5FTU。

具体设备可选用深圳市晶莹泉水处理设备厂生产的 JYQ-600 型机械过滤器，其主要技术参数如下（Φ800 罐体）：

型号	滤料层高/mm	滤料体积/m^3	滤速/(m/h)	设计出水量/(m^3/h)	工作压力/MPa	工作温度/℃	进出口管径 D_N/mm
JYQ-600	1200	0.35	8～14	3～5	0.6	0～40	40

⑤ 活性炭过滤器。系统采用的反渗透处理工序，其进水除了要求污染指数 SDI≤5 之外，还有一个进水指标，即氯量<0.1mg/L。为此配置了活性炭过滤装置。在系统中，活性炭过滤器主要具有两个处理功能：

a. 吸附水中的部分有机物，吸附率约为 60%左右；

b. 吸附水中残余的氯离子。

对于粒度在 1～2nm 左右的无机胶体、有机胶体、溶解性有机高分子杂质和残余氯离子，通过机械过滤器难以除去。为进一步纯化原水，使之达到反渗透膜的进水指标要求，在工艺流程中通常设计一级活性炭过滤器。活性炭之所以能用来吸附粒度在几纳米左右的物质，是由于其结构中存在大量平均孔径在 2～5nm 的微孔和粒隙。活性炭的这种结构特点，使它的吸附表面积能达到 500～2000m^2/g。由于一般有机物的分子直径都略小于 2～5nm，因此活性炭对有机物的吸附最有效。此外活性炭还有很强的脱氯能力，活性炭在整个吸附脱氯过程中并不是简单的吸附作用，而是在其表面发生了催化作用，因而活性炭不存在吸附饱和的问题，只是损失少量的炭，所以活性炭脱氯可以运行相当长的时间。

具体设备可选用深圳某水处理设备厂生产的 JYQ-800 型活性炭过滤器，该设备主要技术参数如下（Φ800 罐体）：

型号	滤料层高/mm	滤料体积/m^3	设计出水量/(m^3/h)	工作压力/MPa	工作温度/℃	进出水口管径 D_N/mm
JYQ-800	1200	0.48	4～6	0.6	5～40	40

⑥ 软化器。水系统中采用的软化器是利用钠型阳离子树脂中可交换的 Na^+ 将水中的 Ca^{2+} 和 Mg^{2+} 交换出来，使原水软化成软化水。这对防止反渗透膜表面结垢、提高反渗透膜的工作寿命和处理效果意义极大，由于再生液中的 Cl^- 能使金属腐蚀，因此软化罐体宜采用非金属材料制造，软化器的滤料采用钠型阳离子树脂。

具体设备可选用北京某水处理工程有限公司生产的 PT-2750 型软水器，其主要技术参

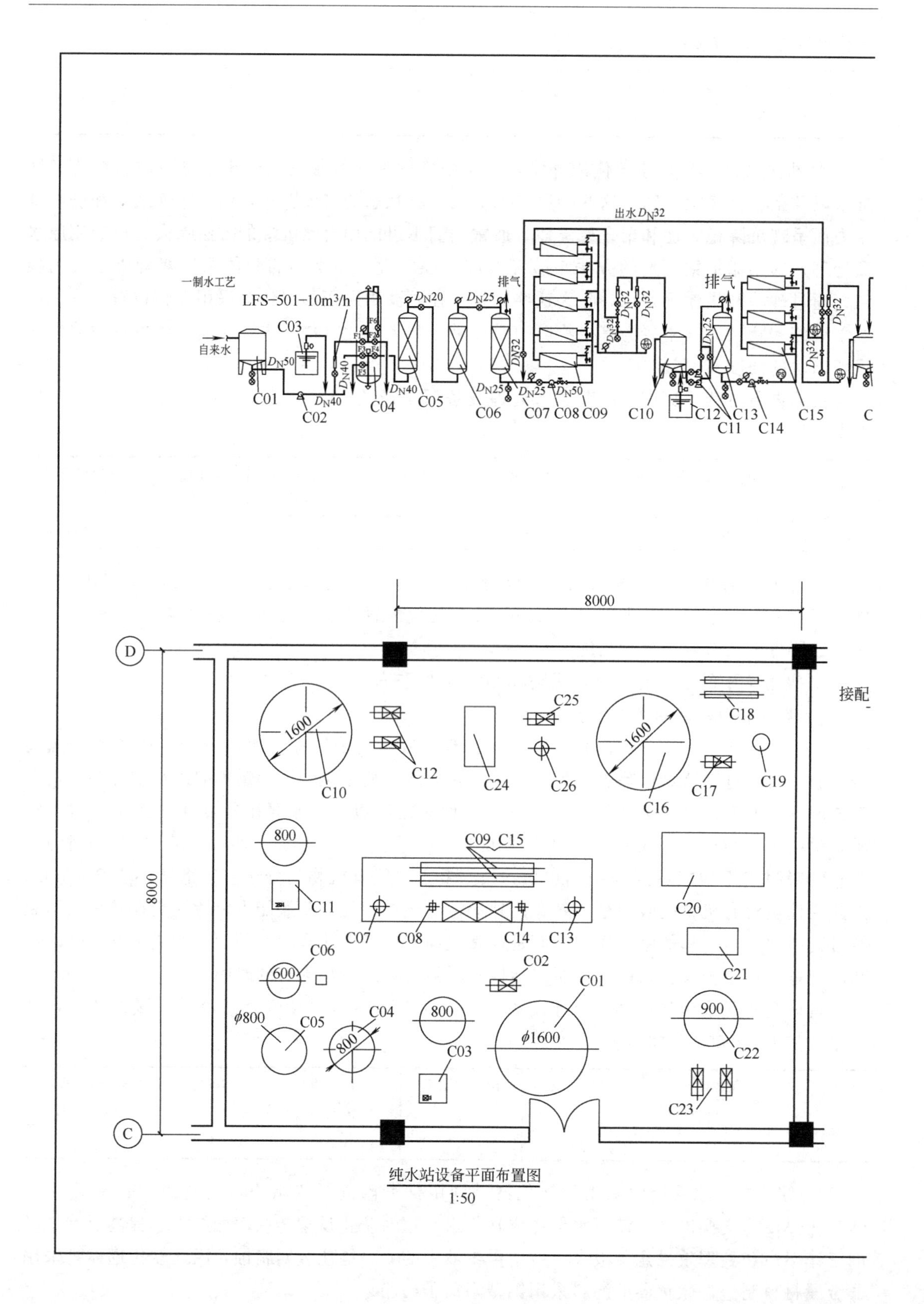

图 3-17 制药用水

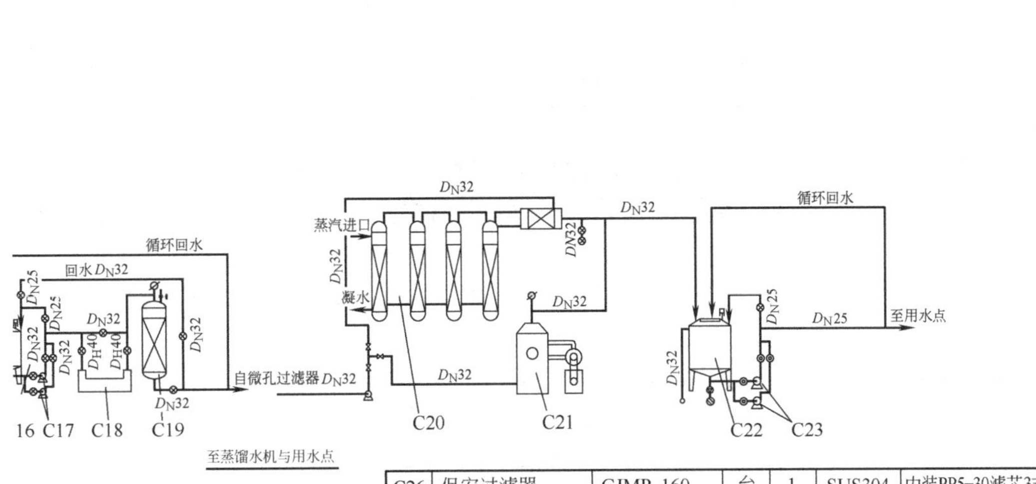

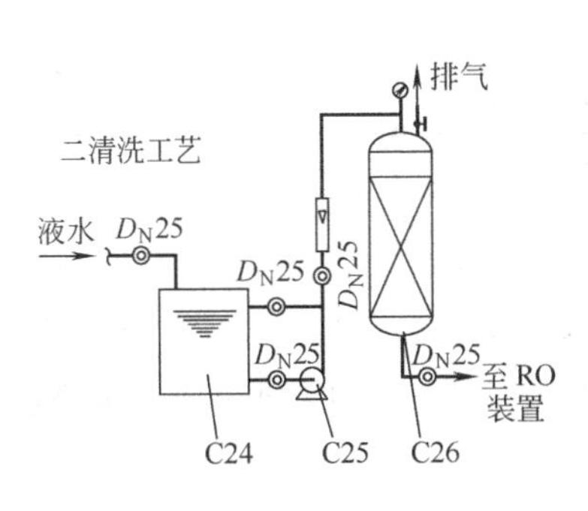

代号	名称	规格
F6	排气	D_N32
F5	下排	D_N40
F4	出水	D_N40
F3	下进	D_N50
F2	上排	D_N50
F1	进水	D_N50

机械过滤器阀门表

位号	名 称	型号规格	单位	数量	材质	备 注
C26	保安过滤器	GJMP-160	台	1	SUS304	内装PP5-30滤芯3支
C25	清洗泵	CHL2-60	台	1	不锈钢	N=0.75kW
C24	药液箱	$0.5m^3$	只	1	PP	1000×500×1000
C23	注射用水泵	ZB3A-6	台	2	不锈钢	N=1.5kW
C22	注射用水储罐	CG-1000	只	1	316L	不锈钢带空气过滤器
C21	纯蒸汽发生器	LCZ100	台	1	316L	蒸汽压力0.3～0.6MPa
C20	多效蒸馏水机	PKZ1000-6	台	1	316L	耗电 0.8kW·h
C19	微孔过滤器	FLMF-A1	台	1	纤维	
C18	紫外线杀菌器	ZW-5	台	1	不锈钢	N=120kW
C17	二级纯化水泵	ZB3A-20	台	2	316L	功率N=3kW
C16	二级纯化水箱	CG-5000	只	1	不锈钢	容积$5m^3$不锈钢带空气过滤器
C15	二级反渗透装置	PET-2DP4	台	1	组合件	卷式苦咸水复合膜
C14	增压泵	ZB3A-20	台	1	不锈钢	N=3kW
C13	精密过滤器	FLMF-A1	台	1	纤维	
C12	一级高压水泵	ZB3A-20	台	1	不锈钢	N=3kW
C11	NaOH 投加装置	DHJ1	台	1	不锈钢	全自动
C10	一级纯化水箱	CG-5000	只	1	316L	容积 $5m^3$
C09	一级反渗透装置	PET-2DP4	台	1	组合件	卷式苦咸水复合膜
C08	高压泵	ZB3A-20	台	1	不锈钢	N=3kW
C07	精密过滤器	FLMF-A1	台	1	纤维	
C06	软水器	PT-2750	台	1	树脂	
C05	活性炭过滤器	JYQ-800	台	1	纤维	
C04	机械过滤器	JYQ-600	台	1	纤维	顶装式不锈钢
C03	聚凝剂投加装置	DHJ-1	台	1	不锈钢	搅拌功率N=0.75kW
C02	源水泵	4ODL	台	1	不锈钢	电机功率N=5.5kW
C01	PVC 储罐	$5m^3$	只	1	PVC	

合肥工业大学制药工程				建设单位		工程编号	
						设计阶段	
审定		校对		子项名称	制药用水站	比例	1:50
审核		设计				图号	附图
项目负责人		制图		图名	工艺流程及设备平面布置图		

站布置平面图

数如下：

型　号	进出水口径/in	处理量/(m^3/h)	运行方式	树脂罐 $D\times H\times$个数/mm	树脂量/L	盐箱(L)×个数
PT-2750	1	4.0～5.0	单床时间，自动再生	600×1750×1	200	300×1

注：1in=0.0254m。

⑦ 精密过滤装置。精滤在水系统中又称为保安过滤，它通常由熔喷成型的孔径为 5μm 的聚丙烯膜来实现。精滤是原水进入反渗透膜前最后一道处理工艺，其作用是防止上一道过滤工序可能存在的泄漏。否则部分固体微粒就会渗入反渗透膜中，使反渗透膜阻塞。

具体设备可选用福尔开发公司生产的 FLMF-A1 精密过滤器，该设备主要技术参数如下：

型　号	规　格/mm	流量/(m^3/h)	管路直径 D_N/mm
FLMF-A1	D300×1000	5	25

⑧ 高压泵。作为反渗透系统动力源的高压泵，应配置高低压保护、过热保护，以防止泵的损坏。高压泵的性能稳定可靠可保证水系统的运行。泵的材质为 316L 不锈钢。

具体设备可选用上海某轻工机械厂生产的 ZB3A-20 型卫生级泵，该设备主要技术参数如下：

型　　号	转速/(r/min)	对应流量/L	功率/kW
ZB3A-20	200～500	2100～5400	3

⑨ 一级反渗透主机。反渗透主机的主要部分是反渗透膜组件，由于渗透出水偏酸性，金属的膜壳会逐渐被腐蚀，因此，膜壳的选材应保证主机除盐的作用能长期、稳定可靠地达到设计要求。反渗透主机的设计，残余的反渗透基准水温为 25℃，水的利用率可达到 70%～75%，反渗透系统的总脱盐率>97%。

具体设备可选用德阳水业有限公司生产的 PET-2DP4 型二级反渗透设备，该设备主要的技术参数如下：

型号	产水量/(m^3/h)	工作压力/MPa		设备外形尺寸/cm			重量/kg	膜规格及数量	进水管口径/in	产水率/%	电机功率/kW
		一级	二级	高度	宽度	厚度					
PET-2DP4	4.58	1.4	1.7	153	550	125	1625	4040×48	2	60	13

注：1in=0.0254m。

⑩ 一级纯化水箱。该设备的材质可采用 S304 不锈钠，容器的容量依据设计要求而定。

具体设备可选用常州市德尔松制药机械厂生产的 CG-5000 型不锈钢贮罐，该设备主要技术参数如下：

规格/型号	容积/L	设备重量/kg	外形尺寸/mm		
			直径	宽	高
CG-5000	5000	1320	1600		2900

⑪ NaOH 投加装置。在二级反渗透之间采用先进的控制型计量泵投加氢氧化钠，使二级 RO 出水电导率大大降低。原水中 CO_2 含量较高，而 RO 膜对 CO_2 没有截留作用，投加

氢氧化钠可将 CO_2 转变为 HCO_3^- 和 CO_3^{2-}，可以通过 RO 膜脱除，使出水电导率大大降低，加药后 pH 值略有升高。

具体设备可与聚凝剂投加器相同。

⑫ 一级纯化水泵。水系统的一级纯化水泵设置高过热保护器、压力控制器、水量监控器，以提高泵的寿命。出现故障时泵启动自动报警系统。

具体设备可与高压泵相同。

⑬ 精密过滤器。在一级反渗透后设置精密过滤器，目的是防止一级反渗透过程当中的泄漏。

具体设备可与精密过滤装置相同。

⑭ 增压泵。此泵的目的是使进入二级反渗透装置的水符合装置的压力要求。

具体设备可与高压泵相同。

⑮ 二级反渗透主机。为了使经过一级反渗透主机处理后的水质，尤其是水的电导率进一步提高，水系统通常在一级反渗透主机后再设置二级反渗透主机进行深度除盐。

该二级反渗透设备是与第一级的反渗透设备做在一起，方便使用与管理。技术参数参看一级反渗透主机。

⑯ 二级纯化水箱。即纯化水成品水箱，该容器由 316L 不锈钢材料制造，为了使容器内积水完全排空和便于在线清洗，该容器采用圆顶圆底立式结构。

具体设备与一级纯化水箱相同。

⑰ 二级纯化水泵。采用卫生级泵。泵的形式为无容积式气隙，泵底最低处可安装排水阀将水排尽。泵设置高过热保护器、水量监控器，以提高泵的寿命。

⑱ 紫外线杀菌器。整个水系统通过以上的各个流程虽然已达到了供水的水质要求，但为了防止管路中的滞留水及容器管路内壁滋生细菌而影响供水质量，在反渗透处理单元的进出口，供水管道末端应设置大功率的紫外线杀菌器，以保护反渗透处理单元免受水系统可能产生的微生物污染，杜绝或延缓管路系统内微生物细胞的滋生。具体设备可选用山东淄博周村恒辰机械有限公司生产的 ZW-5 型紫外线杀菌器，该设备主要技术参数如下：

主要技术参数					
型号	处理量/(m^3/h)	外形尺寸/mm	杀菌功率/W	管路规格	工作重量/kg
ZW-5	5.0	1000×250×500	120	Dg40	300

⑲ 微孔过滤器。由孔径为 0.2μm 的 PP 棒组合成的微孔过滤器，用以去除经上述处理后纯化水中残留的微小颗粒，使出水最终达到工艺使用条件中对供水水质的所有要求。

具体设备可选用福龙膜科技开发公司生产的 FLMF-A1 型精密微孔过滤器，该设备主要技术参数如下：

型　号	规　格/mm	流量/(m^3/h)	管路直径 D_N/mm
FLMF-A1	D300×1000	5	25

⑳ 多效蒸馏水机。注射用水的制备采用蒸馏法，设备使用多效蒸馏水机，要求蒸馏水机的 1 号蒸馏柱采用内外双层焊接型蒸发管，避免可能出现的锅炉源蒸汽泄漏，与原料水之间造成交叉污染，影响出水质量。多效蒸馏水机的蒸发管道与冷却器采用 316L 不锈钢制造。

在具体设备中，多效蒸馏水机有列管式与盘管式两种，其中盘管式优点较多，见表 3-5 所示。

表 3-5　多效蒸馏水机列管式与盘管式性能比较

机型项目	列管式	盘管式
1. 使用材料量	用料多	用料少，盘管六效与列管四效相当
2. 价格	四效机价格略高于盘管六效机	六效机略低于列管四效机
3. 原料水耗量与蒸馏产量之比	1.15∶1.0	六效——1.2∶1.0 五效——1.4∶1.0
4. 冷却水用量	四效机为蒸馏水产量的 0.6 倍	不用冷却水
5. 分布器	各传热管设单体分布器，运输中易倾斜或脱落	设整体分布板，运输中不会移位或脱落
6. 使用蒸汽压力的低限	0.25MPa	0.12MPa
7. 加工工艺性	容易加工	盘管弯制难度大
8. 机型产水量范围	大小均可，20～5000L/h	仅适宜于 200～1500L/h
9. 体积与机重	高度高、笨重，不易运输	体积小，高度低，重量轻，易运输
10. 受热管固定性	易固定牢靠	盘管与筒体固定不甚牢固，因此机型不宜大于 1500L/h
11. 配管	外管路较复杂	外管路较少

在选用设备时多选用盘管式多效蒸馏水机，具体设备可选用圣洁达水处理工程有限公司生产的 PDZ1000-6K 型盘管式多效蒸馏水机，该设备主要技术参数如下：

机型：盘管式	蒸汽威力：0.12～0.4MPa
规格：PKZ1000-6K 型	蒸汽耗量：210kg/h(±10%)
蒸馏水产量：1000L/h(±10%)	原料水用量：(1300±80)L/h
效数：6 效	耗电量：0.8kW
控制方式：自控或手控	冷却水用量：0
材质：1Cr18N19TI 或 316L	外形尺寸：1740mm×900mm×2400mm
蒸馏水出口温度：92～95℃	主机重量：1100kg

㉑ 纯蒸汽发生器。为了控制系统中微生物的污染，系统设置了纯蒸汽发生器，必要时可对注射用水系统设备或管道进行蒸汽消毒。纯蒸汽发生器即为多效蒸馏水机的 1 号蒸馏柱，因此，也要求蒸馏柱采用内外双层焊接型蒸发管，避免可能出现的锅炉源蒸汽泄漏，与原料水之间造成交叉污染。纯蒸汽发生器采用 316L 不锈钢材料制造，设置有较高的自动控制设备，对蒸汽的压力、流量、温度、电导率、pH 等进行监控，并将配管系统及各用水点的灭菌温度控制与整个注射用水系统的自动控制系统整合在一起。

具体设备可选用上海信谊制药机械厂生产的 LCZ100 型纯蒸汽发生器，该设备主要技术参数如下：

加热蒸汽压力：0.3～0.6MPa	配电：220V
加热蒸汽耗量：130～220kg/h	重量：220kg
原料水耗量：130～220kg/h	外形尺寸：850mm(L)×440mm(W)×2050mm(H)

㉒ 注射用水贮罐。系统中设置注射用水贮罐是为了调控系统用水的峰谷情况，贮罐的容积结合蒸馏水机的出水能力和工艺使用情况确定。贮罐采用 316L 不锈钢材料制造，贮罐

设置高、低水位电磁感应或玻璃液位计，动态检测贮罐内液位高度。贮罐内循环回水管道上设置喷淋球，利用循环回水的动力形成对罐体的在线清洗状态，以保持贮罐内部罐顶及四周的湿润，不受罐内贮水变化的影响。贮罐的夹套通锅炉蒸汽，由罐内水温自动控制贮水的温度。

具体设备可选用常州市德乐松制药机械厂生产的CG-1000型贮罐，主要技术参数如下：

规格/型号	容积/L	设备重量/kg	外形尺寸/mm		
			直径	宽	高
CG-1000	1000	335	900		2000

㉓ 注射用水泵。注射用水泵是卫生级泵，由316L不锈钢材料制造。该泵具有较高的压头，保证注射用水循环系统中水能够以较高的流速流动，最大限度地控制循环管内壁上微生物膜的生成（通常，要求管内的流速达到2m/s以上），并且要求泵能够在含蒸汽热水的湍流状态下正常运转。注射用水泵出水口采用45°角，使泵内上部空间无容积式气隙，以避免纯蒸汽灭菌后残余蒸汽聚集在泵体的上部，影响泵的运转。

具体设备可选用上海侨德轻工机械厂生产的ZB3A-6型卫生级泵，该设备主要技术参数如下：

型　　号	转　　速/(r/min)	对应流量/L	功率/kW
ZB3A-6	200～500	650～1600	1.5

㉔ 换热器。注射用水系统配制的循环回路中设置有两台换热器：一台加热器和一台冷却器。加热器的作用是使系统中的水温始终保持在较高的温度之上，使注射用水系统始终处于巴氏消毒状态，以控制系统微生物的生长；冷却器的作用是将系统中较高的水温冷却至制药工艺用水温度。

㉕ 巴氏灭菌器。在整个水系统中，有两处需要对微生物进行特殊控制。一处是活性炭过滤器和软化器，这是因为活性炭过滤器和软化器的主要作用都是去除有机物，其上流侧必定会随使用时间的延长积累大量的有机物。为使该处理单元具有确定的处理微生物的能力，又不会因微生物积累过多而对下流侧造成污染，因此有必要对其进行定期的消毒。另一处是成品纯化水循环系统的定期消毒。

㉖ 一级反渗透清洗装置。为使一级反渗透设备能正常稳定地运行，需定时对一级反渗透设备进行反向清洗，清洗系统应包括药液箱、清洗泵和保安过滤器三种。

具体设备可选用表3-6提供的一套清洗装置，具体型号可参看表中的24、25、26三项。

(2) 工艺主要设备一览表　见表3-6所示。

表3-6　工艺主要设备一览表

设备号	设备名称	设备型号	设备数量/台	外形尺寸/mm
1	原水贮罐	$5m^3$	1	ϕ1600,高2900
2	原水泵	40DL	1	
3	投药装置	DHJ-1	1	1000×1100×600
4	机械过滤器	JYQ-600	1	ϕ800,高1200
5	活性炭过滤器	JYQ-800	1	ϕ800,高1200

续表

设备号	设备名称	设备型号	设备数量/台	外形尺寸/mm
6	软水器	PT-2750	1	ϕ600,高 1750
7	精密过滤器	FLMF-A1	1	ϕ300,高 1000
8	高压泵	ZB3A-20	1	
9	一级反渗透装置	PET-2DP4	1	5500×1250×1530
10	一级纯化水箱	CG-5000	1	ϕ1600,高 2900
11	NaOH 投加装置	DHJ-1	1	
12	一级纯化水泵	ZB3A-20	1	
13	精密过滤器	FLMF-A1	1	
14	增压泵	ZB3A-20	1	
15	二级反渗透装置	PET-2DP4	1	
16	二级纯化水箱	CG-5000	1	
17	二级纯化水泵	ZB3A-20	1	
18	紫外线杀菌器	ZW-5	1	1000×250×500
19	微孔过滤器	FLMF-A1	1	ϕ300,高 1000
20	多效蒸馏水机	PKZ1000-6K	1	1740×900×2400
21	纯蒸汽发生器	LCZ100	1	850×440×2050
22	注射用水贮罐	CG-1000	1	ϕ900,高 2000
23	注射用水泵	ZB3A-6	1	
24	药液箱	0.5m^3	1	1000×500×1000
25	清洗泵	CHL2-60	1	
26	精密过滤器	GJMP-160	1	ϕ300,高 1000

第四章 液体制剂及其他常用制剂工程设计

第一节 液体制剂车间GMP设计

液体制剂主要有口服液剂、糖浆剂、滴剂、芳香水剂等，其中口服液剂和糖浆剂在临床上有广泛使用。下面从几个方面简单介绍液体制剂车间GMP设计时应注意的问题。

一、厂房环境与生产设施

口服液体制剂药厂周围的大气条件良好，另外水源要充足且清洁，从而保证制出的纯水符合药典规定标准。生产厂房应远离发尘量大的交通频繁的公路、烟囱和其他污染源，并位于主导风向的上风侧。洁净厂房周围应绿化，尽量减少厂区内的露土面积。绿化有利于保护生态环境，改善小气候，净化空气，起滞尘、杀菌、吸收有害气体和提供氧气的作用。

生产厂房应根据工艺要求合理布局，人、物流分开。人流与货流的方向最好相反进行布置，并将货运出入口与工厂主要出入口分开，以消除彼此的交叉。生产车间上下工序的连接要方便。

能热压灭菌的口服液体制剂的生产按GMP要求，药液的配制、瓶子精选和干燥与冷却、灌封或分装及封口加塞等工序应控制在30万级，可根据周围环境空气中含尘浓度及制剂要求，采用初、中、中或初、中、亚高或初、中、高三级洁净空调。不能热压灭菌的口服液体制剂的配制、滤过、灌封控制在10万级，可采用初、中、高三级洁净空调。其他工序为"一般生产区"，无洁净级别要求，但也要注意清洁卫生、文明生产、符合要求。有洁净度要求的洁净区域的天花板、墙壁及地面应平整光滑、无缝隙，不脱落、散发或吸附尘粒，并能耐受清洗或消毒。洁净厂房的墙壁与天花板、地面的交界处宜成弧形。控制区还应有防蚊蝇、防鼠等五防设施。

人员进入洁净室必须保持个人清洁卫生、不得化妆、佩戴首饰，应穿戴本区域的工作服，净化服经过空气吹淋室或气闸室进入洁净室。进入控制区域的物料，需除去外包装，如外包装脱不掉则需擦洗干净或换成室内包装桶，并经物料通道送入室内。

根据口服液体制剂工艺要求，合理选用设备。设备不得与所加工的产品发生反应且设备不得释放可能影响产品质量的物质。另外，要求在每台新设备正式用于生产以前，必须做适用性分析和设备的验证工作。与药物直接接触的表面应光洁、平整、易清洗、耐腐蚀。近几年来，不少新型的制药机械设计成多工序联合或联动线以减少产品流转环节中的污染。设备和管路应按工艺流程布置，使间距恰当、整齐美观，便于操作、清洗和维修，安装跨越不同洁净度房间的设备和管道，在穿越房间的连接处应采用可靠的密封隔断措施。有些公用管路可将其安装于洁净室的技术夹层或室外走廊里。洁净室内设备和管道的保温层表面必须平整、光滑，不得有颗粒性物质脱落，不得使用石棉及其制品的保温材料。各种管道的色标应按统一规定要求。设备应有专人维修保养，保持设备的良好状态。此外，设备安装尽可能不做永久性固定，尽量安装成可移动的半固定式，为有可能的搬迁或更新带来方便。

二、生产工艺各工段要求

口服液体制剂的配制、过滤、灌装、封口、灭菌、包装等工序，除严格按处方及工艺规程要求外，还应注意以下要求和措施。

（1）配制与过滤　在药液配制前，要求配制工序必须有清场合格证，配料锅及容器、管道必须清洗干净。此后，必须按处方及工艺规程和岗位技术安全操作法的要求进行。配制过程中所用的水（去离子水）必须是新鲜制取的，去离子水的贮存时间不能超过 24h，若超过 24h，必须重新处理后才能使用。如果使用了压缩空气或惰性气体，使用前也必须进行净化处理。在配制过程中如果需要加热保温则必须严格加热到规定的温度和保温至规定时间。当药液与辅料混匀后，若需要调整含量、pH 值等，调整后需经重新测定和复核。药液经过含量、相对密度、pH 值、防腐剂等检查复核后才能进行过滤。应注意按工艺要求合理选用无纤维脱落的滤材，不能够使用石棉作为滤材。在配制和过滤中应及时、正确地做好记录，并经过复核。滤液放在清洁的密闭容器中，及时灌封。在容器外应标明药液品种、规格、批号、生产日期、责任人等。

（2）洗瓶和干燥灭菌　直形玻璃瓶等口服的液体制剂瓶首先必须用饮用水把外壁洗刷干净，然后用饮用水冲洗内壁 1～2 次，最后用纯水冲洗至符合要求。洗净的玻璃瓶应及时干燥灭菌，符合制剂要求。洗瓶和干燥灭菌设备应选用符合 GMP 标准的设备。灭菌后的玻璃瓶应置于符合洁净度要求的控制区域冷却备用，一般应在一天内用完。若贮存超过 1 天，则需重新灭菌后使用，超过 2 天应重新洗涤灭菌。

直形玻璃瓶塞（与药液接触的物质）也要用饮用水洗净后用纯水漂洗，然后干燥或消毒灭菌备用。

（3）灌装与封口　在药液灌装前，精滤液的含量、色泽、纯明度等必须符合要求，直形玻璃瓶必须清洁可用；灌装设备、针头、管道等必须用新鲜蒸馏水冲洗干净和煮沸灭菌；此外，工作环境要清洁，符合要求。配制好的药液一般应在当班灌装、封口，如有特殊情况，必须采取有效的防污措施，可适当延长待灌时间，但不得超过 48h。经灌封或灌装、封口的半成品盛器内应放置生产卡片，标明品名、规格、批号、日期、灌装（封）机号及操作者工号等。

操作工人必须经常检查灌装及封口后的半成品质量，随时调整灌装（封）机器，保证装量差异及灌封等质量。

（4）灭菌消毒　若需灭菌的成品，从灌封至灭菌时间应控制在 12h 以内。在灭菌时应及时记录灭菌的温度、压力和时间，有条件的情况下，在灭菌柜上安装温度、时间等自动检测设备，并和操作人员的记录相对照。灭菌后必须真空检漏，真空度应达到规定要求。对已灭菌和未灭菌产品，可采用生物指示剂、热敏指示剂及挂牌等有效方法与措施，防止漏灭。灭菌后必须逐柜取样，按柜编号做生物学检查。

灭菌设备宜选用双扉式灭菌柜，并对灭菌柜内温度均一性、重复性等定期做可靠性验证，对温度、压力等检测设备定期校验。

（5）灯检和印包　直形玻璃瓶等瓶装的口服液体制剂原则上都需要进行灯检，以便发现异物并去除有各种异物的瓶子及破损瓶子等。每批灯检结束后，必须做好清场工作，被剔除品应标明品名、规格、批号，置于清洁容器中交给专人负责处理。经过检查后的半成品应注明名称、规格、批号及检查者的姓名等，并由专人抽查，不符合要求者必须返工重检。

经过灯检和车间检验合格的半成品要印字或贴签。操作前，应核对半成品的名称、批号、规格、数量与所领用的标签及包装材料是否相符。在包装过程中应随时抽查印字贴签及包装质量。印字应清晰，标签应当贴正、贴牢固；包装应当符合要求。包装结束后，应当准确统计标签的领用数和实用数，对破损和剩余标签应及时做销毁处理，并做好记录。包装成品经厂检验室检验合格后及时移送成品库。

三、液体制剂车间设计举例

1. 设计生产能力

口服液：1500 万瓶/年。

糖浆剂：500 万瓶/年。

2. 包装形式

口服液：2～25ml 的棕色管式瓶。

糖浆剂：50～500ml 棕色瓶。

3. 工作制度

年工作日：250 天。

1 天 2 班：每班 8h。

4. 生产方法和工艺过程

(1) 口服液及糖浆剂工艺流程及环境区域划分见图 4-1 所示。

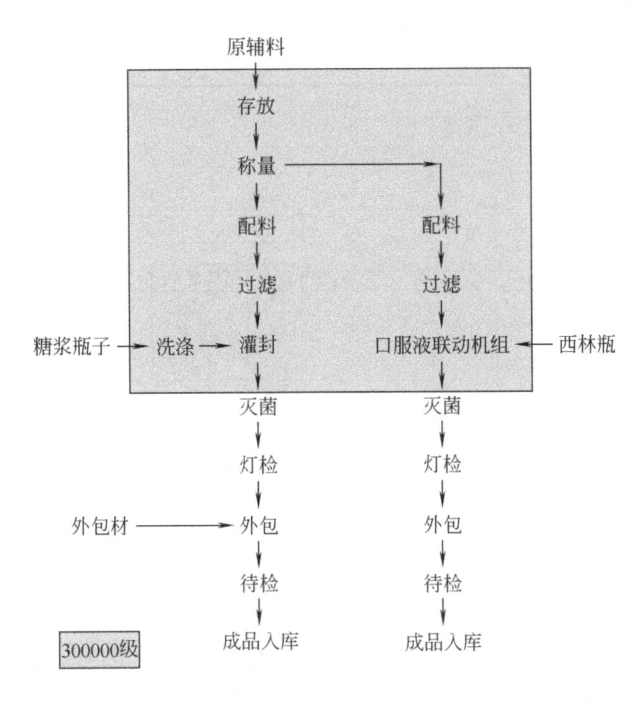

图 4-1　口服液及糖浆剂工艺流程及环境区域划分示意

(2) 工艺过程简述

① 口服液生产采用联动机组，该机组由超声波清洗机、杀菌干燥机、口服液灌轧机组成，可完成超声波清洗、冲水、冲气、烘干消毒、灌装、轧盖等工序，实现了机电一体化，自动化程度高，性能达到国内先进水平。

② 糖浆洗烘灌轧联动线由清洗机、杀菌干燥机、糖浆灌轧机组成，可完成清洗、冲水、冲气、烘干消毒、灌装、上盖、旋盖等工序，该机组目前使用广泛。

③ 灭菌采用快速冷却蒸汽高温灭菌器，缩短操作时间并能消除由于爆瓶带来的不便。

5．主要工艺设备选型说明

① 口服液生产线选用中南药机二厂的 BXKF5/25 口服液生产联动机组，其平均生产能力为 100 瓶/min，选用 2 台该机组即可满足要求。

② 糖浆剂生产线选用中南药机二厂洗烘灌封联动线，其平均生产能力为 40 瓶/min。选用一条该生产线即可满足要求。

③ 灭菌柜选用山东新华医疗机械厂的快速冷却灭菌柜共 3 台即可满足生产要求。

④ 车间工艺设备选型一览表见表 4-1。

6．车间布置

口服液、糖浆剂车间的物流出入口与人流出入口应完全分开，整个车间为同一个净化系统，一套人流净化措施；瓶子由同一个外清间经外清后由电梯送到二楼，分别进入口服液、糖浆剂的生产线。需除尘。关键工位：配液间、灭菌间需排热、排湿。

7．附图

图 4-2 为图例及流体代号。

图 4-3 为口服液、糖浆剂工艺流程图。

图 4-4 为口服液、糖浆剂车间工艺平面布置图。

图 4-5 为纯水及配料工序管路布置图。

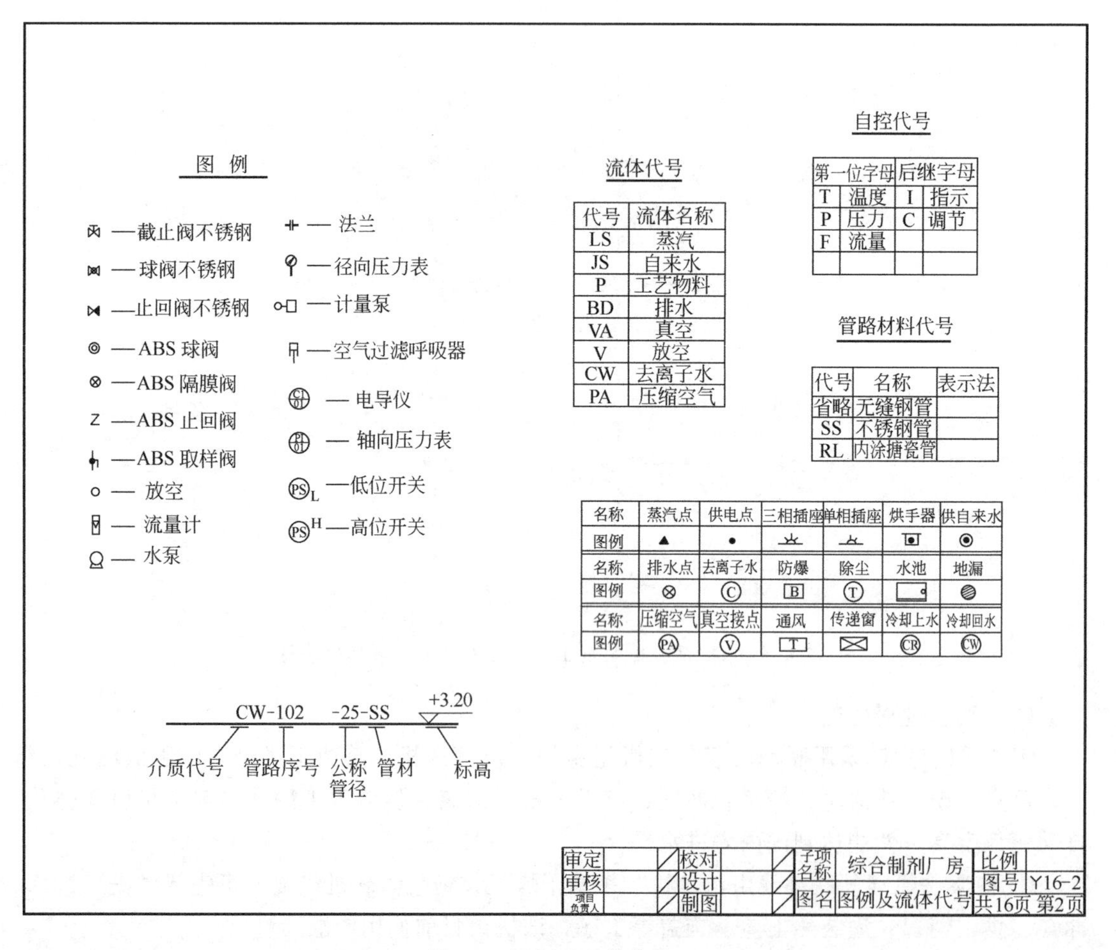

图 4-2 图例及流体代号

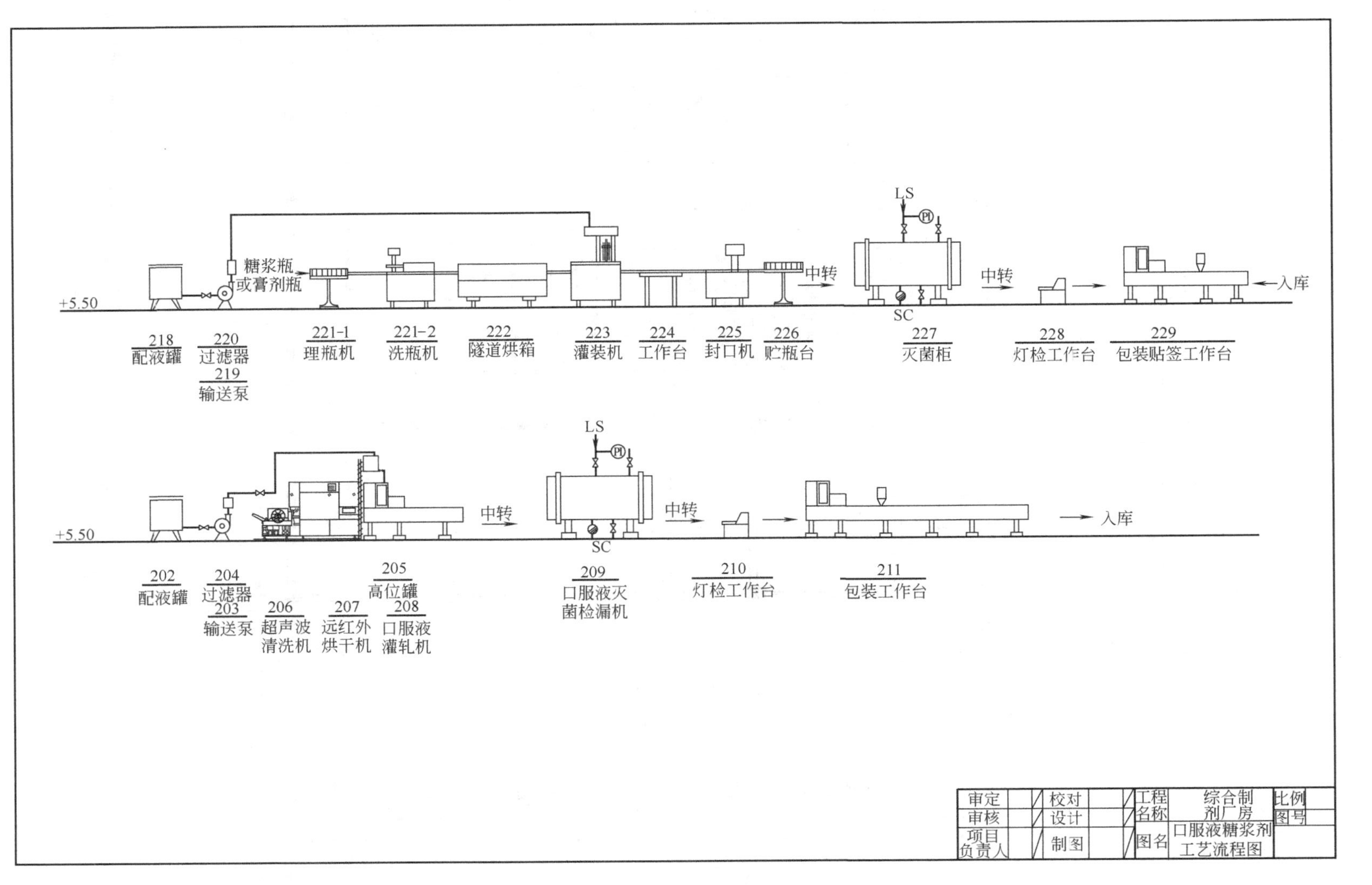

图 4-3　口服液、糖浆剂工艺流程图

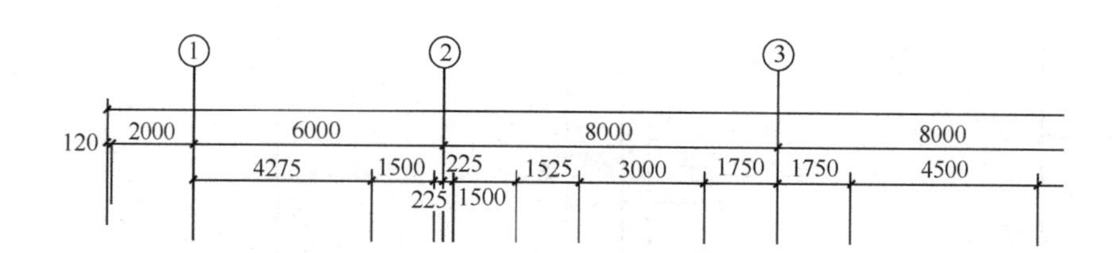

120
2000
6000
8000
8000
4275
1500
225
1525
3000
1750
1750
4500
225
1500

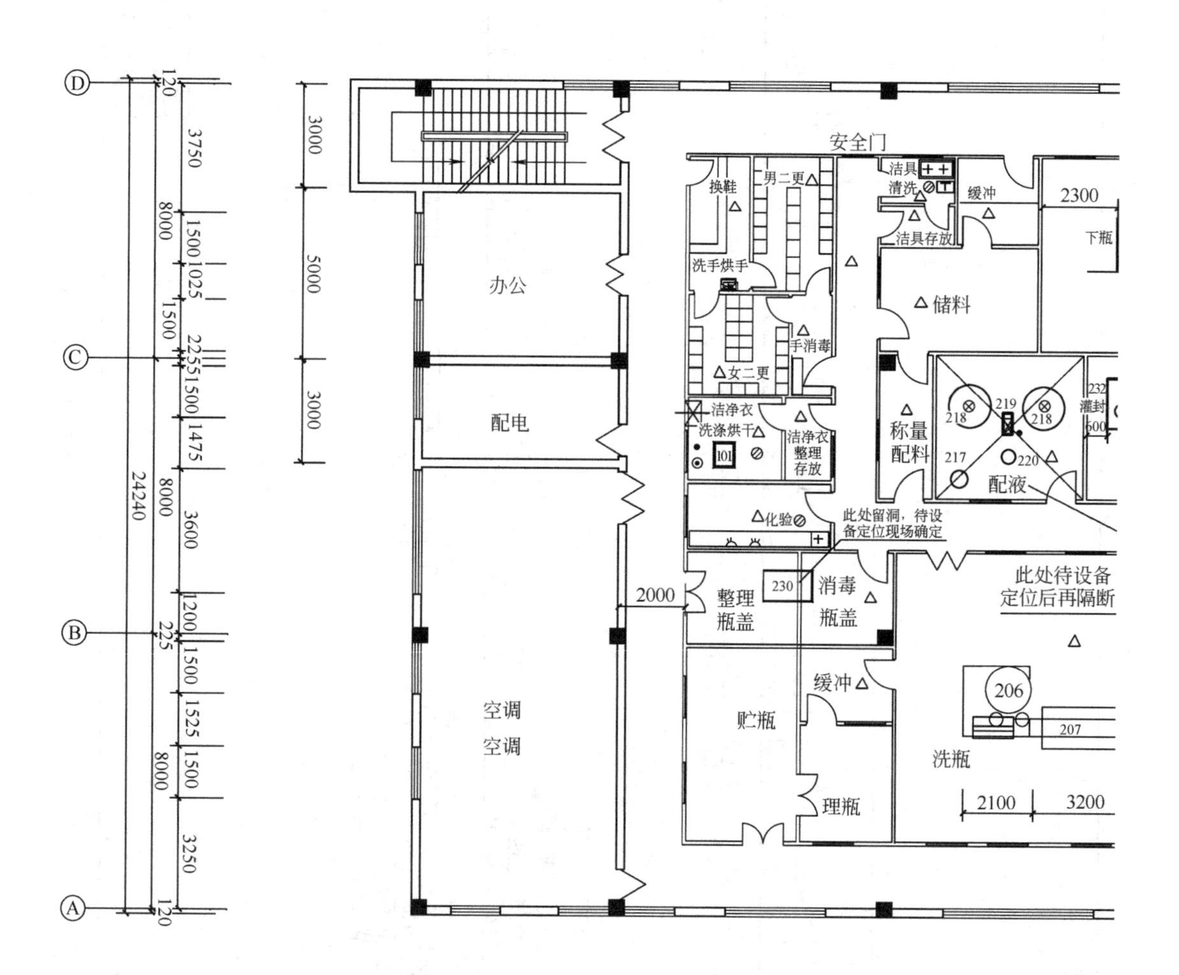

安全门
换鞋
男二更
洁具
清洗
缓冲
2300
洁具存放
下瓶
洗手烘手
办公
储料
手消毒
女二更
称量
配料
配液
灌封
洁净衣
洗涤烘干
洁净衣
整理
存放
配电
化验
此处留洞，待设备定位现场确定
此处待设备定位后再隔断
整理
瓶盖
消毒
瓶盖
2000
缓冲
贮瓶
空调
空调
洗瓶
理瓶
2100
3200
24240

图 4-4　口服液、糖浆剂

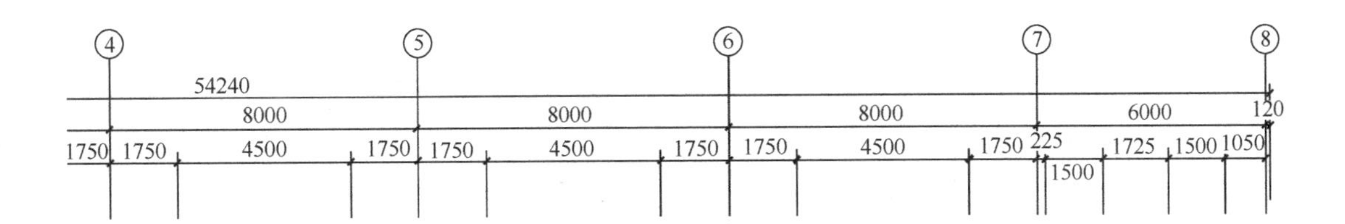

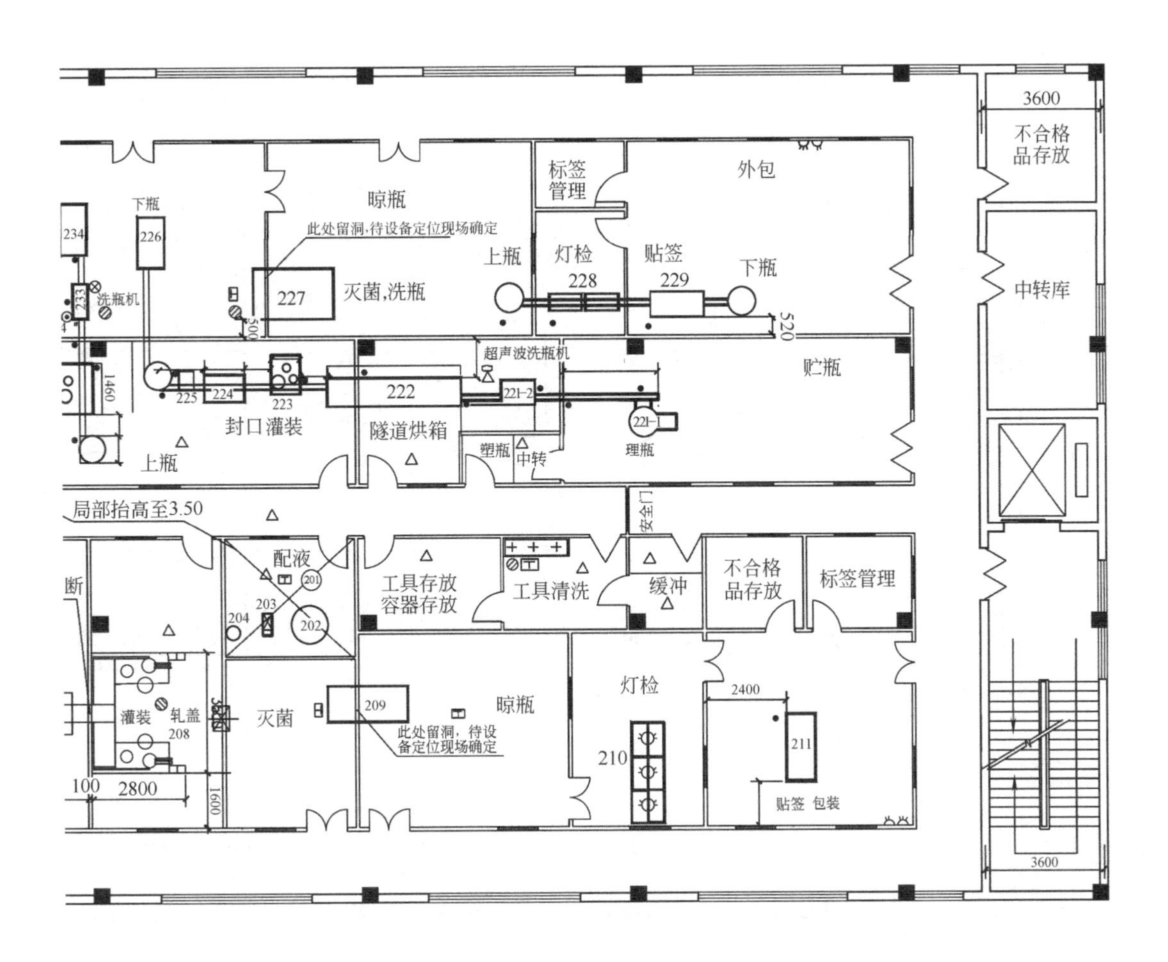

△ 表示100000级

车间工艺平面布置图

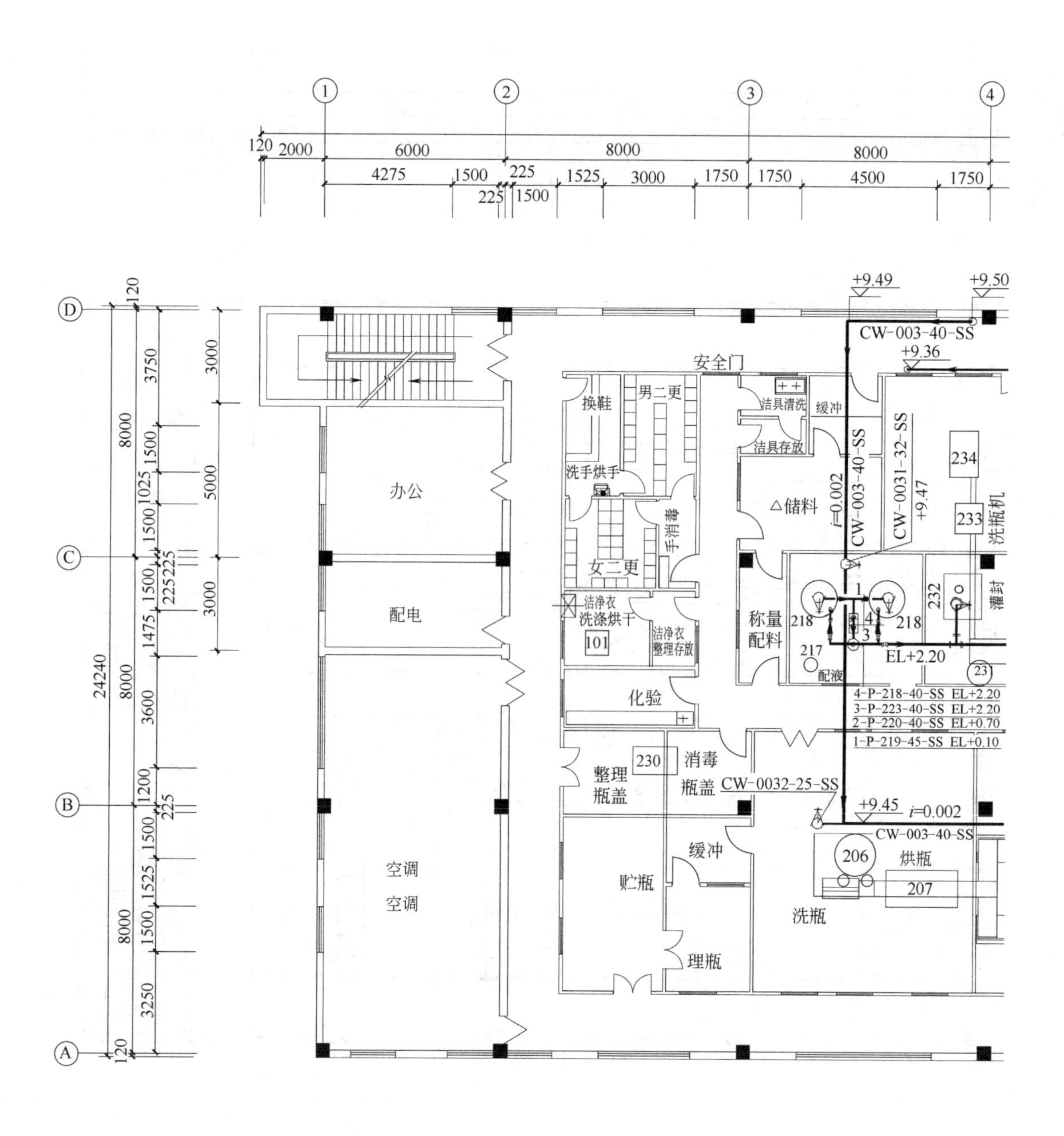

办公
配电
空调
空调
换鞋
男二更
洗手烘手
女二更
手消毒
洁净衣
洗涤烘干
101
洁净衣
整理存放
化验
安全门
洁具清洗
洁具存放
缓冲
△储料
称量
配料
218
217
配液
232
灌封
234
233
洗瓶机
230
消毒
整理
瓶盖
缓冲
贮瓶
理瓶
206
烘瓶
207
洗瓶
CW-003-40-SS
CW-0031-32-SS
CW-0032-25-SS
+9.49
+9.50
+9.36
+9.47
+9.45
i=0.002
EL+2.20
4-P-218-40-SS EL+2.20
3-P-223-40-SS EL+2.20
2-P-220-40-SS EL+0.70
1-P-219-45-SS EL+0.10

图 4-5　纯水及配料

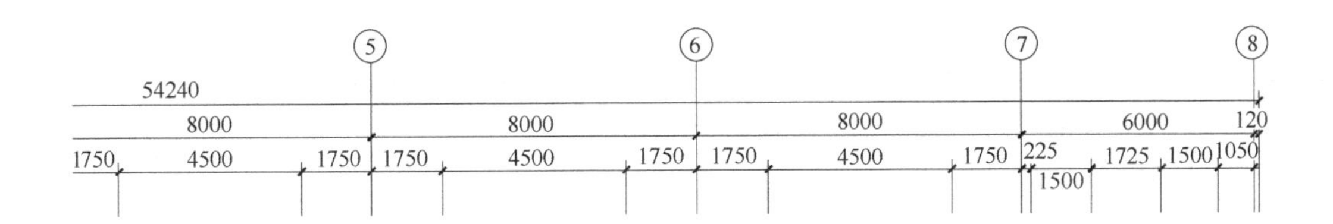
54240
8000
8000
8000
6000
120
1750
4500
1750
1750
4500
1750
1750
4500
1750
225
1500
1725
1500
1050

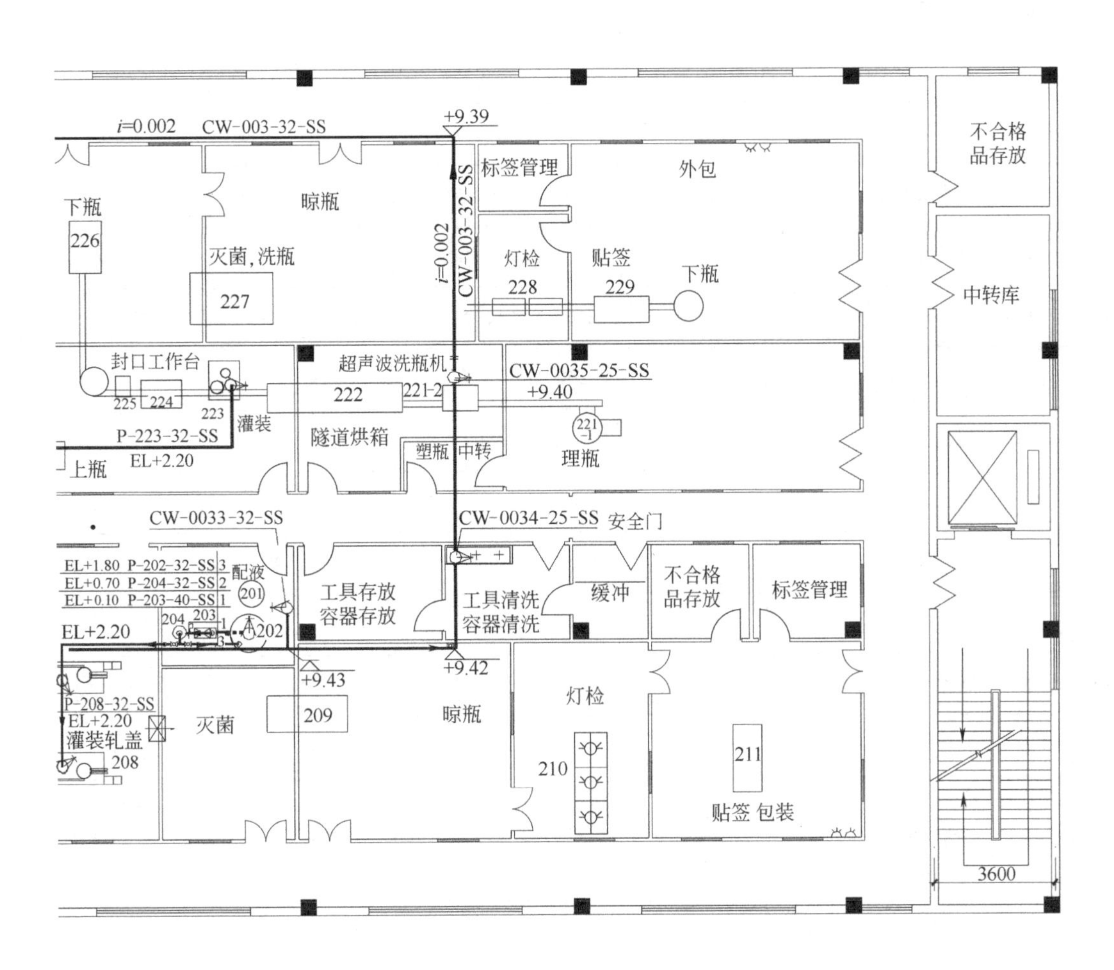
i=0.002
CW-003-32-SS
+9.39
下瓶
226
晾瓶
灭菌，洗瓶
227
标签管理
外包
灯检
228
贴签
229
下瓶
i=0.002
CW-003-32-SS
不合格品存放
中转库
封口工作台
225
224
223
灌装
超声波洗瓶机
222
221-2
CW-0035-25-SS
+9.40
理瓶
隧道烘箱
塑瓶
中转
P-223-32-SS
EL+2.20
上瓶
CW-0033-32-SS
CW-0034-25-SS
安全门
EL+1.80 P-202-32-SS
EL+0.70 P-204-32-SS
EL+0.10 P-203-40-SS
配液
201
202
204
203
EL+2.20
工具存放容器存放
工具清洗容器清洗
缓冲
不合格品存放
标签管理
+9.43
+9.42
P-208-32-SS
EL+2.20
灌装轧盖
208
灭菌
209
晾瓶
灯检
210
211
贴签 包装
3600

工序管路布置图

表 4-1　工艺设备选型一览表

序号	位号	设备名称	型号规格	外形尺寸/mm	数量/台	单机重量/kg	单机电量/kW
1	201	溶糖锅	300L	ϕ800×2000	1	600	1.5
2	202	输液罐	1500L	ϕ1400×3010	1	1200	3.0
3	203	输送泵	25FB-25	786×350×350	2		2.2
4	204	过滤器			1		
5	205	高位罐	0.15m^3	ϕ500×800	1	40	
6	206	超声波清洗机	QCL40	2300×1750×1300	2	1800	12.35
7	207	远红外杀菌清洗机	SZA420/20	3050×1200×1920	2	1600	27
8	208	口服液罐轧机	DGZ8	2850×1400×1570	2	1300	0.6
9	209	口服液灭菌检漏机	MQ-2.0	2980×1300×2180	1		0.5(220V)
10	210	灯检工作台	自制	1200×600×800	6	50	100W/220V
11	211	不干胶贴标机	NJT1/20	2110×1120×1150	1		3.0
12	212	包装工作台		3000×800×800	1	100	
13	217	溶糖锅	500L	ϕ900×2200	1	800	3
14	218	配液罐	2000L	ϕ1600×3160	1	1500	3
15	219	输送泵	25FB-25	786×350×350	1		2.2
16	220	过滤器			1		
17	221	理瓶机			1		0.55
18	222	液筒式洗衣机	HHGX	1800×900×1200	1		7.5
19	223	罐装旋盖机	HHG100		1		1.2
20	224	集瓶台			1		
21	225	推瓶机	J-00		1		5.5
22	226	贮瓶台	CRD1		1		
23	227	灭菌柜	MQ-3.0	3030×1850×2450	2		0.5(220V)
24	228	灯检工作台	自制	1200×600×800	1	50	100W/220V
25	229	不干胶自动贴签机	TZJ100	2000×930×1580	1		0.85

第二节　软胶囊剂车间工艺GMP设计

一、软胶囊剂生产工艺技术

（一）概述

软胶囊剂又称为胶丸剂，系将对明胶等囊材无溶解作用的液体药物、糊状物、粉粒密封于球形、椭圆形或其他各种特殊形状的软质囊材中制备而成的制剂。现在，多用机器生产软胶囊剂。软胶囊外形多种多样，常见的有卵形、椭圆形、筒形、圆形或其他形状。最近几年，也有将固体、半固体药物制成软胶囊剂供内服使用。

根据制备方法的不同，可以将软胶囊分为两种：一种是压制法制成的，中间往往有压缝，称为有缝软胶囊；另一种是用滴制法制成，呈圆球形而无缝，称为无缝软胶囊。

（二）软胶囊的制法

在生产软胶囊剂时，填充药物与成型是同时进行的。制备方法分为压制法（模压法）和滴制法。

1. 压制法

（1）配制囊材胶液　根据囊材处方，取明胶加蒸馏水浸泡使膨胀，胶溶后将其他物料加入，搅拌混匀即可。

（2）制软胶片　取配好的囊材胶液，涂于平坦的钢板表面上，使厚薄均匀，然后以90℃左右温度加热，使表面水分蒸发至成韧性适宜的具有一定弹性的软胶片。

（3）压制软胶囊　用压丸模压制，压丸模由两块大小、形状相同的可以复合的钢板组成，两块板上均有一定数目大小相同的圆形或圆形穿孔，此穿孔部分有的可卸下，其穿孔大小系根据所需软胶囊的容积而定。制备时，首先将压丸模钢板的两面适当加温，然后取软胶片1张，表面均匀涂布润滑油，将涂油面朝向下板铺平，取计算量的药液（或药粉）放于软胶片摊匀。另取软胶片一张铺在药液上面，在胶片上层涂一层润滑油，然后将上板对准盖于上面的软胶片上，置于油压机或水压机中加压，在施加压力下，每一模囊的锐利边缘互相接触，将胶片切断，药液（或药粉）被包裹密封在囊模内，接缝处略有突出，启板后将胶囊及时剥离，装入洁净容器中加盖封好即得。此外在工业生产时，常采用旋转模压法，详见软胶囊的设备部分。

2. 滴制法

滴制法是近几十年发展起来的，适用于液体药剂制备软胶囊。系指通过滴制机制备软胶囊的方法，利用明胶液与油状药物为两相，由滴制机喷头使两相按不同速度喷出，一定量的明胶液将定量的油状液包裹后，滴入另一种不相混溶的液体冷却剂中，胶液接触冷却液后，由于表面张力作用而使之形成球形，并逐渐凝固成软胶囊剂。在滴制过程中，影响滴制成败的主要因素如下。

① 明胶液的处方组成与比例。

② 胶液的黏度。明胶液的黏度以3～5Pa·s为宜。

③ 胶液、药液、冷却液三者的密度。三者密度要适宜，保证胶囊剂在冷却液中有一定沉降速度，有足够时间使之冷却成球形。

④ 胶液、药液、冷却液的温度。胶液与药液应保持60℃，喷头处温度应为75～80℃，冷却液应为13～17℃。

⑤ 软胶囊的干燥温度。常用干燥温度20～30℃，并配合鼓风条件。

滴制法生产设备简单，在生产中甘油明胶液的用量较压制法少。

（三）软胶囊工艺流程洁净区的划分

软胶囊的制法主要有压制法和滴制法两种，故其生产工艺流程分为压制法工艺流程和滴制法工艺流程，分别见图4-6和图4-7所示。

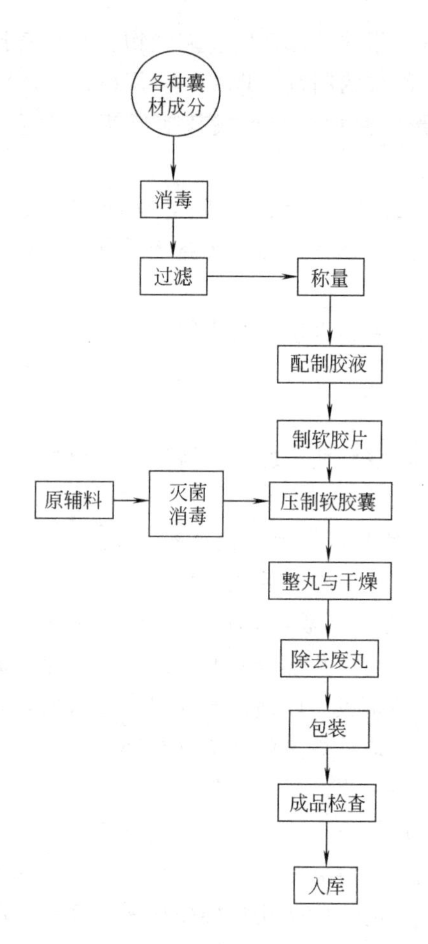

图4-6　压制法制备软胶囊的生产工艺流程

软胶囊剂的各种囊材，药液及药粉的制备，配制明胶液、油液，制软胶片，压制软胶囊，制丸、整粒和干燥及软胶囊剂的包装等暴露工序应在100000级净化条件下操作；不能热压、灭菌的原料药的精制、干燥、分装等暴露工序应在10000级条件下操作。其他工序为“一般生产区”，无洁净级别要求，但也要注意清洁卫生，文明生产、符合要求。

二、软胶囊车间的GMP设计要点

（1）生产厂房的要求　必须符合GMP总的要求。厂房的环境及其设施，对保证软胶囊质量有着重要作用。软胶囊制剂厂房应远离发尘量大的道路、烟囱及其他污染源，并位于主导风向的上风侧。软胶囊剂车间内部的工艺布局应合理，物流与人流要分开。

（2）根据工艺流程和生产要求合理分区　各种囊材、药液及药粉的制备，配制明胶液、油液，制软胶片，压制软胶囊，制丸、整粒、干燥及软胶囊剂的包装等工序为“控制区”，其他工序为“一般生产区”。“控制区”一般控制在300000级以下。洁净室内空气定向流动，即从较高级洁净区域流向较低级的洁净区域。

（3）空气净化　为了发展国际贸易和确保产品质量，软胶囊剂生产厂房的空气净化级别应当采用国际GMP要求，生产工序若控制在300000级，则通入的空气应经初、中、中或初、中、亚高三效过滤器除尘，在发尘量大的地区的企业，也可以采用初效、中效、高效三级过滤器除尘，局部发尘量大的工序还应安装吸尘设施。进入“控制区”的原辅料必须去除外包装，操作人员应根据规定穿戴工作服、鞋、帽，头发不得外露。患有传染病、皮肤病、隐性传染病及外部感染等人员不得在直接接触药品的岗位工作。

（4）温度　为了保证药厂工作人员的安全与舒适，软胶囊剂车间应保持一定的温度和湿度，一般来说温度为18～26℃，相对湿度为45%～65%。

（5）生产车间应设置中间站，并有专人负责，设置中间站的主要目的是处理原辅料及各工序半成品的入站、验收、移交和贮存发放，应有相应的制度，并根据品种、规格、批号加盖区别存放，明显标志；对各工序的容器保管、发放等也要有严格要求。

三、软胶囊车间的GMP设计举例

1. 生产规模及工作制度

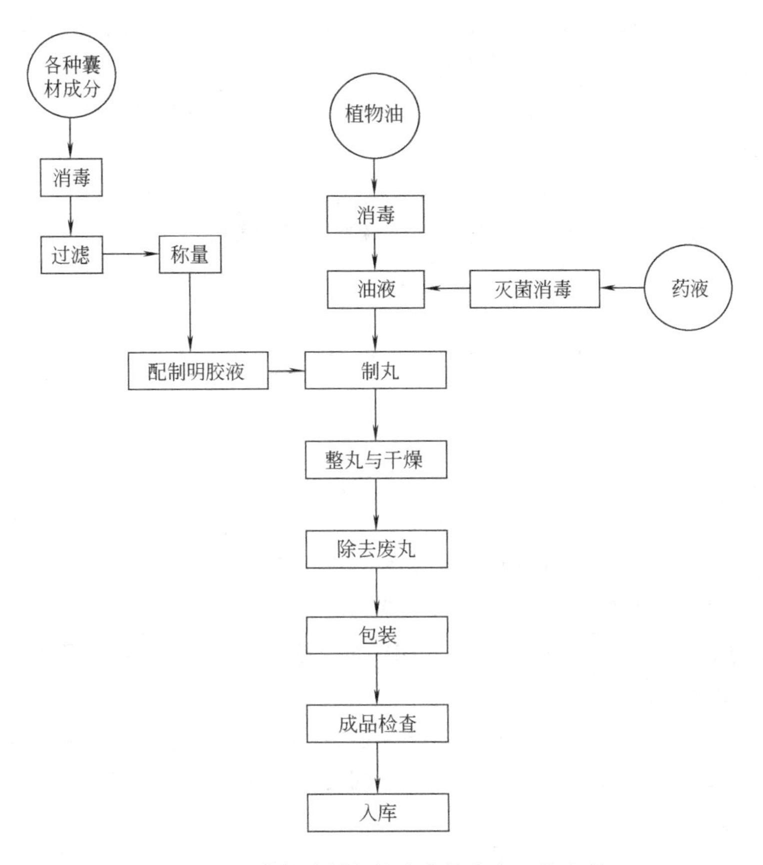

图 4-7　滴制法制备软胶囊的生产工艺流程

软胶囊车间年生产软胶囊 3.0 亿粒（内包物 0.55 克/粒）。

2. 工作制度

年工作日 300 天，一天两班制，每班 8h。

3. 生产方法

软胶囊生产采用成套的软胶囊生产线，该生产线由真空搅拌罐（化胶用）、药液配制罐、软胶囊机、干燥机、洗丸机、离心擦丸机、终干机、检囊机、瓶装生产线等组成。设备生产效率高，洁净区占地面积小，可节约能源，降低运行成本。软胶囊包装采用洁净塑料瓶包装。软胶囊生产包括药液配制、化胶、软胶囊成型、烘干、洗软胶囊、软胶囊终干、检囊、软胶囊内包、软胶囊外包等工序。

4. 工艺流程

见图 4-8 所示。

5. 设备选型

根据生产纲领年产软胶囊 1 亿粒，内容物平均 0.5g/粒，每天生产两班，即每班生产 17 万粒，折合药液 85kg/班。软胶囊机选用 RJNJ-2 型，生产能力 3 万粒/h，能满足生产要求。不锈钢化胶罐选用 TME-1 型，容积为 500L，配液罐选用容积为 200L，均能满足生产要求。不锈钢干燥机选用转笼式 4 节，共 3 台，每台生产能力 1 万粒/h，均能满足生产要求。瓶装生产线生产能力为 20～60 瓶/min，选用一套即可。

6. 车间设计原则

① 严格按照现行GMP要求规划设计厂区总体和单体，总体布局力求功能区划分合理，建筑造型美观大方、简洁新颖、富有时代感。

② 遵循国家经济建设方针，认真贯彻国家的技改政策和设计规范。

③ 贯彻现行消防、环保及劳动保护等法规。

④ 采用国内先进成熟的设备辅以自动控制仪表装置以提高生产技术和管理水平。

软胶囊车间布置两条生产线，一条抗肿瘤软胶囊生产线，一条普通软胶囊生产线，每条生产线的生产设备及空调净化系统均独立设置。

7. 技术要求

① 本车间生产类别为丙类，耐火等级均为二级。其中洗软胶囊间要求防爆，防爆区设可燃气体报警器和排风装置，并连锁，电器开关为防爆型。

② 车间洁净生产区的洁净级别为10万级。

③ 洁净区设净化空调系统，一般生产区分设冷暖空调。

④ 化胶间、配液间、洗烘衣、工具清洗等房间较湿热，应考虑排热除湿，软胶囊成型间及烘干间温度为18～20℃，相对湿度不大于30%。

⑤ 生产区内设置电视监控和火灾自动报警系统。

⑥ 洁净级别不同的区域之间保持5～10Pa的压差，并有测压装置及温湿度测定装置。净化空调系统设臭氧杀菌装置。

⑦ 洗手间水龙头采用非手动开关，并设烘手器。

⑧ 管道穿越吊顶、楼板或不同洁净级别工房之间时隔断处设套管，管子与套管、套管与穿越处均可靠密封。

⑨ 洁净区内设备排风管引至室外，需加止回阀及中效过滤器。

⑩ 洁净区地漏为不锈钢密封地漏。

⑪ 传递窗为连锁控制洁净型，内装紫外杀菌灯。

8. 附设计图

软胶囊生产工艺流程见图4-8所示。

软胶囊车间工艺平面布置见图4-9所示。

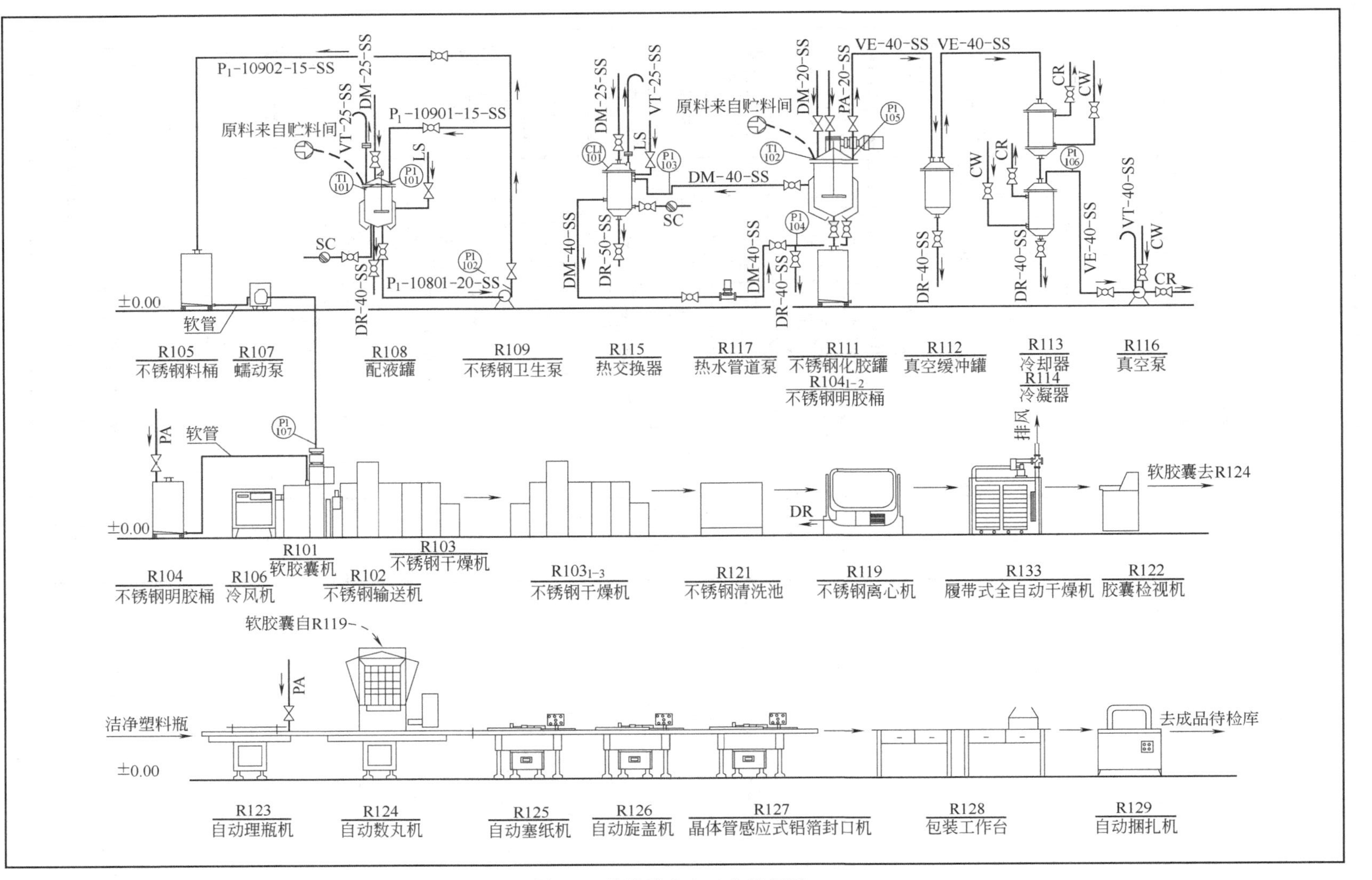

图 4-8　软胶囊生产工艺流程图

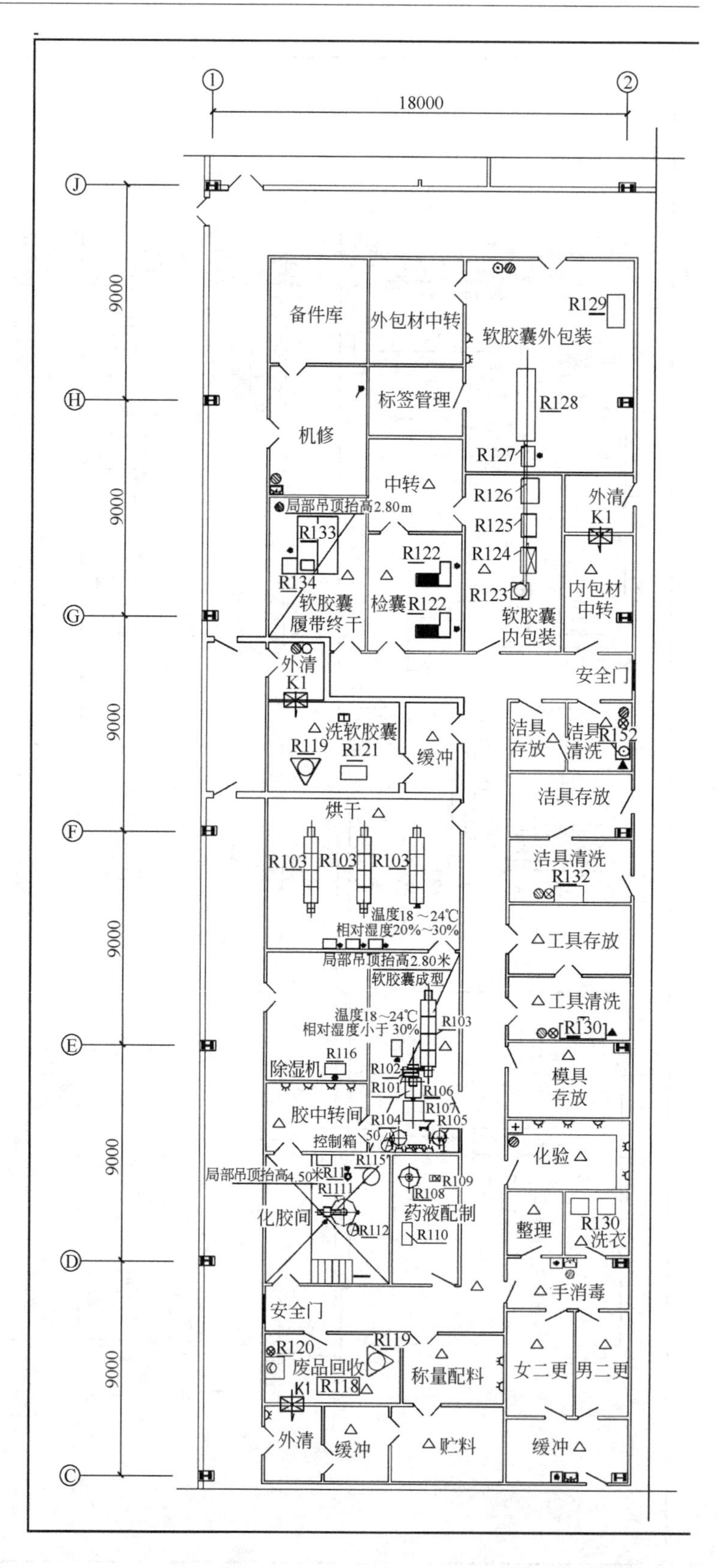

18000
9000
备件库
外包材中转
软胶囊外包装
R129
R128
标签管理
机修
R127
中转
R126
R125
R124
R123
局部吊顶抬高2.80m
R133
R134
R122
软胶囊
履带终干
检囊
软胶囊
内包装
外清
K1
内包材
中转
安全门
洗软胶囊
R119
R121
缓冲
洁具
存放
洁具
清洗
R152
烘干
洁具存放
R103
洁具清洗
R132
温度18～24℃
相对湿度20%～30%
工具存放
局部吊顶抬高2.80米
软胶囊成型
工具清洗
温度18～24℃
相对湿度小于30%
R130
R116
除湿机
R102
R101
R106
R107
R105
R104
模具
存放
胶中转间
控制箱
化验
局部吊顶抬高4.50米
R115
R109
R108
R111
药液配制
化胶间
R112
R110
整理
洗衣
手消毒
安全门
R120
废品回收
R118
称量配料
女二更
男二更
外清
缓冲
贮料
缓冲

图 4-9　软胶囊车间

35	R134	地面供料机	Ⅲ SLJ-Ⅱ	1850×350×2600	200	0.3	1
34	R133	履带式全自动干燥机	LWJ-Ⅰ	2400×1770×2150	2000	12.0	1
33	R132	洁具清洗池		1200×600×600	80		1
32	R131	器具清洗池		2000×600×600	120		1
31	R130	全自动洗衣机	5kg(带烘干)	565×565×800		1.5	2
30	R129	自动捆扎机	SK-1A	2500×1850×1650	280	0.55	1
29	R128	包装工作台		3000×800×800	100		1
28	R127	晶体管感应式铝箔封口机	PD100Ⅱ	1100×430×1200	80	2.0	1
27	R126	自动旋盖机	PC100Ⅰ	1450×750×1400	200	0.9	1
26	R125	自动塞纸机	PB100Ⅰ	1350×650×1150	230	0.75	1
25	R124	自动数囊机	PA100Ⅱ	1500×650×1750	360	0.7	1
24	R123	自动理瓶机	PL100Ⅰ	710×760×1050	85	0.2	1
23	R122	胶囊检视机	FJ-1	1500×1050×1400	200	1.4	1
22	R121	不锈钢清洗池		1200×600×600	80		1
21	R120	洗涤池		800×750×400			1
20	R119	不锈钢离心机	SS-600	1200×1200×810		3	2
19	R118	网胶粉碎机	CWM-250	1050×600×1600	150	1.5	1
18	R117	热水管路泵	SGR-40-6-20			2.2	1
17	R116	水环式真空泵	SZ-1			4	1
16	R115	紫铜盘管热交换器	2T/H				1
15	R114	带液面计冷凝器	80L				1
14	R113	列管式冷却器	S=1m²				1
13	R112	真空缓冲罐	0.23m³				1
12	$R111_{-2}$	不锈钢化胶罐	HJG-700A	1954×1500×1877		7.5	1
11	$R111_{-1}$	不锈钢化胶罐	TME-1	1790×1000×1710		5.5	1
10	R110	胶体磨	RJWJ84	805×335×573	70	3	1
9	R109	不锈钢卫生泵	ST-32-15	520×285×300	41	1.5	1
8	R108	配液罐	300L			2.2	1
7	R107	蠕动泵		300×400×150		0.08	1
6	R106	冷风机	变频控温	800×800×800		2.2	1
5	R105	不锈钢料桶		ϕ640×1200	80		1
4	R104	不锈钢明胶桶		ϕ640×1200	105	1.5	1
3	R103	不锈钢干燥机	转笼式4节	3546×600×1140	1000	4.3	3
2	R102	不锈钢输送机		290×1100×950	120	0.4	1
1	R101	软胶丸机	RJNJ-2	880×640×1900	900	1.5	1
序号	位号	设备名称	型号规格	外形尺寸/mm	单机重量/kg	单机电容量/kW	数量

工艺平面布置图

第五章　中药提取及其制剂工程工艺设计

中药提取及其制剂工程工艺设计所采用的设计规范主要如下。

① 中药饮片生产质量管理规范和中药饮片 GMP 补充规定。

②《中华人民共和国药典》（2005 年版）一部“药材炮制通则”。

③ 原国家药品监督管理局 1998 年颁布的《药品生产质量管理规范》（修订）及附录。

④《洁净厂房设计规范》GB 50073—2001。

⑤《建筑设计防火规范》GBJ 16—87（2001 年版）。

⑥《采暖通风与空气调节设计规范》GBJ 19—87（2001 年版）。

⑦ 国家现行建筑防火、安全、消防、卫生、劳动保护和三废排放等有关规程和规定。

第一节　产品方案的确定

产品方案又称生产纲领，是指工厂对全年生产任务的分配方案，对全年准备生产哪些品种以及产品的产量、产期、生产班次等的计划安排。产品方案的制订对产品种类较多或生产季节性较强的制药企业来说非常重要，一个合理的产品方案可以调整生产上的不均，减少库容量、保证产销平衡、充分发挥生产设备和职工的潜力，以保证企业获得良好的效益。

一、产品方案的要求和安排

① 满足主要产品的产量要求。

② 满足原料综合利用的要求。

③ 满足生产淡旺季的要求。

④ 满足经济效益的要求。

⑤ 满足水、电、气负荷平衡的要求。

二、班产量和人员的确定

班产量是工艺设计中最主要的计算基准，班产量的大小直接影响到设备的配套、车间的布置和面积的大小、公用设施和辅助设施的大小、职工的定员等。影响班产量的主要因素有：原辅材料的供应、设备的生产能力、公用工程的供应、库房的大小等因素。

生产定员也是设计中的一项重要工作，主要根据班次、设备的自动化、工序的操作难易程度和产量确定，年工作日通常以 250 天计算。每天的生产班次一般为 1～2 班。

三、产品方案的比较

通常对方案的比较从以下几个方面进行：

① 职工定员和人均年产值；

② 季节性比较和产品的年产值；

③ 水、电、气耗量和设备使用情况；

④ 工程投资；

⑤ 社会效益和经济效益；

⑥ 组织生产难易程度的比较。

第二节　产品工艺流程的确定

工艺流程是从原药材到成品的整个生产路线，工艺流程的设计是工艺设计中的一项重要内容，其他各项设计均必须满足工艺流程的需要，目前中药材的传统生产方式多为水提醇沉、醇提水沉、多效浓缩、喷雾干燥等工序。但由于技术和设备的先进程度不同，同一类型的产品可以采用不同的工艺来生产。同时，随着新技术、新设备的采用，市场对产品质量要求的提高，公众对环境保护和劳动安全认识的提高，以及综合利用的普遍发展，在具体设计时经常需要对过去采用的工艺流程进行修订，以满足不断发展的需要。对专利产品其工艺流程则由工艺包提供；对新研制的品种，其工艺流程的设计则只有通过小试和中试数据来确定，并留有一定的余地，以便在大生产中还可以做进一步的调整，达到最优化的目的。

工艺流程设计的合理与否直接影响到最终产品的质量、成本和生产能力等一系列问题。为此必须采取一些措施来确保工艺流程设计的合理。

① 应能保证产品达到预定的质量和要求。

② 充分利用原料，以获得较高的出品率。

③ 积极采用成熟的新技术、新工艺、新设备，结合具体条件优化生产线。对尚未连续化生产的品种，其工艺流程尽可能按流水线排布，使产品在生产过程中停留时间最短，以避免产品变色、变质。

④ 积极慎重地采用先进可靠的工艺指标，在能达到该工艺指标的条件下，尽量减少工艺流程的往返过程，以减少输送。

⑤ 充分估计到生产中可能发生的故障，设计工艺流程时考虑到调整的可能性，使生产能正常进行。

⑥ 应能减少环境污染和有利于综合利用。

⑦ 有利于保证药品的卫生，避免药品在生产过程中受到污染。

⑧ 能保证操作人员的安全生产和向操作人员提供较好的操作条件。

⑨ 对一些季节性较强的药品生产，尽量采用一机多用的工艺流程，以充分发挥主要设备的效能。

第三节　炮制工艺设计

一、炮制的作用

中药材必须依法炮制才能达到中医临床用药的质量标准，并能适应中医处方和中成药制剂的用药和调配质量要求。中药炮制工艺包括净制、切制和炮炙三大工序，不同规格的饮片要求不同的炮制工艺，有的饮片要经过蒸、炒、煅等高温处理，有的饮片还需要加入特殊的辅料如酒、醋、盐、姜、蜜、药汁等后再经高温处理，最终使各种规格饮片达到规定的纯净度、厚薄度和全有效性的质量标准。

二、设计涉及的范围

一个完整的工程设计必须从生产规模、产品方案、工艺流程、物料计算、主要原料及公用系统消耗、总体布置、劳动保护、环境保护、通风除尘、车间定员、技术经济指标等方面进行分析论述，方能提出炮制车间的最佳设计方案。本节将以年产饮片 3000t 的炮制车间为例，就工艺设计的有关方面进行简要阐述。

三、生产方法及工艺过程

（一）生产工艺流程

生产工艺流程见图5-1。炮制工艺流程见图5-2。

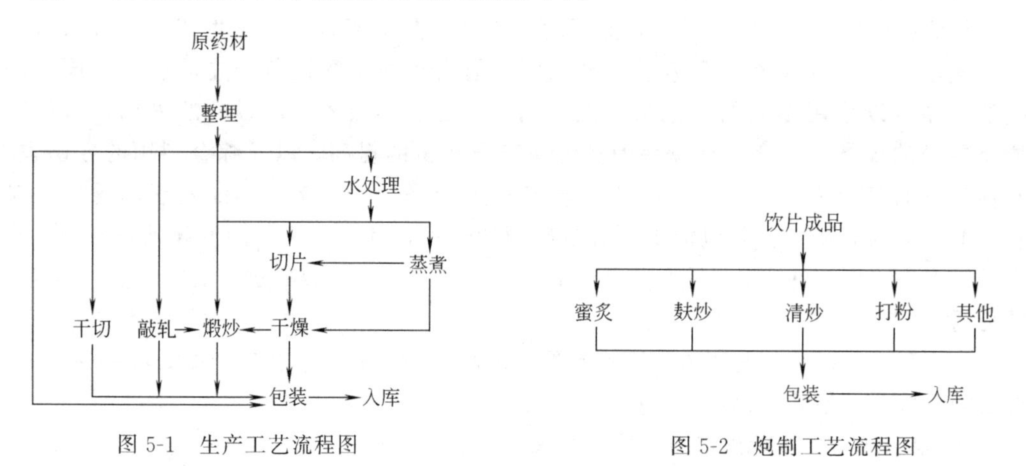

图5-1 生产工艺流程图

图5-2 炮制工艺流程图

（二）工艺过程简述

1. 整理分为净整理和整理两类

（1）整理　即把药材通过筛、簸、拣、刷、刮、铲、摘等方法得到净药材，然后经包装入库。

（2）净整理

① 根、根茎类　把药材送至滚动除尘机，去掉泥砂后进入传动式整理台，用手工除去药材中霉蛀变质部分和非药用部分，并用电磁铁吸掉铁质杂物，整理分档，再分别送到淘润、干切等工序。

② 果实、种子类　把药材送入风选机和分筛机，经过筛选分档，然后送到传动式整理台，拣去杂质，吸掉铁质杂物后送淘洗工序，部分不能用机械去除杂质的药材均全部采用手工整理。

2. 淘润工序

（1）根、根茎、果实类　经滚动式洗药机淘洗，淘洗水分两段加入洗药机。一次进水淘洗后排放，二次进水淘洗后经过滤后再回收做一次进水使用，以此循环连续清洗。洗涤时间视药材质地的松软、坚实和脏垢程度掌握。吸水性强或芳香性药材采用快洗法，以免影响质量。洗涤后部分药材送入浸泡池，部分药材送入加温减压润药器，然后送至切制工序。

（2）草药类　采用喷润器，然后送到切制工序。

淘洗废水均排入污水处理系统，浸润时间应掌握少浸多润的原则，减少药汁的流失。

3. 蒸煮、切制工序

（1）蒸煮　按炮制规范规定将需蒸煮的药材送入蒸煮锅，然后加水通蒸气加热至沸，若干小时后，送入下道工序。

（2）切制　干切的药材过筛后经包装入库；淘洗喷润洗涤后的药材，长条形的经过直切式切药机，块根类、果实类送转盘式切药机。切制后的湿片送干燥工序。在夏季，送下道工序时间过长易发热变质，需及时摊晾。

4. 干燥包装工序

蒸煮的药材和潮片根据品种和含芳香成分及含水量程度选择不同的干燥设备，部分药材尚需做自然摊晾。

根茎类送入翻板式烘箱，少批量送入热回风干燥箱；果实种子类送回转式真空干燥器或箱式干燥器；黏性、花类用箱式干燥器；少量芳香性的药材则自然摊晾或送太阳能干燥器。

5. 炒药、敲轧工序

（1）炒药　需炒炙的品种送入滚动式炒药机或平底式炒药机，炒制到一定程度，取出晾透后包装入库。

（2）敲轧　矿石、贝壳类经清洁后送入轧碎机，轧碎后包装入库。

四、主要设备选型及工艺计算

1. 年处理量计算

① 生产规模为生产饮片成品3000t，现国内饮片厂收得率（经验数据）为0.83～0.86之间。新建的炮制车间将大批量生产加工中药饮片，拟以收得率0.83作为工艺计算依据。年处理原药量为3000/0.83=3600t，日产饮片约10.8t，日处理原药量约13t。

② 根据国内某厂家提供的资料，其饮片生产各工序加工量大致比例如下。

切片：5.5t，占日产量的43%。

整理：2.8t，占日产量的22%。

敲轧：1.1t，占日产量的9%。

炒：0.9t，占日产量的7%。

粉碎：0.76t，占日产量的6%。

2. 整理工序以滚动式和单摆式除尘机为主

（1）筛药机

生产能力：400kg/h

每日处理量：11857×0.4=4742kg

8668×0.6=5200kg

生产班制：一班（8h）

生产使用台数：(4742+5200)÷8÷400=3.1台

（2）除尘机

生产能力：400～1400kg/h

每日处理量：11857×0.42=4980kg

8668×0.5=4334kg

生产班制：一班（8h）

生产使用台数：(4980+4334)÷8÷600=2台

3. 洗润工序

（1）滚动式洗药机（以根块类为主）（wx-1）

生产能力：400kg/h

每日处理量：10258×0.5=5129kg

生产班制：一班制

生产使用台数：5129÷400÷8=1.60台

（2）刮板式洗药机（BZS-05）（广东）

生产能力：800～1200kg/h，取300kg/h

每日处理量：10260×0.3=3078kg

图 5-3 中药炮制车间平面布置图

生产班制：一班制

生产用台数：3078÷300÷8=1.28 台

(3) 润药机

生产能力：200kg/h

每日处理量：10246×0.3=3074kg

生产用台数：3074÷200÷8=1.92 台

4. 切制工序

以直切机和转盘切药机为主。

(1) 转盘切药机

生产能力：60～600kg/h

每日切制量：10109×0.6=6065kg

生产班制：一班制

生产用台数：6065÷200÷8=3.79 台

(2) 直切机

生产能力：120kg/h

每日处理量：10109×0.4=4043kg

生产班制：一班制

生产用台数：4043÷120÷8=4 台(其中一台为平切机)

5. 干燥工序

(1) 以翻版式干燥机为主

生产能力：200kg/h

每日处理量：9488kg

生产班制：两班制

生产用台数：9488×0.6÷200÷12=2.37 台

(2) 箱式烘箱　导流式隧道烘箱。

生产能力：2000kg/班，250kg/h

每日处理量：9488×0.4=3795kg

生产用台数：3795÷8÷250=1.9 台

设备计算所得台数化整为较大的整数即为实际选用的设备台数，但在部分生产工序，设备数量的确定不仅需要根据生产能力还需要根据生产品种的多样性来确定设备的类型和数量。

五、车间平面布置图举例

中药炮制车间平面布置图见图 5-3 所示。

第四节　年处理 1500t 中药材综合提取车间工艺设计

一、概述

1. 设计概述

中药工业生产大致可分为中药材预处理、中间制品（浸膏）与中药制剂三个部分。一般有水提法和醇提法两种。在进行设计时要根据所提取的中药材的种类不同而确定相应的提取方法。由于许多中药提取是多品种小批量的生产，而且缺乏提取实验研究报告以及物料工艺参数，因此在设计方面存在许多困难。在现有条件下，应首先从传统用药的经验出发，结合现代化学成分、药理等方面的研究资料，综合考虑浸提时所用的溶剂、方法和设备，并以临床效果作为重要依据，同时根据中药提取生产的许多共同点，进行能适应当前生产的较粗放性的设计。

此次提取车间设计的主要内容包括：① 工艺流程设计；② 物料恒算；③ 设备选择和计算；④ 车间布置设计；⑤ 非工艺条件设计。

2. 工艺概述

(1) 中药材的前处理工艺

① 中药材的预处理。不同的中药材采用的预处理方法不尽相同，但主要有以下几个方面：a. 非药用部分的去除；b. 杂质的去除。

② 药材的切片。将选后的药材切成各种形状、不同厚度的片子。切片分为下列步骤：a. 药材软化；b. 药材切制。

③ 饮片的干燥。药材经水洗、切片等程序后，此时含水量较高，为微生物生长繁殖提供了有利条件，且增加了药材的韧性。这给药物的质量保证及粉碎带来了不利。所以需要粉碎的药物必须经过干燥。

④ 药材的炮制。常用的方法有蒸、炒、锻等，除炒药外其他多为传统手工操作。炒药机有卧式滚筒炒药机和立式平底炒药机。一般炒药筒体积为 0.2m^3，可处理药材 50～180kg/h。考虑到工业生产效率问题，常采用卧式滚筒炒药机。

⑤ 药材的粉碎。其目的是：a. 增加药物的表面积，促进药物的溶解与吸收，提高药物的生物利用度；b. 便于调剂与服用；c. 加速药材中有效成分的浸出或溶出；d. 为制备多种药物剂型奠定基础。

⑥ 药材的筛分。得到目数不同的药物颗粒，常用的筛分设备有振动筛分机。此次工艺选用的型号为 ZS-350 旋涡振荡筛，其主要用于制药、化工、机械、冶金等行业的物料筛分。

(2) 中药材的提取工艺

目前我国中药厂中药材的提取过程主要采用单级接触式浸出流程。在单级浸取生产中，由于流程的固有限制，不能持续稳定地保持扩散作用所需的浓度差，因而导致溶剂用量、出液系数、设备容积、能耗等工艺指标不够理想。为了克服这些缺点，采用罐组式多级逆流浸出工艺并在此工艺路线基础上布置车间。

罐组式逆流浸出工艺流程见图 5-4 所示。

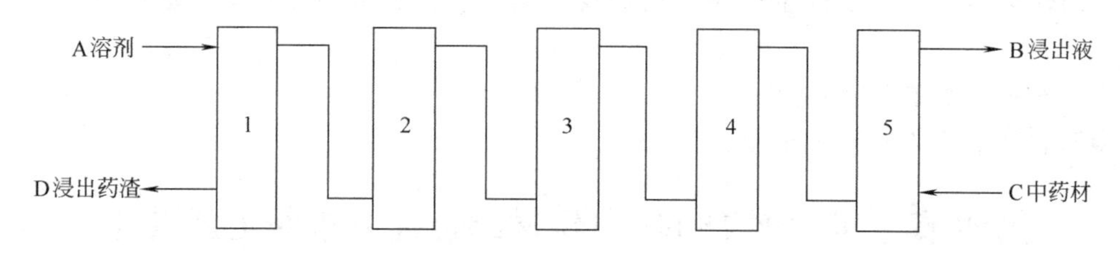

图 5-4 罐组式逆流浸出工艺流程

如图 5-4 所示，把 5 台罐子通过管道互相连接，组成排成一定次序的罐组。以上面 5 台罐子为例，其浸取工艺路线见图 5-5 所示。

新鲜溶剂首先进入 A 单元浸取，并逐级向 D 单元流动，并自 D 单元得到浸出液。与后续单元相比，A 罐与新鲜溶剂传质时间最长，浸出最为充分，因此首先排渣，再次装入新

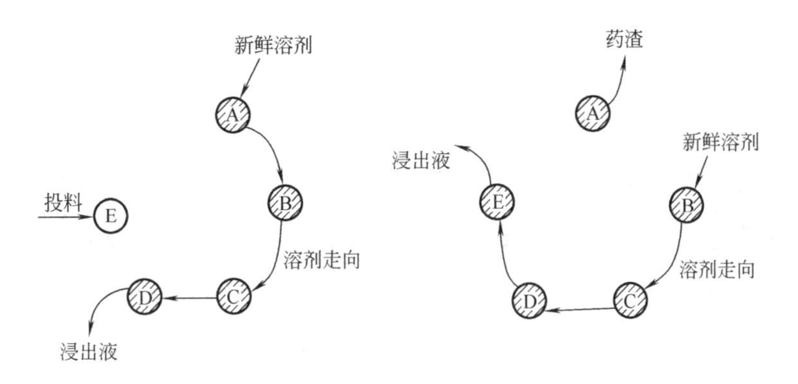

图 5-5　罐组式逆流浸取工艺路线

料成为最后一罐。而新鲜溶剂改由原第 2 罐即 B 单元加入，即变为溶剂流程上的第 1 罐，依次逐级流动，而原 A 罐变为溶剂流程的第 5 罐，依此类推，使每份溶剂都经过 5 次浸取，最终浸出液浓度得到提高，在整个过程中形成了浸出液与药渣走向相反的状态。

本设计整个提取生产线，采用 8 台多能提取罐，其中有 6 台提取罐分成两组，每组 3 台实现逆流连续提取；另两台做热回流，主要针对那些醇提的特殊产品的小规模生产。逆流连续提取既可采取水提醇沉也可采取醇提水沉，以满足不同中药材的提取操作。

二、物料恒算

1. 生产制度

任务：前处理车间年处理原药材量按 1800t 算，提取车间年处理净药材量 1500t。

前处理车间：年工作日 255 天，一天一班制，每班 8h。

提取车间：年工作日 255 天，一天两班制，每班 8h。

2. 前处理车间物料恒算

根据一般中药厂前处理车间各工序处理的经验数据，确定前处理车间每班各工序处理量，数据见表 5-1 所示。

表 5-1　前处理车间每班各工序处理量

序号	工序	处理量/(t/天)	序号	工序	处理量/(t/天)
1	拣选	2.4	4	炒药	0.15
2	洗药	3.8	5	干燥	3.8
3	切药	3.8	6	粉碎	0.4

3. 提取车间物料恒算

（1）计算单位　kg/天。

（2）计算基准　净药材 2/3 为水提，1/3 为醇提，1/10 水提液需加碱沉淀，9/10 水提液需三效浓缩。水提加水为净药材量的 10 倍，三效浓缩液为药材量的 80%，水提浓缩液 80%醇沉，醇沉加 95%酒精为清膏的 4 倍，醇提加 95%酒精为净药材量的 5 倍。醇提、醇沉浓缩液为原药材量的 35%。

（3）物料恒算　见图 5-6 所示。

三、主要设备选型及说明

（1）多功能提取罐　由物料恒算得知，提取车间日处理净药材量为 5900kg，按一天两

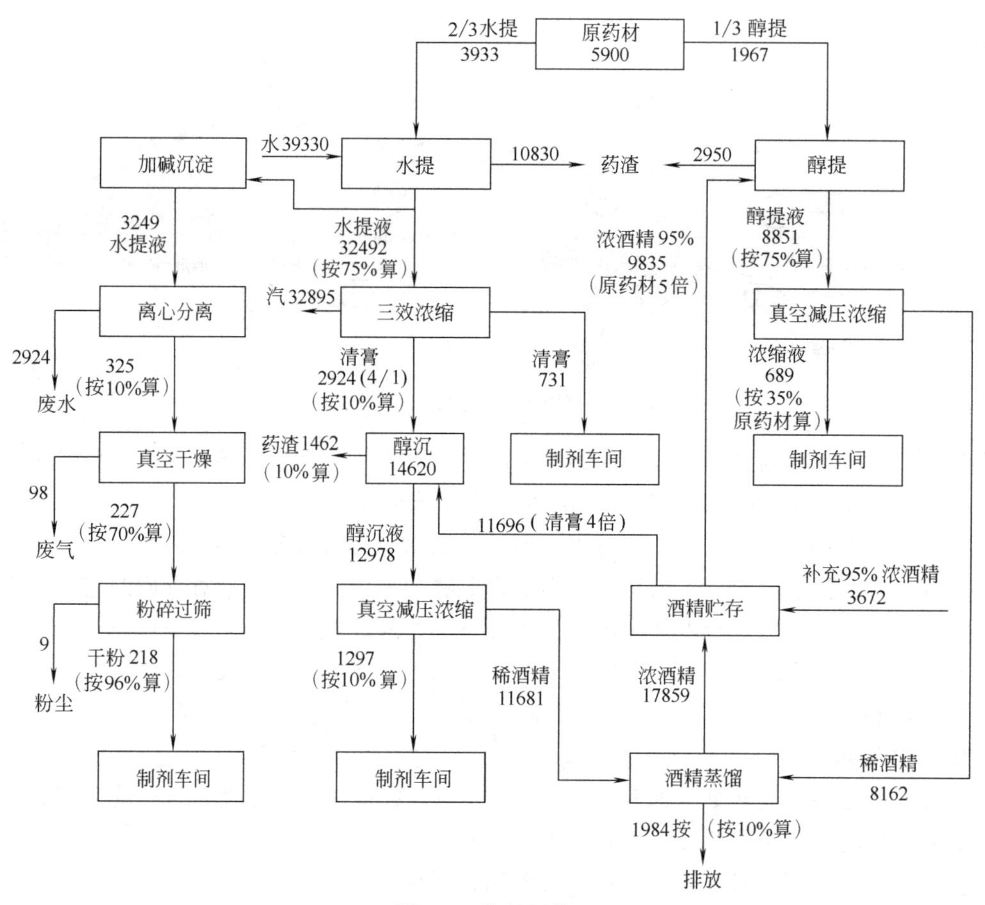

图 5-6　物料恒算

批生产计，则每批投料量为 2950kg。每台 3m³ 提取罐每批投料为 375kg，则需要 8 台提取罐。选用 2 条逆流动态提取生产线（每条线配 3 台 3m³ 的提取罐），另外两罐做热回流，选择单独的热回流提取浓缩机组，可以满足要求。因此可选用 DT-3 型 3m³ 提取罐（锥型）6 台。

（2）热回流提取浓缩机组　选择 DHTN 系列热回流提取浓缩机组，型号为 DHTN1500/3000。本机组主要用于中药、食品、化工等行业采用水、乙醇、甲醇的提取和有机溶剂的回收与浓缩。

（3）提取液贮罐　要求满足体积约为 3m³，与 3m³ 提取罐配套。其主要作用是贮存提取液，起缓冲的作用。鉴于不同中药材中有效成分的不同，性质各异，因此本次设计选择了不锈钢贮罐。

（4）三效浓缩器　根据物料恒算，选用三台 NS-1500 型三效节能浓缩器，平均蒸发水量为 1700kg/h，可以满足要求。其主要技术参数：外形尺寸 7000mm×1700mm×3500mm，单机重量 2850kg，耗水量 13t/h 循环，蒸汽压力 0.05～0.09MPa，耗汽量 500kg/h，一效真空度 －0.04MPa，温度 85℃；二效真空度 －0.06MPa，温度 75℃；三效真空度 －0.08MPa，温度 65℃。

（5）浓缩液贮罐　满足第一次提取浓缩液的体积要求即可，V＝2924kg÷1.22kg/cm³＝2.4m³，选公称容积为 1.5m³ 不锈钢贮罐 3 台（考虑到还有热回流等）。

（6）醇沉罐及沉淀罐　由物料恒算得知，醇沉液为14620kg/日，醇沉周期按18h/批，6台$3m^3$的醇沉罐可以满足要求。由物料恒算得知水提液加碱沉淀量为3249kg/日，沉淀周期按18h/批计，选2台$3m^3$沉淀罐能满足要求。选用JC-3000型号的，其容积为$3m^3$，换热面积为$8.5m^2$，工作温度为－15℃至常温，换热介质最高工作压力0.25MPa，工作介质工作压力0.01MPa，传热系数150～200kJ/(m^2·h·℃)，搅拌功率3.0kW，搅拌转速125r/min，总重量2200kg。

（7）醇沉液贮罐　要求满足醇沉液体积要求即可，能够有防腐蚀性能者最佳，一般情况下选择不锈钢贮罐，容积大小选$3m^3$卧式2台。

（8）板框过滤器　选择型号规格为：BAS370-4型2台，其过滤面积为$4m^2$，过滤量为2000kg/h，过滤压力为0.3MPa，外形尺寸1400mm×1050mm×460mm，重量150kg，主要材质为铸铁。

（9）喷雾干燥器　选用LG-150型喷雾干燥器2台。主要技术参数：入口温度＜350℃，出口温度80～90℃，水分蒸发量300kg/h，蒸汽压力0.15MPa，干粉回收＞95%，外形尺寸5500mm×4000mm×7000mm。

（10）真空浓缩锅　选择ZN-500型真空减压浓缩罐两台即可满足要求。主要技术参数如下：容积500L，收液槽容积100L，夹层压力0.09MPa，真空度600～700mmHg[1]，加热面积$1.45m^2$，冷凝面积$3.3m^2$，冷却面积$0.7m^2$，设备重量1300kg，外形尺寸2100mm×1200mm×3400mm。

（11）真空浓缩机组　选用一台B-10型真空浓缩机组，外形尺寸3900mm×1420mm×4300mm，单机重量3000kg，通蒸汽1.18t/h，压力小于0.10MPa即可满足要求。

（12）可倾式反应锅　选用一台NF-Ⅲ型可倾式反应锅，外形尺寸1450mm×1100mm×1380mm，单机重量361kg，通蒸汽0.06t/h，压力为0.15MPa即可满足要求。

（13）双螺锥形混合机　选用一台型号为SHJ-1000型双螺锥形混合机，外形尺寸ϕ1450mm×2820mm，单机重量1300kg，配套电机功率4.0kW即可满足要求。

四、车间工艺平面布置说明

整个车间长49m，宽42m。考虑到醇提、醇沉、浓缩收酒精、酒精精馏等区域需防爆，故需将一层精馏区，二层、三层除净药材库、楼梯、电梯外均设计为防爆区。

整个车间平面布置分四层设计。这种4层垂直布置，待浸出的中药材在顶层经拣选、洗净、切制等前处理过程后，由投料斗投入提取罐进行逆流提取、热回流操作。加料斗内设有加料完毕后自动密闭的装置。自动翻转式除渣小车布置在二层，小车由操作者在操作间内进行遥控，在轨道上可进可退。出渣时，小车定位在提取罐出渣口的正下方，装完药渣后驶向卸渣平台，在限定位置处，自动翻转卸净药渣。同传统的平面布置相比，垂直布置的优点如下。

（1）可控制尘屑飞扬　中药材一般是植物的根、茎、叶、花等部位，虽经拣选清洗，但向提取罐内投料时仍有较多的尘屑逸散，将投料斗设置在顶层，并在投料口上方设置除尘罩，一则可以控制尘屑在车间内部扩散，二则解除了操作者向罐内投料时需将物料向上抬至罐口的劳作之苦。提取生产规模越大，这种效果越明显。

（2）可防止汽雾扩散　将出渣工段限定在提取罐下部尽可能小的空间范围内，并在墙上

[1] 1mmHg=133.322Pa，下同。

安装排潮风机，这样可有效地阻止汽雾扩散，降低车间内部的温湿度，保持车间内其他工序的清洁，不受这部分工序的污染。

（3）可节省车间占地面积和输送设备 显然，垂直布置有效地利用了建筑空间，对于厂区用地紧张的企业尤为适宜。另外，垂直布置时，浸出液与浓缩液可以靠重力自流到下线设备中，不仅省却了输液泵，而且输送管道既短且直，符合GMP对工艺管道配制的要求。

（4）可方便药渣的清除 时至今日，仍有许多提取车间在出渣时是将药渣直接倾卸到提取罐下部的地坪上，再由人工铲出。这样做，既污染操作环境，也增加操作者的劳动强度。使用自动除渣小车，则使除渣变得简便易行，而且使操作环境得到改善。

考虑到工艺介质有乙醇，因此提取车间设计为甲类防爆区，采用防火的建筑材料和防爆的墙壁，电线为内设的，外包材料具有气密性好、防火、绝缘等性能。洁净区设置了安全门，以满足消防的要求。

五、人物流设计

人流由门厅进入，经换鞋、男女更衣进入一般生产区；30万级生产区工作人员需经换洁净鞋、脱衣、洗手、穿衣、手消毒才能进入。

物流经外清进入，原药材运至一层原药材库或由提升机运至二层原药材库存放。使用时由提升机送至三层，原药材经拣选、洗药、润药、切药后，一部分经中转，由提升机运至四层净药材库中存放，用于提取；另一部分经干燥、炒药、破碎、灭菌干燥及细粉碎后送往固体制剂车间。提取时，将净药材从净药材库中取出送至提取间。醇提液经真空减压浓缩后，浓缩液用管道接至一层收浓缩液间的料桶内，送冷库贮存或送往制剂车间；水提液一部分经碱沉、离心分离、真空干燥、粉碎过筛后送往制剂车间，一部分经三效浓缩后，其中一部分浓缩液用管道接至一层收浓缩液间的料桶内，送冷库贮存或送往制剂车间，另一部分浓缩液经醇沉、真空减压浓缩后，浓缩液用管道接至一层收浓缩液间的料桶内，送冷库贮存或送往制剂车间。

六、车间技术要求

1. 提取车间技术要求

① 本工房为甲类防爆厂房，耐火等级为二级。

② 本工房生产区域需排热排湿，其墙、地面、顶棚需防酸碱腐蚀并防霉。

③ 有视镜孔的设备如多能提取罐 $T301_{1\sim6}$、沉淀灌 $T307_{1\sim8}$、喷雾干燥器T213需配24V低压照明灯。

④ 本工房提取、浓缩、收酒、精馏、醇沉岗位设乙醇浓度报警器，并设排风设施。

⑤ 各工段设备采用就地控制集中显示与自动控制相结合：

T103-1的启停控制设在T305b-1附近，T103-2的启停控制设在T305b-2附近；

T103-3的启停控制设在T205-1附近，T103-4的启停控制设在T205-2附近；

T103-5的启停控制设在T205-3附近，T103-6的启停控制设在T210附近；

T101-1的启停控制设在T307附近，T101-2的启停控制设在T116附近；

T101-3的启停控制分别设在T211和T212附近。

⑥ 提升机选用货物电梯，载重量2t。

⑦“△”表示10万级控制区，控制区设吊顶，吊顶距地坪2.80m；净化空调间设臭氧发生器；室内地坪做水磨石自流坪，墙壁刷瓷漆；隔断及吊顶用彩钢板；管线暗敷。

⑧ 本车间层高：一层6.00m，二层5.50m；三层4.00m，四层3.50m。

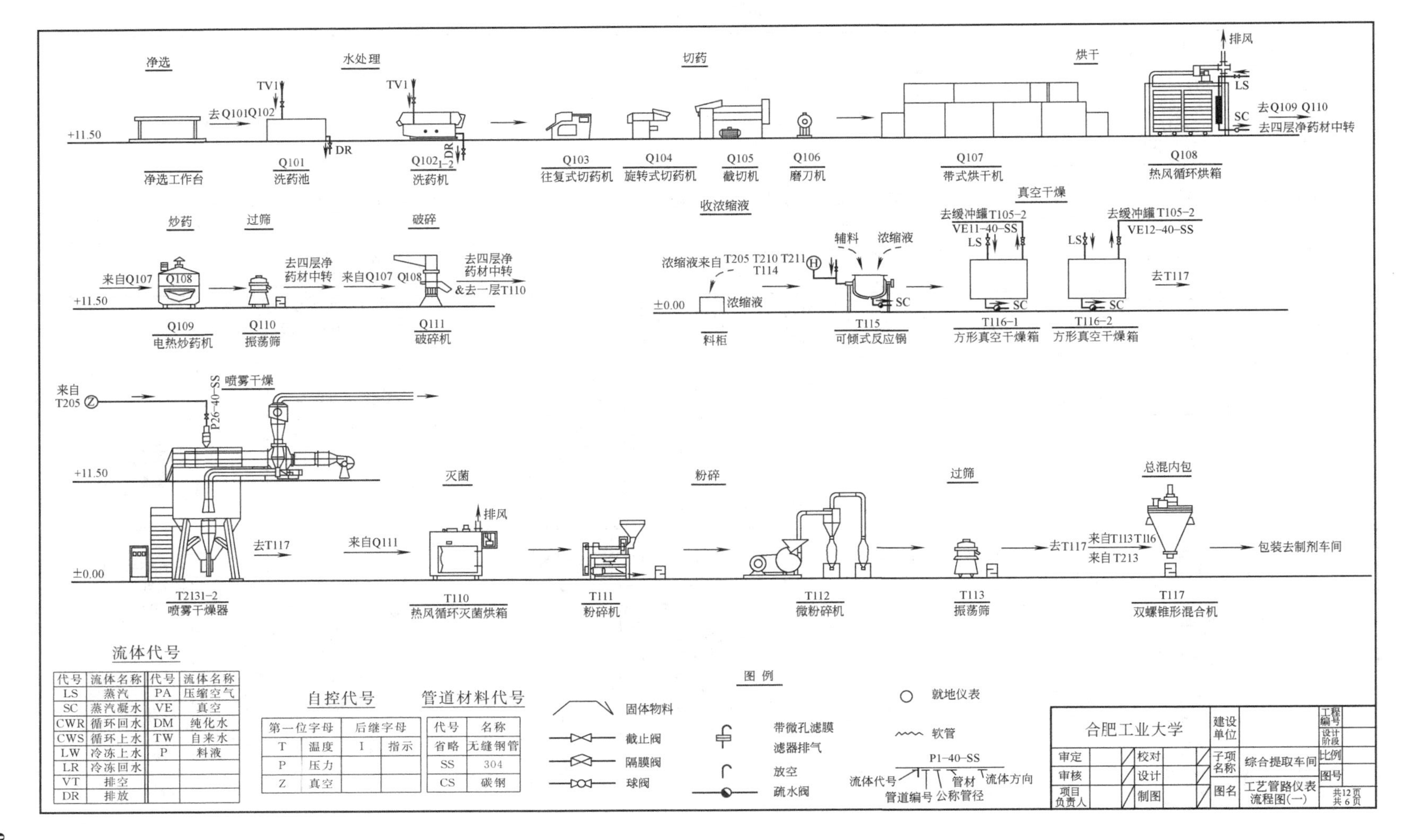

流体代号

代号	流体名称	代号	流体名称
LS	蒸汽	PA	压缩空气
SC	蒸汽凝水	VE	真空
CWR	循环回水	DM	纯化水
CWS	循环上水	TW	自来水
LW	冷冻上水	P	料液
LR	冷冻回水		
VT	排空		
DR	排放		

自控代号

第一位字母		后继字母	
T	温度	I	指示
P	压力		
Z	真空		

管道材料代号

代号	名称
省略	无缝钢管
SS	304
CS	碳钢

合肥工业大学				建设单位		工程编号	
						设计阶段	
审定		校对		子项名称	综合提取车间	比例	
审核		设计				图号	
项目负责人		制图		图名	工艺管路仪表流程图(一)	共12页 共6页	

图 5-7　工艺管道仪表流程图（一）

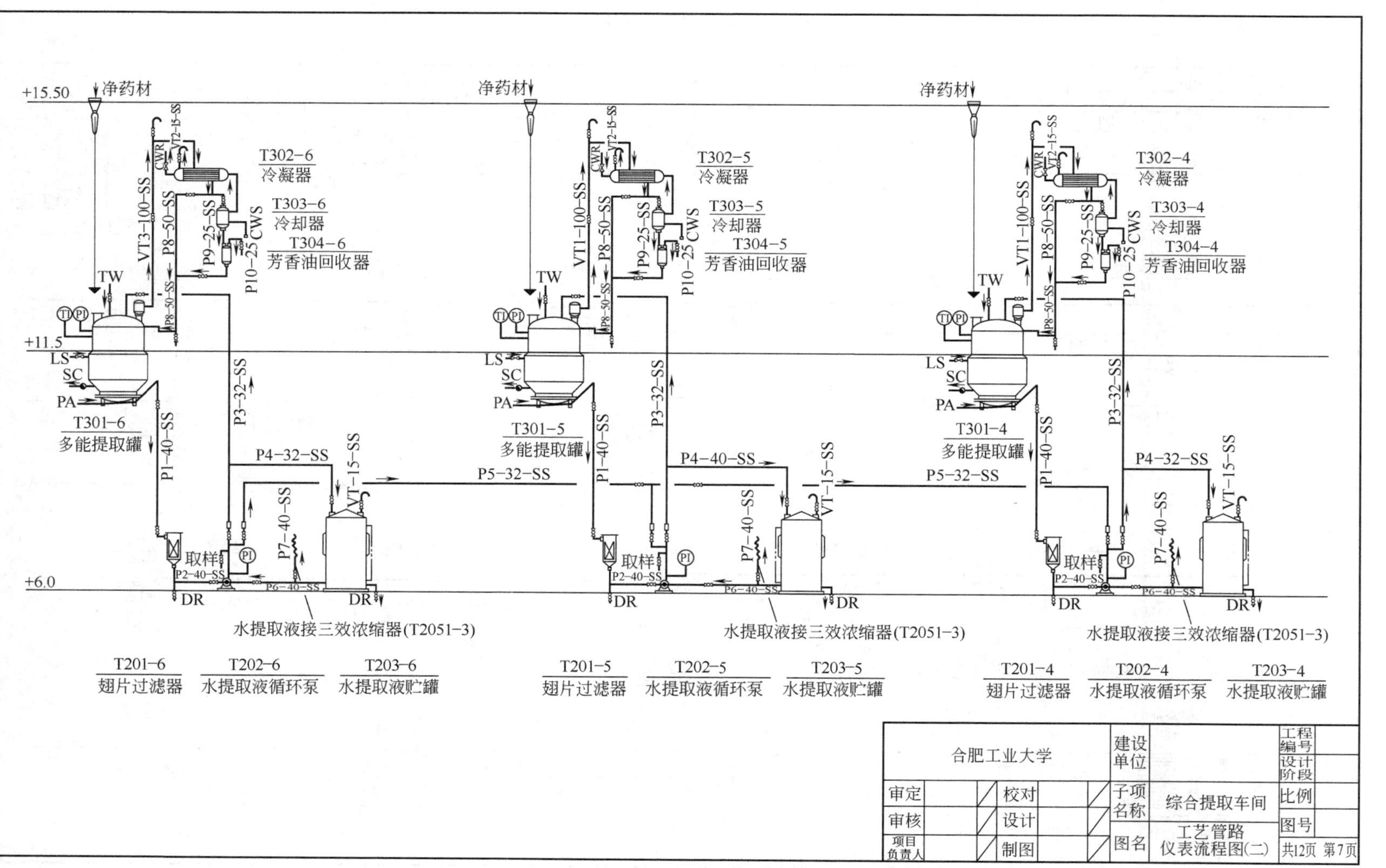

图 5-8　工艺管路仪表流程图（二）

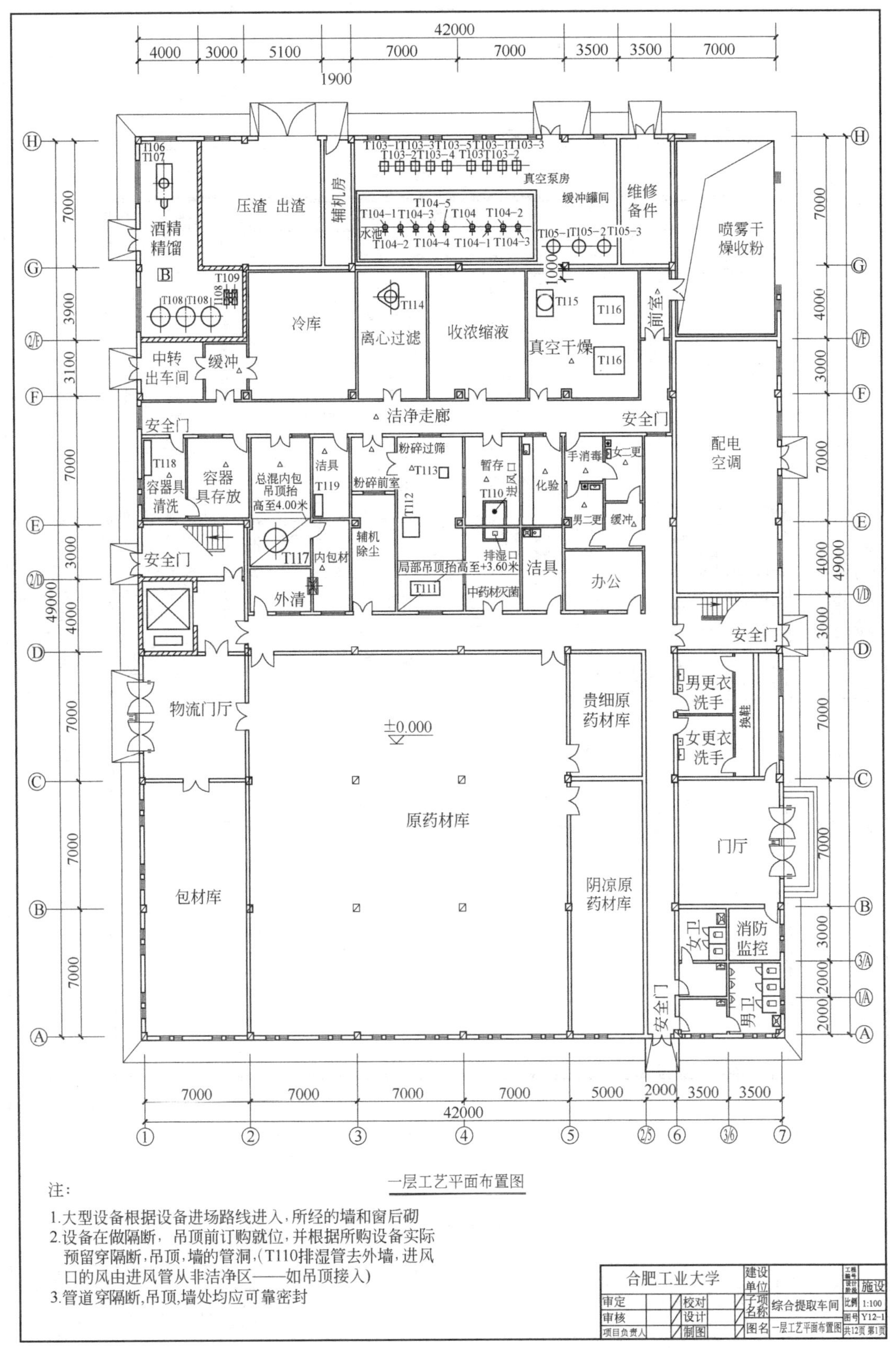

图 5-9　一层工艺平面布置图

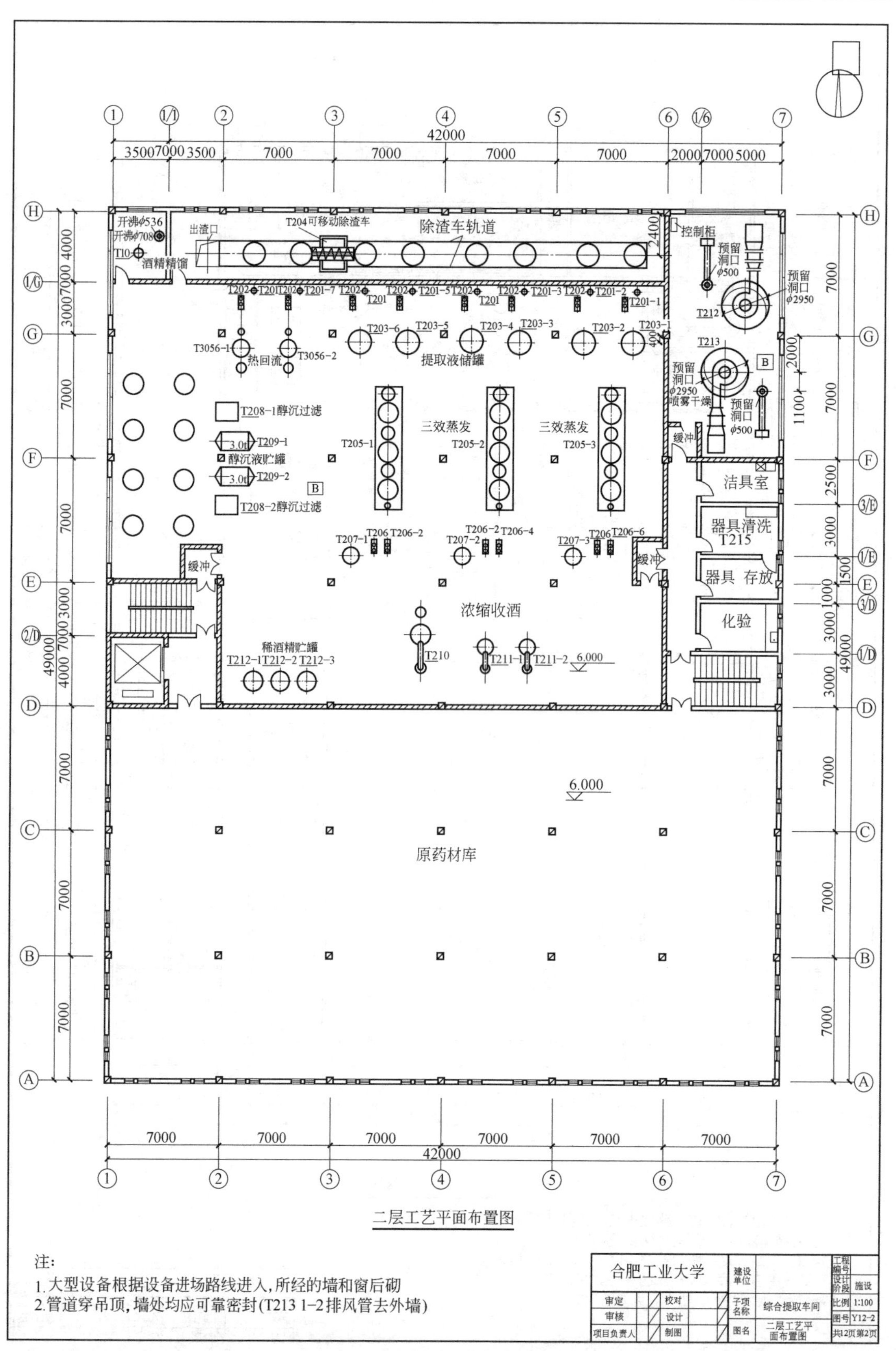

图 5-10　二层工艺平面布置图

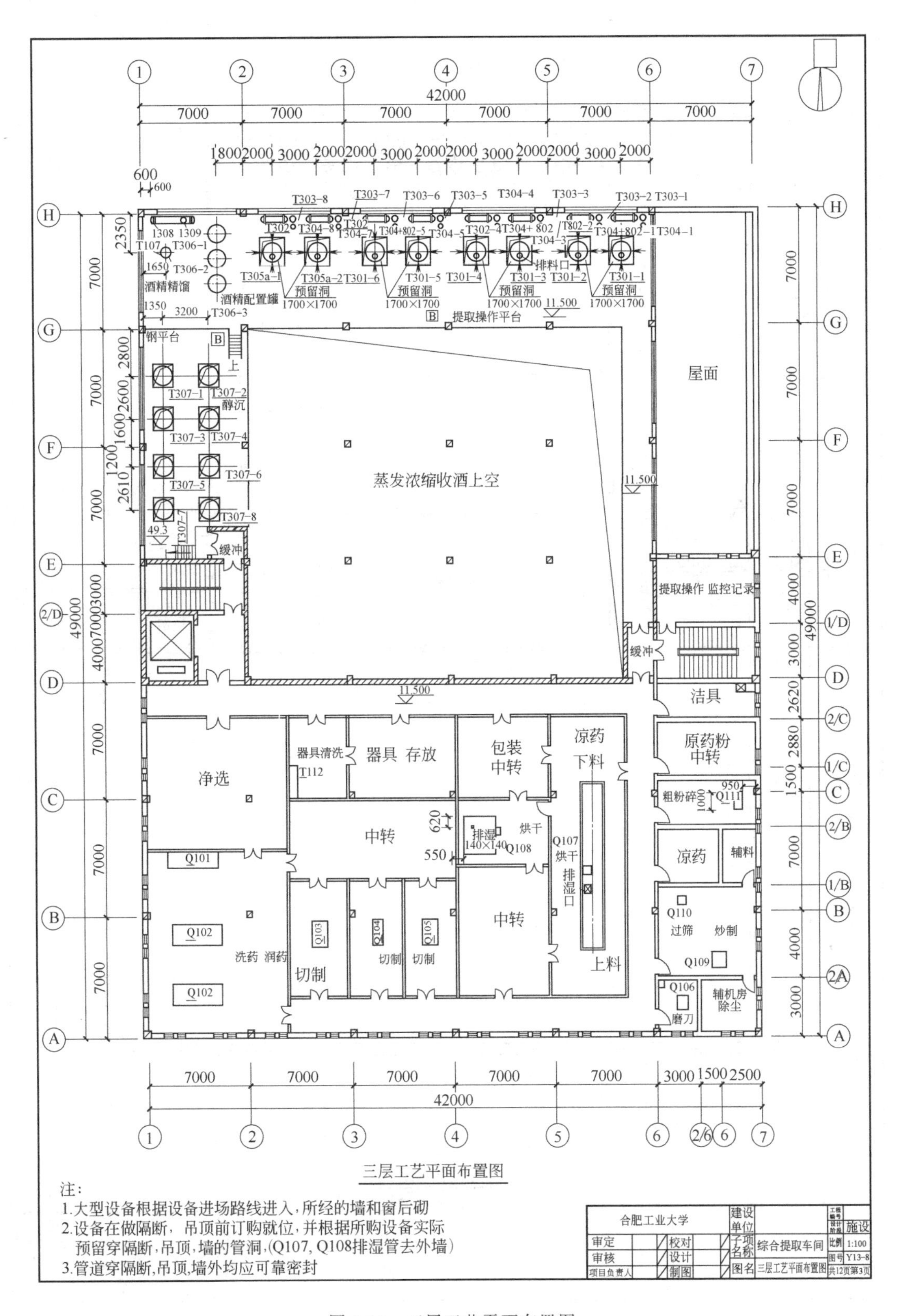

图 5-11　三层工艺平面布置图

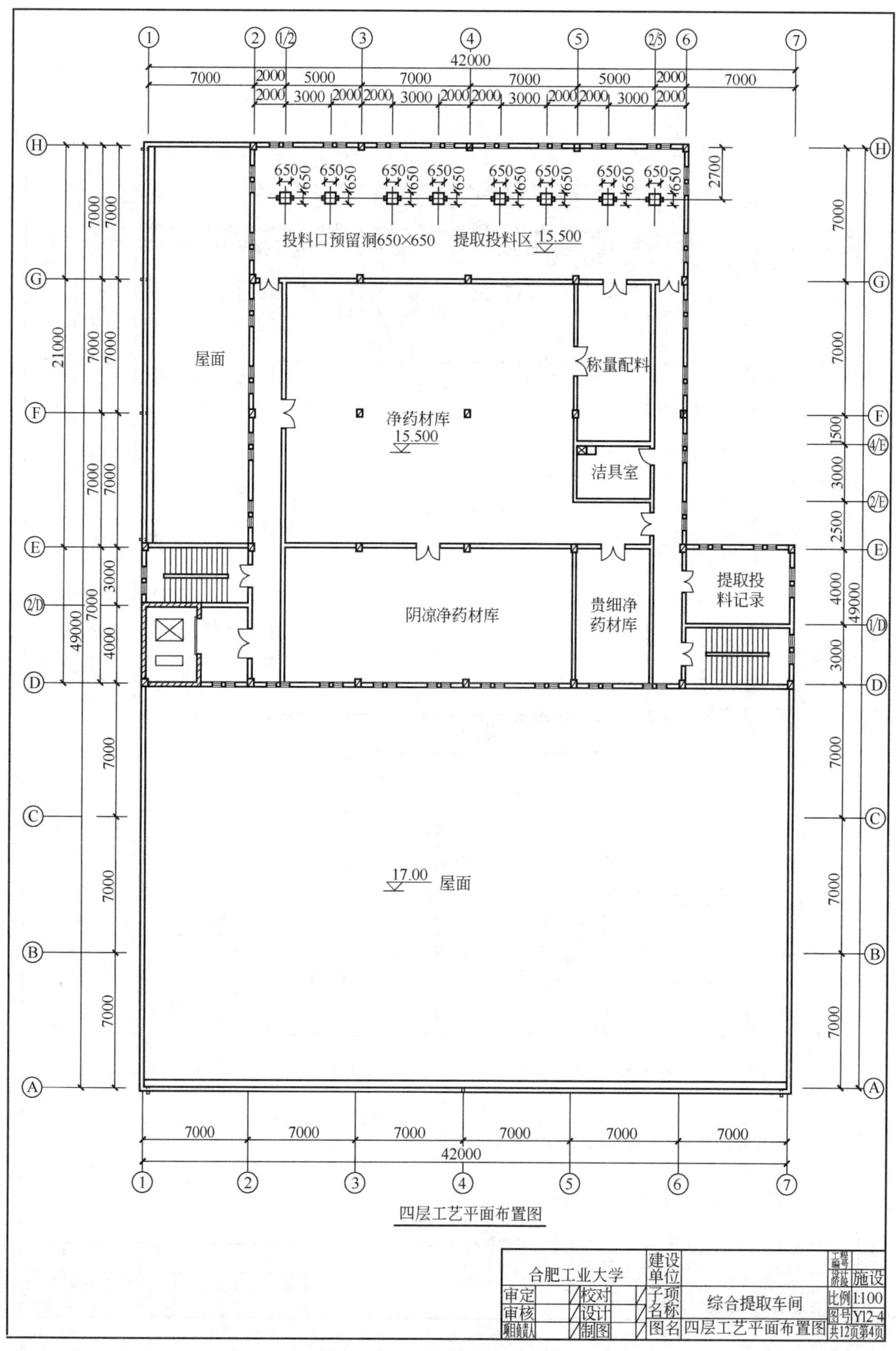

图 5-12 四层工艺平面布置图

序号	位号	设备名称	型号规格	外形尺寸	单位重量kg	单机电容量kW	数量	备注
55	T039	稳压罐		ϕ600×1000			1	
54	T308	冷凝器	24m^2	ϕ400×3095	1097		1	
53	T307	沉淀罐	JC-3000	1400×1750×1400	2200	3.0	8	
52	T306	酒精配置罐	2.0m^3	ϕ1200×2440	2000		3	
51	T305	热回流抽提浓缩机组	DHTN1500/3000				2	
50	T304	油水分离器		ϕ300×880	120		8	
49	T303	冷却器	1m^2	ϕ400×500	60		8	
48	T302	冷凝器	5m^2	ϕ300×1760	300		8	
47	T301	多能提取罐(锥式)	3m^3	ϕ1600×3300	5000		6	
46	T215	器具清洗池		2000×600×600	200		1	
45	T214	冷却器	8m^2	ϕ300×2115	536		1	
44	T213	喷雾干燥器	LG-150	5500×4000×7000	6300	14	2	
43	T212	稀酒精贮罐	3.0m^3	ϕ1200×2440	475		3	
42	T211	真空浓缩锅	ZN-500	2100×1200×3400	1300		2	
41	T210	真空浓缩机组	B-10	3900×1420×4300	3000		1	
40	T209	醇沉液贮罐	3.0m^3(卧式)	ϕ1700×2400	3800		2	
39	T208	板框压滤机	BAS370-4m^2	1400×1050×460	150	2.2	2	
38	T207	浓缩液贮罐	1.5m^3	ϕ1000XH2550	1600		3	
37	T206	浓浆泵				5.0	6	
36	T205	三效浓缩器	NS-1500	7000×1700×3500	2850		3	
35	T204	除渣系统	包括二层除渣车		1500	8.8	1	
			一层液渣分离机			15	1	
34	T203	提取液贮罐	3.0m^3	ϕ1400×2764	3750		6	
33	T202	提取液循环泵	FLG40-20(防爆)	909×360×385		4.0	8	
32	T201	翅片过滤器	1.8m^2	ϕ350×845	300		8	
31	T119	洁具清洗池		1200×600×600	180		1	
30	T118	器具清洗池		2000×600×600	200		1	

序号	位号	设备名称	型号规格	外形尺寸/mm	单位重量kg	单机电容量kW	数量	备注
29	T117	双螺锥形混合机	SHJ-1000	ϕ1450×2820	1300	4.0	1	
28	T116	方形真空干燥箱	FZG-15	1513×1924×2060	2100		2	
27	T115	可倾式反应锅	NFIII	1450×1100×1380	361		1	
26	T114	三足式离心机	SS800	1500×1500×900	980	5.5	1	
25	T113	旋涡振荡筛	ZS-350	540×540×1060	100	0.55	1	
24	T112	超微粉碎机	CWF-2501	1085×1080×1500	450	5.5	1	
23	T111	药物高速粉碎机	YF-500	2150×1160×3300	400	22	1	
22	T110	热风循环灭菌烘箱	RXH-A(双开门)	2200×1460×1800		24	1	
21	T109	浓酒精输送泵	FLG40-20(防爆)	909×360×385		4.0	2	
20	T108	浓酒精贮罐	3.0m^3	ϕ1200×2440	475		3	
19	T107	蒸馏塔	JH-600	3600×1250×12000	6000		1	
18	T106	蒸馏釜						
17	T105	缓冲罐	1.0m^3	ϕ1000×1950	300		2	
16	T104	水力喷射器	W-1500	450			6	
15	T103	多级离心泵	100FL72-14×4	470×470×1616	764	18.5	6	
14	T102	水力喷射器	W-1000		380		3	
13	T101	多级离心泵	80FL36-12×5	450×450×1515	566	11	3	
12	Q112	器具清洗池		2000×600×600	200		1	
11	Q111	破碎机	CS 型	1080×530×1460	380	4.0	1	
10	Q110	旋涡振荡筛	ZS-350	540×540×1060	100	0.55	1	
9	Q109	电热炒药机	CY340-460	920×900×920	200	18.37	1	
8	Q108	热风循环烘箱	CT-C-II	2300×2200×2000	1700	1.1	1	
7	Q107	带式烘干机	DW-1.2-8A	10000×1500×3150	4800	11.4	1	
6	Q106	磨刀机	M250-2			2.2	1	
5	Q105	截切机	JQ200	1500×1000×1800	1800	3.0	1	
4	Q104	旋转式切药机	QY120-3	1500×700×1076	560	3.0	1	
3	Q103	往复式切药机	WQY240-2	1500×1000×1200	800	3.0	1	
2	Q102	洗药机	BG×500A	3300×850×1200	4000	4.2	2	
1	Q101	洗药池		3000×700×700	1500		1	

技　术　要　求

一、提取车间

1. 本工房为甲类防爆厂房，耐火等级为二级。
2. 本工房生产区需排热排湿，其墙、地面顶棚需防酸碱腐蚀并防霉。
3. 有视镜孔的设备多能提取罐(T301)、沉淀罐(T307)喷雾干燥器(T213)需配 24V 低压照明行灯。
4. 本工房提取、浓缩酒、精馏、醇沉岗位设乙醇浓度报警器，并设排风设施。
5. 各工段设备采用就地控制集中显示与自动控制相结合。
6. T103-1 的启停控制设在 T305b-1 附近，T103-2 的启停控制设在 T305b-2 附近，T103-3 的启停控制设在 T205-1 附近，T103-4 的启停控制设在 T205-2 附近，T103-5 的启停控制设在 T205-3 附近，T103-6 的启停控制设在 T210 附近，T101-1 的启停控制设在 T307 附近，T101-2 的启停控制设在 T116 附近，T101-3 的启停控制分别设在 T211 和 T212 附近。
7. 提升机选用货物电梯，载重量 2 吨。
8. "△"表示 10 万级控制区，控制区设吊顶，吊顶距地坪 2.80 米，净化空调间设臭氧发生器，室内地坪做水磨石自流坪，墙壁刷瓷漆，隔断及吊顶用彩钢板管线暗敷。
9. 本车间层高一层：6.0 米，二层：5.50 米，三层：4.00 米，四层：3.50 米。
10. 本工房醇沉、提取、浓缩、收酒、精馏区为防爆区，各专业按有关防爆规范设计。
11. 冷藏室围护墙、地坪、吊顶、门需保温处理。
12. 化验室工作台均为不锈钢工作台，其尺寸(宽×高)为 750×800。
13. 本车间层门厅、换鞋、更衣室、控制阀设舒适性空调，夏季送冷风。

二、前处理车间

1. 本工房共三层，一层为仓库层高 6.0 米，二层为仓库，层高为 5.50 米，三层为前处理生产线，层高 5.5 米。
2. 本工房处理生产区域吊顶，吊顶距地坪 2.80 米，生产区域的墙、地面需防酸碱腐蚀。
3. 本工房烘干，炒药等房间需排热、防霉，粗碎、炒药二段需除尘。
4. 各工段设备采用就地控制。
5. 因二层为仓库，三层的洗药、润药等房间要考虑楼层的防渗水设施。
6. 仓库要求通风良好，仓库开窗要装防鼠网。
7. 仓库口处设置电击式杀虫灯。

合肥工业大学				
审定		校对		综合提取车间
审核		设计		设备表技术要求
		制图		

图 5-13　设备表与技术要求

⑨ 本工房醇沉、提取、浓缩、收酒、精馏区为防爆区，各专业按有关防爆规范设计。

⑩ 冷藏室围护墙、地坪、吊顶、门需保温处理，冷藏温度 0℃<T<5℃。

⑪ 化验室工作台均为不锈钢工作台，其尺寸为：750mm(宽)×800mm(高)。

⑫ 本车间一层门厅、换鞋、更衣室、控制室等房间安装舒适性空调，夏季送冷风。

2. 前处理车间技术要求

① 本工房共三层，一层为仓库，层高 6.00m；二层为仓库，层高 5.50m；三层为前处理生产线，层高 5.50m。

② 本工房前处理生产区域设吊顶，吊顶距地坪 2.80m；生产区域的墙、地面需防酸碱腐蚀。

③ 本工房烘干、炒药等房间需排热、排湿、防霉；粗碎、炒药工段需除尘。

④ 各工段设备采用就地控制。

⑤ 因二层为仓库，因此三层的洗药、润药等房间要考虑楼层的防渗水设施。

⑥ 仓库要求通风良好，仓库开窗要装防鼠网。

⑦ 仓库入口处设置电击式杀虫灯。

七、附图

① 图 5-7 为工艺管路仪表流程图（一）。

② 图 5-8 为工艺管路仪表流程图（二）。

③ 图 5-9 为一层工艺平面布置图。

④ 图 5-10 为二层工艺平面布置图。

⑤ 图 5-11 为三层工艺平面布置图。

⑥ 图 5-12 为四层工艺平面布置图。

⑦ 图 5-13 为设备表与技术要求。

第五节　丸剂车间工艺设计

丸剂系指药物细粉或药物提取物加适宜的黏合剂或辅料制成的球形制剂。丸剂是中国劳动人民长期与疾病斗争中创造出的剂型之一。早期的丸剂是在汤剂的基础上发展起来的。后来历代中医在临床上都广泛应用，成为品种繁多、制备精巧、理论趋于完善的一个大剂型。

一、概述

丸剂按其赋形剂可分为如下几类。

蜜丸　系指将药物细粉用蜂蜜作黏合剂制成的丸剂。根据大小和制法不同，分为大蜜丸、小蜜丸和用泛丸法制备的水蜜丸三种。一般适用于慢性疾病或调理气血的滋补药剂。

水丸　系指药物细粉用凉开水或按处方规定的酒、醋、蜜水、药汁等为黏合剂制成的小球形丸剂。一般适用于清热、解表、消导等药剂。

糊丸　系指药物细粉用淀粉糊、米糊为黏合剂所制成的丸剂。适用于含有一定毒、剧药或刺激性的药剂。如西黄丸、小金丸等。

蜡丸　系指用蜂蜡为黏合剂制成的丸剂。适于含毒、剧药或刺激性较强的药剂。

浓缩丸　系指药物或部分药物的煎液或提取液浓缩成浸膏，与适宜的辅料或药物细粉制成的丸剂。体积小，便于服用。

其他丸剂　根据中医辨证施治的观点，视临床治疗的需要，有的选用其他材料（红糖、白糖、饴糖、枣泥、胶汁、动物的脏器、乳汁等）作为黏合剂制丸。

蜜丸是将药物细粉以炼制过的蜂蜜为黏合剂制成可塑性的固体药剂。蜜丸在中成药中是中医临床应用最广泛的一种。水蜜丸是解放后广大药剂工作者根据水泛丸的制作原理而创制的。此种方法比手工塑制法简单，生产效率高，且丸粒小、光滑圆整，易于吞服。该法采用富有营养成分的蜂蜜，加水炼制为黏合剂，且节省蜂蜜，降低成本，易于贮存。所以补益药剂制小蜜丸者，多用蜜水作黏合剂制成水蜜丸。目前应用较普遍，尤其南方气候较湿润的省份，生产水蜜丸者更多。本节将以水蜜丸为例进行阐述。

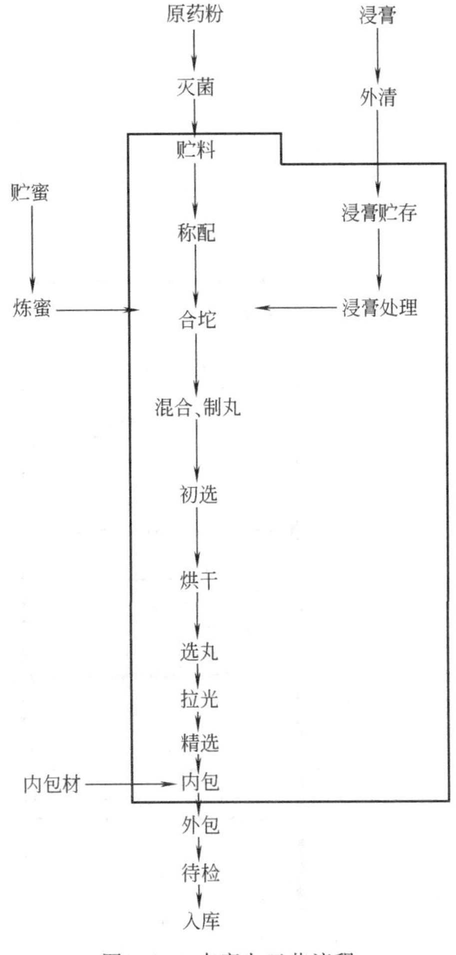

图 5-14　水蜜丸工艺流程

二、设计举例

以某丸剂车间班产量 10t 为例简要说明车间的主要设计过程。

1. 工艺过程

水蜜丸的工艺流程见图 5-14 所示。

2. 生产工艺说明

粉碎合格的原药粉经拆外包（外清后）通过微波灭菌烘干机存放于贮料间，经称量、配料后进入合坨间。在药物混合机中加入炼好的蜜和处理好的浸膏进行合坨，经混合制丸间的自动制丸机制丸，制好的丸子经粗选机选出合格品经螺旋面振动流化床烘干，再经螺旋面振动流化床冷却。冷却好的丸子经选丸机选合格品经包装机装袋包装、装盒、装箱，待检后经捆扎机捆扎入库。

三、主要设备选型计算

计算基准：kg/班

每班生产实际时间：7h

班产量：10t（规格 ϕ3.7mm）

其中，生药料，7500kg，炼蜜 3000kg，未计损耗。

（1）炼蜜

生蜜量：4000kg

则：4000/7=571.5<600h（处理量）

选 2 台 LM300 型炼蜜机组（单机生产能力为 300kg/h）可满足要求。

（2）灭菌

生药粉：7500kg

则：7500/7=1071.5h（处理量）；

即需 6 台（30kW）微波灭菌干燥机。

（3）合坨

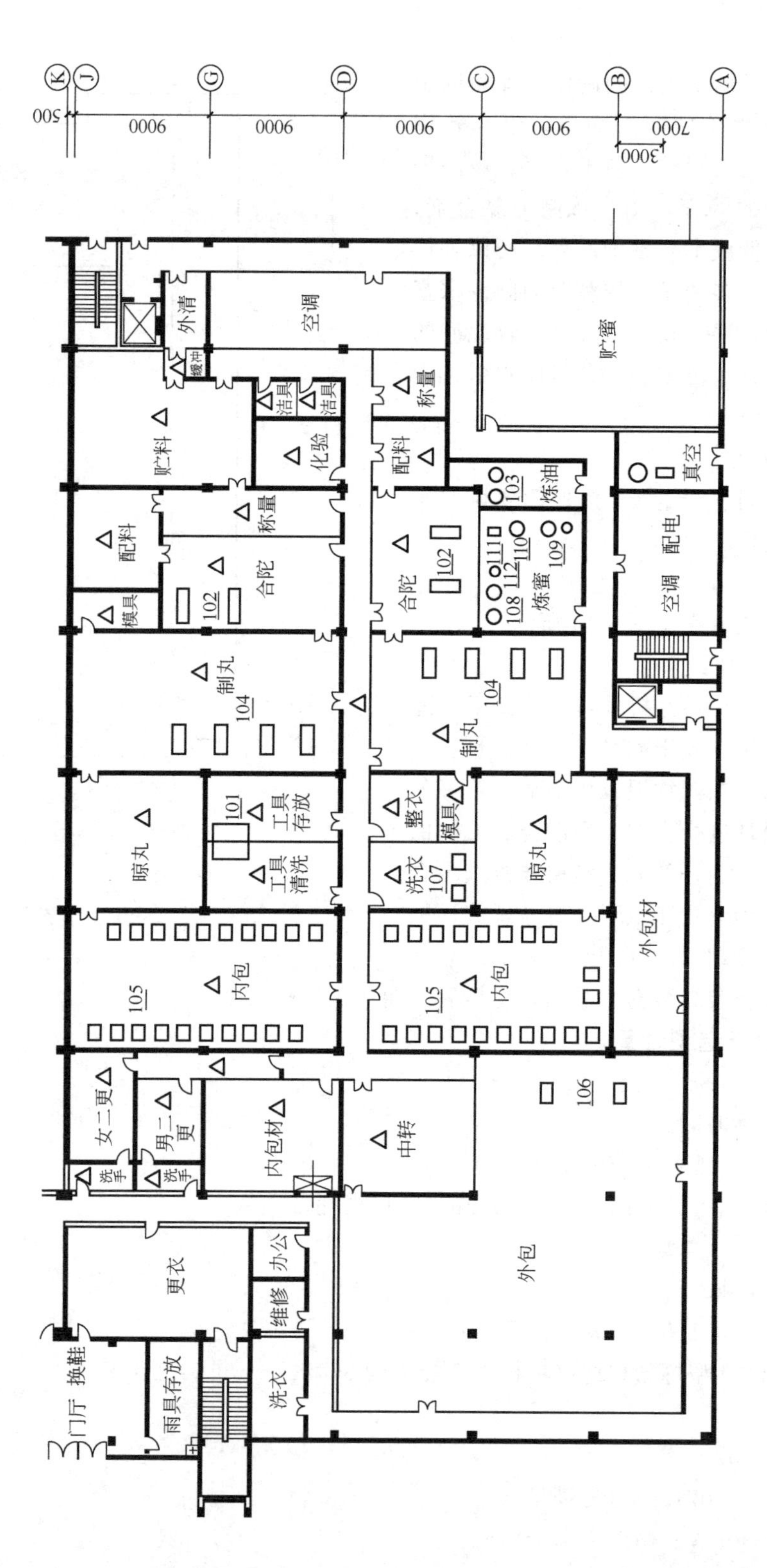

图 5-15 丸剂车间平面布置图

原料：7500＋3000＋1500＝12000kg

其中，1500kg为被蒸发的水分（约占15%），损耗未计。

12000/7＝1714.3h（合药量）

1714.3/240＝7.14台

选8台CH200型混合机能很好满足要求。

（4）制丸

设备所需数量为：$\frac{10500}{7\times30}=50$（按成品数计）

或：

$$\frac{10500}{7.5\times30}=46.7\text{台}$$

选48台YUJ-17型制丸机即可。

（5）粗选

设备台数：$\frac{12000}{7\times40}=4.29$台（按湿品计）

选6台ZS-0.8m^2分筛机即可。

（6）烘干

$\frac{10500}{7\times200}=7.5$台　或　$\frac{10500}{7\times220}=6.8$台（按干品计）

选8台LXM-1.4型干燥床即可。

（7）选丸

干物料量：10500kg

则设备台数：$\frac{10500}{400\times7}=3.75$台

选4台ZS-0.8m^2分筛机即可。

（8）包衣

$\frac{10500}{150\times7}=10$台

选12台GB-150型包衣机即可。

（9）精选

$\frac{10500}{7\times700}=2.14$台　或　$\frac{10500}{7.5\times700}=2$台

选2台ZS-0.8m^2分筛机即可。

（10）分装　6g/袋

总袋数为：$10500\times10^3/6=1750000$袋

则设备台数为：1750000÷7÷60÷550＝8台

选8台LA-500型颗粒包装机可满足生产需要。

四、车间平面布置图举例

图5-15为丸剂车间平面布置图。

第六节　工艺设计说明书

设计说明书是将图纸上未能反映出的具体问题加以书面阐述，它必须在其他设计内容均已完成的前提下才能归纳补充完成，它是指导施工和正常生产的重要依据，其内容深度大致应满足以下要求。

① 概述：叙述设计项目名称、设计能力、产品方案等相关内容。

② 如果采用了新技术，则说明其内容、效益及鉴定情况。

③ 主要设备的安装特点，包括设备的保温、支撑和重量等要素。

对工艺管路的施工安装、保温、防腐等技术要求的说明。

第六章　制药公用工程设计

第一节　制药洁净厂房中净化空调及通风的工程设计

一、净化空调在制药工程中的作用与目的

《药品生产与质量管理规范》(GMP) 中的一个核心内容就是洁净空调技术，它是实施GMP的一个必要条件，是控制洁净室内严格要求的尘埃粒子数及菌落个数的首要措施。因此净化空调技术在制药工程中的目的就是为了保证洁净室内的空气洁净度达到规定的级别，气流组织、温湿度、静压差、新风量等满足GMP的要求，从而创造药品生产所需的空气环境，它是药品质量的重要保证之一。为形成这一必须的空气环境，工程设计是首要因素。

二、净化空调设计中主要设计依据

净化空调工程设计首先要确定设计依据，其中包括设计规范、规定、技术措施，建设单位的要求，工艺、土建专业提供的条件图和技术说明，地理环境和室外气象资料、洁净区应控制的设计参数等。这些是进行设计的基础。

主要的设计规范、规定、技术措施如下：

《药品生产与质量管理规范》(1998年修订)；

《洁净厂房设计规范》(GB 50073—2001)；

《采暖通风与空气调节设计规范》(GB 50019—2003)；

《建筑设计防火规范》(GBJ 16—87)；

《采暖通风与空调工程设计技术措施》；

《实用供热通风与空调设计手册》。

三、净化空调及通风的工程设计任务及设计流程

净化空调及通风的主要设计任务及设计流程如下。

① 收集设计所需资料和条件，了解工艺生产剂型和过程，洁净区级别及范围，室内空气参数，排风除尘点，设备发热量等情况。

② 根据已知条件和工艺技术要求确定洁净区内各房间的换气次数、压差和气流流向；根据生产工艺要求确定洁净区内温湿度参数后，通过房间的冷热负荷计算出初步的送风量，再按换气次数计算，确定每个房间的送风、排风、回风及保持房间正压所需风量，在两个送风量中取大值，并进行风量平衡。

③ 对产生粉尘的设备、房间设置有效的捕尘装置，防止粉尘交叉污染。对于产生大量湿热的设备、房间进行排热排湿的热平衡计算。

④ 根据设计依据及计算结果，结合实际情况确定设计方案，并向相关专业提出净化空调和通风所需的技术条件和要求。

⑤ 根据确定的设计方案，及相关规范、技术措施进行设计文件的编制和绘图工作。

⑥ 整理计算书、设计条件、参数等资料形成存档文件。

现以合肥某片剂车间为例来说明净化空调的设计流程及内容。

（一）收集、分析资料及设计条件

收集、分析相关资料及设计条件是开始进行设计的第一步，也是很重要的一步，从中了解建设单位的一些具体要求和生产大环境的情况，工艺生产的内容和流程，以及对净化空调、通风的要求，把这些资料及设计条件进行分析、整理、计算，从而确定设计方案，并与其他专业沟通，为方案的不断细化和设备选型、管道布置等做好准备。

设计资料及技术条件主要有以下几点。

1. 地理位置及工程概况

片剂车间的工程概况：建筑面积为 1450m^2，生产类别为丙类，耐火等级为二级。年产片剂 10 亿片，建筑面积为 1450m^2，层高 5.2m，净化级别为 100000 级，洁净区全部采用彩钢板吊顶及彩钢板轻质隔断，隔断区吊顶距地坪 2.7m，地坪采用水磨石地坪。

2. 室外气象资料

室外气象资料是进行车间冷热负荷计算的必要条件，也是确定空调方案的重要因素。合肥地区室外气象资料见表 6-1 所示。

表 6-1　合肥地区室外气象资料

纬度	30°52′	冬季室外计算干球温度/℃	−7
海拔/m	29.8	冬季室外计算相对湿度/%	75
冬季大气压力/kPa	102.23	夏季室外计算干球温度/℃	35.0
夏季大气压力/kPa	100.09	夏季室外计算湿球温度/℃	28.2
冬季室外平均风速/(m/s)	2.5	夏季室外平均相对湿度/%	81
夏季室外平均风速/(m/s)	2.6	夏季平均日温差/℃	6.3

3. 洁净区应控制的设计参数

应控制的设计参数主要包括：空气洁净度级别，换气次数，工作区截面风速，静压差，温湿度，噪声，新风量。这些参数相互制约并直接或间接地影响着产品质量。这些参数可根据《洁净厂房设计规范》（GB 50073—2001）和 GMP（1998 年修订）中的规定来确定。

示例中的片剂车间洁净区级别为：300000 级。

换气次数：根据规范 300000 级洁净区的换气次数应≥12 次/h，设计中采用≥15 次/h。

工作区截面风速：主要是针对 100 级洁净区，对于 100000 级洁净区可以不做要求。

静压差：洁净级别不同的房间保持 5Pa 的压差，洁净室与室外保持 10Pa 的正压。

洁净区内温湿度：

夏季　$t=(22\pm2)$℃　$\phi=(55\pm5)\%$

冬季　$t=(20\pm2)$℃　$\phi=(50\pm5)\%$

洁净区内噪声：动态时≤75dB，空态时≤60dB。

新风量：进行风量计算后确定。

4. 生产工艺平面图及技术要求

从工艺平面图中可了解到洁净区的范围、设备布置、人员分布、人流和物流路线、排热排湿点和除尘点的位置、空调机房位置，从工艺技术要求中可了解到洁净级别、洁净区高度、有无特殊温湿度要求、有无防爆要求等。此外，还应了解通风点的运行时间、房间的产热情况、设备用电量和用蒸气的情况等，以便与生产密切配合，优化设计方案，在保证净化空调效果的同时节约能源，降低成本。

5. 土建平面、立面、剖面图

从土建条件图中了解建筑物整体情况及门窗位置、高度，柱距，梁高，房间有无局部抬高等，从而为进一步的设备布置、风管走向等设计做到心中有数。

除了以上这些主要的设计资料和技术条件外，还应根据每个工程的实际情况掌握相关的设计要求。要强调的是，对于不同剂型或用途的车间，对资料及设计条件分析的侧重点是不同的。对片剂、胶囊剂的生产车间，应注意排热排湿点和除尘点的位置、运行时间、同时使用情况，相对周围应保持正压或负压的房间，有无防爆要求的工序等；对于水针剂、滴眼剂、输液车间，应注意有无百级区域及其范围，了解大量产热产湿设备的资料，使用蒸气的设备及运行情况，生产连动线设备是否有吸排风等；对于粉针车间，应注意其分装工序是否密闭，药粉是否有毒，哪些房间要求全排风，空调系统的排风是否要经过净化、中和等处理；对于提取车间，应注意有无防爆要求的工序、需设置浓度报警的设备或位置，以及有大量湿热产生的房间和设备运行情况；对于库房，应注意冷库、阴凉库的温湿度要求，库存物品的种类等。

（二）风量计算

净化空调的设计计算主要包括冷热负荷和风量平衡计算两大部分，前者是确保室内温湿度满足要求，而后者则与换气次数、工作区截面风速、静压差和新风量密切联系，从中也可以看到风量平衡计算直接影响洁净区内的洁净度。风量是设计的关键，合理的风量＋高效过滤器＋合理的气流组织就能得到好的洁净度；只有足够的风量，加以空调设备冷热量足够的处理能力，才能达到要求的温湿度。

送风量是取由换气次数计算得出的风量 G_1、冷热负荷计算得出的风量 G_2、湿负荷计算得出的风量 G_3、排除洁净室有害气体所需的排风量 G_4 四个风量中的最大值，一般情况下 G_1 最大，按 G_1 选用的风量足够消除余热余湿。对于单向流洁净室，G_1 是由工作区截面风速计算得出的。对于排风量大于送风量的房间，其送风量应为排风量＋保持室内正压所需风量之和。而房间的新风量是取按人员卫生计算得出的新风量 $G_{新1}$、按补偿排风和系统漏风及保证室内正压要求得出的新风量 $G_{新2}$ 两个风量中的最大值。一般情况下 $G_{新2}>G_{新1}$。送风量、排风量、回风量、保持室内正压所需风量、新风量之间达到平衡时的关系可以用下面的等式表示：

$$G_{送}=G_{回}+G_{新}$$

$$G_{新}=G_{排}+G_{正}+G_{漏}$$

（三）净化空调系统方案的确定

1. 系统的划分

根据 GMP 的要求，药厂净化空调系统的基本设计原则是：严格区分独立与联合、直流与循环、正压与负压，防止污染，有利整洁。针对这些净化空调在系统划分上可以采取的措施为：按不同的品种和剂型划分；按不同的洁净度级别划分；按楼层和平面分区划分；按运行班次划分。

同时应考虑一个净化空调系统不宜过大，从实际设计经验中得出，当系统送风量超过 $60000m^3/h$ 时，宜划分成两个小系统，以利于系统调节、降低技术夹层高度、减少噪声、增强设备的稳定性，并方便施工安装。

片剂车间是单一剂型，所生产品种若非青霉素或放射性药品，则整个车间可以采用一套独立的循环式净化空调系统。对于个别产尘量大的房间，其空调不利用回风，经过除尘处理后的风全部排放。

2. 气流组织的形式

气流组织是指如何组织空气以某种流型在室内运行循环和进出的形式，是保证空气洁净度的重要手段。气流组织的主要形式为乱流和单向流，洁净级别≤10000 级的洁净区均可采用乱流的气流组织形式，室内空气有回流、涡旋，洁净空气是靠混合、扩散、稀释把室内的污染浓度减低到允许范围内的。气流组织还应包括洁净区内房间与房间之间的空气流向，即房间的正负压值。空气流向一般应从高级别的房间流向低级别的房间，但对于产尘的房间为防止交叉污染，应保持负压，其他产生有害气体的房间也应保持负压。主要房间应设置压差显示计。

对于示例中的片剂车间，洁净送风总管从机房引出后进入技术夹层，再通过支管连接各房间的亚高效过滤器送风口，洁净空气由送风口进入净化区，然后经设置在侧墙下的回风口及其支管进入吊顶内的回风总管，最后回至空调机组。整个净化空调气流组织为上送下回式。产尘产热产湿的房间、缓冲间及二更室内正压为 5～10Pa，其余房间室内正压为 15Pa，保证气流由洁净度要求高的地方向低的地方流动。

3. 净化空调系统空气处理流程

设计中采用的净化空调系统对洁净区的送风进行初效、中效、高效三级过滤及冷、热、减湿、加湿处理，其流程见图 6-1 所示。

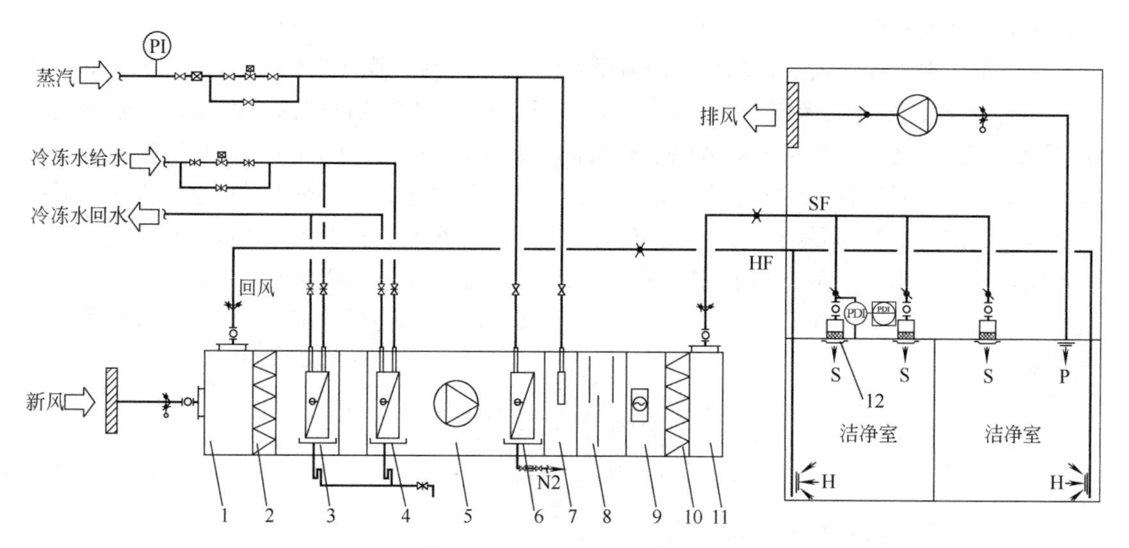

图 6-1　空气净化系统流程图

1—新回风混合段；2—初效过滤段；3—一次表冷段；4—二次表冷段；5—风机段；6—加热段；7—加湿段；8—消音段；9—中间消毒段；10—中效过滤段；11—送风段；12—高效过滤段

示例中的片剂车间，就是采用这一流程。

四、主要设备、配件及风管

1. 组合式空调机组

组合式空调机组是由不同的功能段——空气处理段组合而成的，可根据对空气不同的处理方式和系统流程进行选择组合。以上面的系统流程为例，该系统的组合式空调机组主要包括：

新风初效过滤段——对取自室外的新风进行初效过滤处理；

一次表冷段——在夏季用冷冻水对新风进行降温减湿处理，排除新风中的多余水分，降低温度；

新回风混合中效过滤段——新风与从洁净区来的回风混合后，进行中效过滤处理；

二次表冷——在夏季用冷冻水对混合后的风再次进行降温减湿处理，使送风达到设计要求的温湿度；

送风机段——对送风进行加压，使送风具有足够的压头输送到系统的每一个末端；

加热段——在冬季用蒸汽对送风进行加热升温处理；

加湿段——在冬季用蒸汽对送风进行加湿处理，使送风达到设计要求的温湿度；

消音段——降低送风噪声，从而减少洁净区内的噪声；

中效过滤送风段——在空气送出机组前，再进行一次中效过滤处理。

一般把臭氧发生器设置在这一段中，通过洁净风使臭氧到达洁净区每一个角落，进行灭菌消毒。

空气经过这一系列的处理后，通过净化风管及末端的高效过滤器送风口进入到洁净区。

2. 风机

风机是净化空调系统中最主要的动力设备，空调机组中常采用风量大、风压也大的离心风机；而排风系统中，常采用风压大、风量相对小的斜流风机。

3. 送风口

净化区常用的送风口是带扩散孔板的高效过滤器送风口或亚高效过滤器送风口。送风口根据计算出的送风量、送风口额定流量、房间形状、房间高度等确定风口数量和大小，并均匀布置，与回风口之间形成合理的气流组织，避免空气死角的出现。

4. 回风口

净化区常用的回风口是双层百叶带过滤层调节阀回风口，它可以调节风量、风向，可以微调室内静压，对回风进行一定的过滤，阻断室内污染气体进入回风管。回风口规格及数量根据回风量、风速、房间大小、设备布置的情况等因素确定。回风口布置时应均匀，布置在生产岗位的下风向，并避免布置在产生污染物的设备附近。

5. 新风口

新风口也称室外采风装置，是系统的开始端。新风口设置地点的好坏，直接影响到系统空气处理设备负荷大小及各级过滤器的寿命。新风口应设置在室外空气比较干净的地方，一般离地 3～15m，排风口应高出新风口 2m 以上。新风口在构造、材质上应考虑到防风雨的影响。为了防止净化空调系统停止运行时，室外空气对系统内的污染，应在新风口后安装新风密闭阀，并与送风机连锁。新风口的大小可根据新风量及风速确定。

6. 风管

风管是空气输送管路，因净化空调的特殊性，对风管的密闭性和不易产尘有很高的要求，系统风管一般采用优质镀锌钢板制作，对于排风管，其制作材料是根据所输送气体的腐蚀性而定的，可以采用不锈钢或阻燃型玻璃钢制作。

五、与其他专业的配合

（一）与土建专业的配合

① 首先根据工艺条件估算出技术夹层内净化空调及通风所需的空间高度，因为相对于其他专业，净化空调所需空间较大，从而也是决定建筑物层高的重要因素。并提出相关的冷冻、空调机房的位置和面积尺寸。

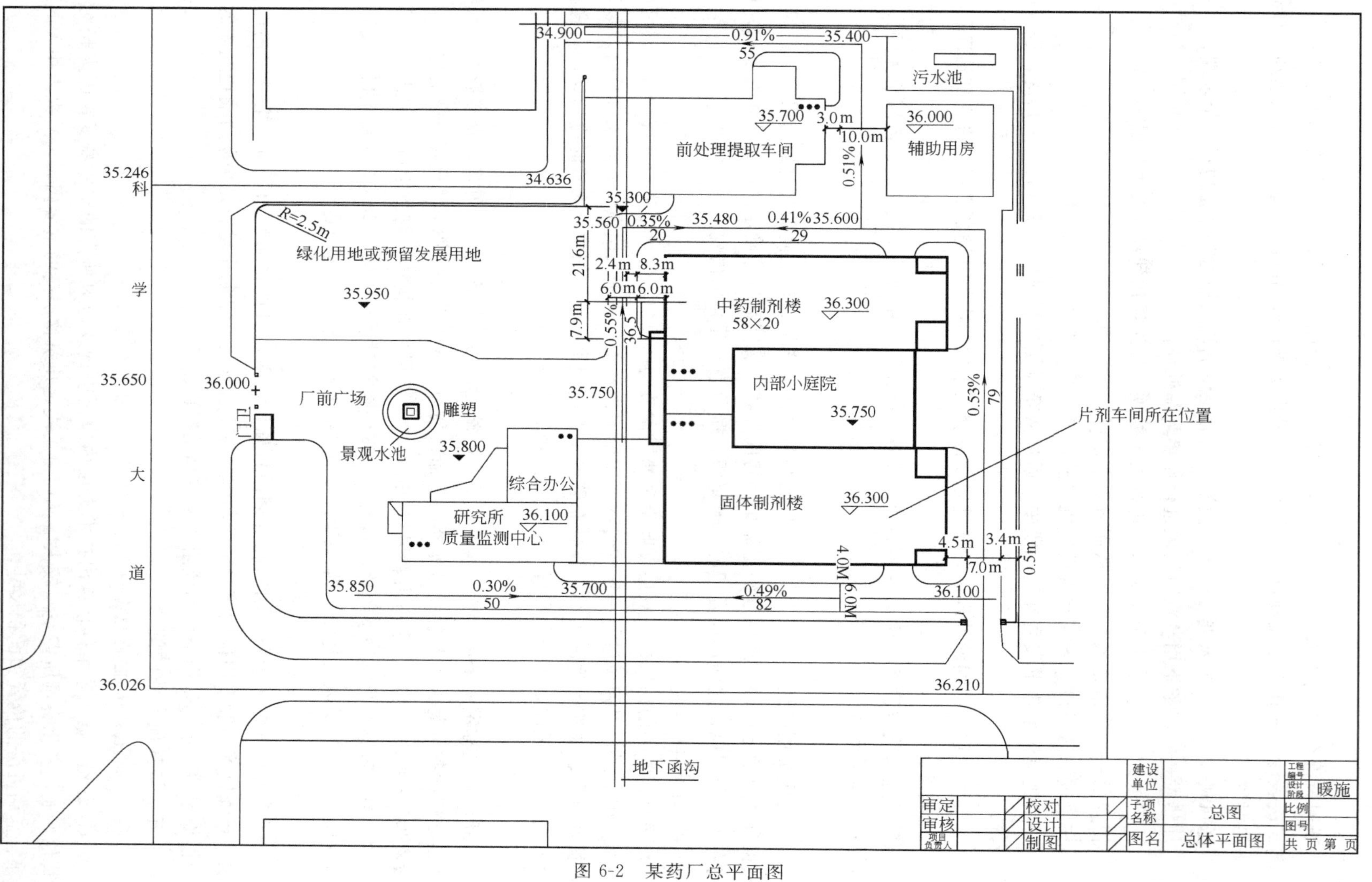

34.900
0.91%
55
35.400
污水池
35.700
3.0m
10.0m
36.000
前处理提取车间
辅助用房
0.51%
35.246
科
34.636
35.300
R=2.5m
35.560
0.35%
20
35.480
0.41%35.600
29
绿化用地或预留发展用地
21.6m
2.4m
8.3m
学
35.950
6.0m
6.0m
中药制剂楼
58×20
36.300
7.9m
0.55%
36.5
35.650
36.000
厂前广场
雕塑
35.750
内部小庭院
35.750
0.53%
79
片剂车间所在位置
门卫
景观水池
35.800
大
综合办公
固体制剂楼
36.300
研究所
质量监测中心
36.100
4.5m
3.4m
0.5m
4.0M
7.0m
道
35.850
0.30%
50
35.700
0.49%
82
6.0M
36.100
36.026
36.210
地下函沟
建设单位
工程编号
设计阶段
暖施
审定
审核
项目负责人
校对
设计
制图
子项名称
总图
比例
图号
图名
总体平面图
共 页 第 页

图 6-2 某药厂总平面图

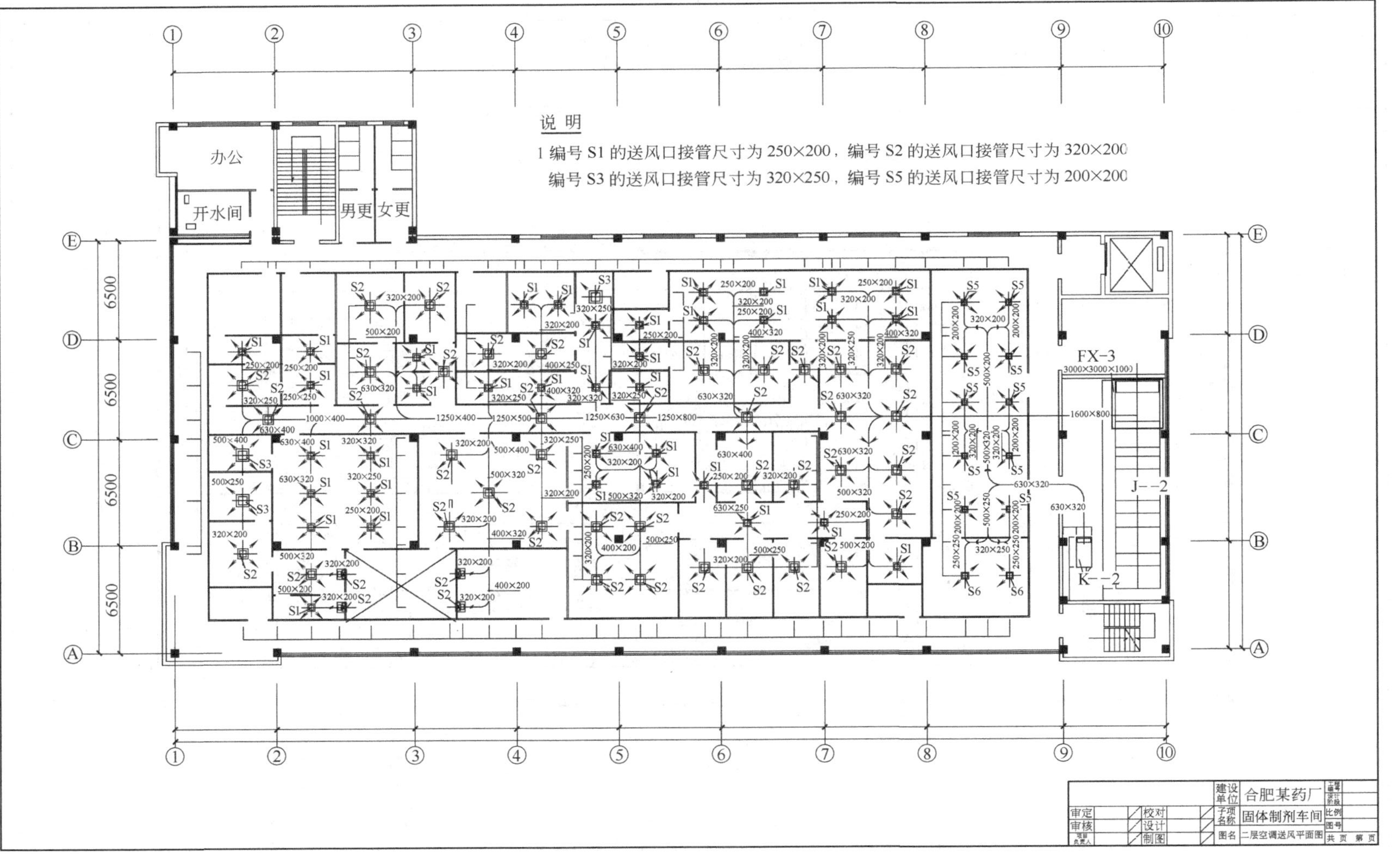

图 6-3　片剂车间二层空调送风平面图

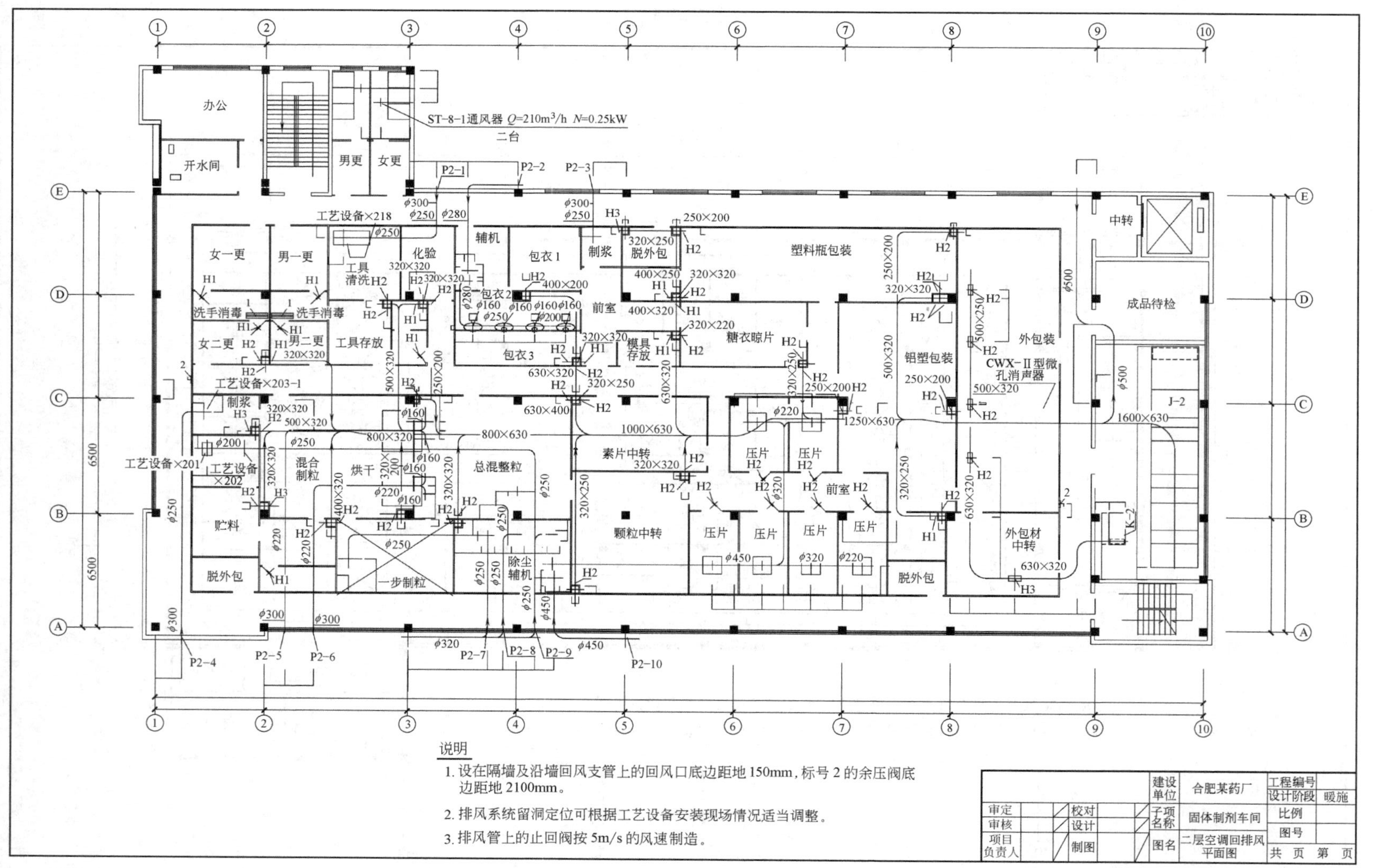

图 6-4 片剂车间二层空调回排风平面图

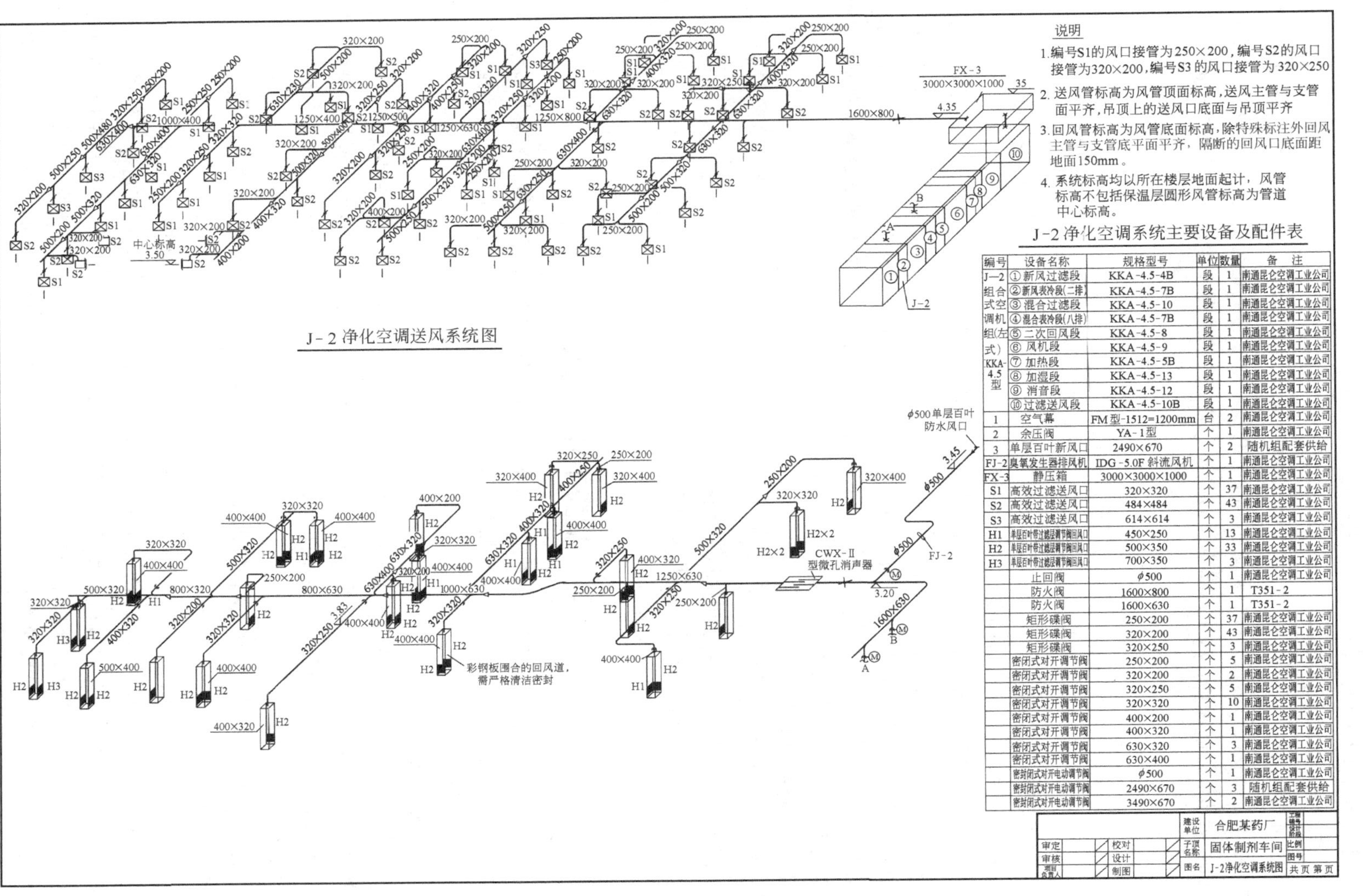

说明

1. 编号S1的风口接管为250×200，编号S2的风口接管为320×200，编号S3的风口接管为320×250
2. 送风管标高为风管顶面标高，送风主管与支管面平齐，吊顶上的送风口底面与吊顶平齐
3. 回风管标高为风管底面标高，除特殊标注外回风主管与支管底平面平齐，隔断的回风口底面距地面150mm。
4. 系统标高均以所在楼层地面起计，风管标高不包括保温层圆形风管标高为管道中心标高。

J-2 净化空调系统主要设备及配件表

编号	设备名称	规格型号	单位	数量	备　注
J—2组合式空调机组(左式)KKA-4.5型	① 新风过滤段	KKA-4.5-4B	段	1	南通昆仑空调工业公司
	② 新风表冷段(二排)	KKA-4.5-7B	段	1	南通昆仑空调工业公司
	③ 混合过滤段	KKA-4.5-10	段	1	南通昆仑空调工业公司
	④ 混合表冷段(八排)	KKA-4.5-7B	段	1	南通昆仑空调工业公司
	⑤ 二次回风段	KKA-4.5-8	段	1	南通昆仑空调工业公司
	⑥ 风机段	KKA-4.5-9	段	1	南通昆仑空调工业公司
	⑦ 加热段	KKA-4.5-5B	段	1	南通昆仑空调工业公司
	⑧ 加湿段	KKA-4.5-13	段	1	南通昆仑空调工业公司
	⑨ 消音段	KKA-4.5-12	段	1	南通昆仑空调工业公司
	⑩ 过滤送风段	KKA-4.5-10B	段	1	南通昆仑空调工业公司
1	空气幕	FM型-1512=1200mm	台	2	南通昆仑空调工业公司
2	余压阀	YA-1型	个	1	南通昆仑空调工业公司
3	单层百叶新风口	2490×670	个	2	随机组配套供给
FJ-2	臭氧发生器排风机	IDG-5.0F 斜流风机	个	1	南通昆仑空调工业公司
FX-3	静压箱	3000×3000×1000	个	1	南通昆仑空调工业公司
S1	高效过滤送风口	320×320	个	37	南通昆仑空调工业公司
S2	高效过滤送风口	484×484	个	43	南通昆仑空调工业公司
S3	高效过滤送风口	614×614	个	3	南通昆仑空调工业公司
H1	单层百叶带过滤层调节阀回风口	450×250	个	13	南通昆仑空调工业公司
H2	单层百叶带过滤层调节阀回风口	500×350	个	33	南通昆仑空调工业公司
H3	单层百叶带过滤层调节阀回风口	700×350	个	3	南通昆仑空调工业公司
	止回阀	ϕ500	个	1	南通昆仑空调工业公司
	防火阀	1600×800	个	1	T351-2
	防火阀	1600×630	个	1	T351-2
	矩形碟阀	250×200	个	37	南通昆仑空调工业公司
	矩形碟阀	320×200	个	43	南通昆仑空调工业公司
	矩形碟阀	320×250	个	3	南通昆仑空调工业公司
	密闭式对开调节阀	250×200	个	5	南通昆仑空调工业公司
	密闭式对开调节阀	320×200	个	2	南通昆仑空调工业公司
	密闭式对开调节阀	320×250	个	5	南通昆仑空调工业公司
	密闭式对开调节阀	320×320	个	10	南通昆仑空调工业公司
	密闭式对开调节阀	400×200	个	1	南通昆仑空调工业公司
	密闭式对开调节阀	400×320	个	1	南通昆仑空调工业公司
	密闭式对开调节阀	630×320	个	3	南通昆仑空调工业公司
	密闭式对开调节阀	630×400	个	1	南通昆仑空调工业公司
	密封闭式对开电动调节阀	ϕ500	个	1	南通昆仑空调工业公司
	密封闭式对开电动调节阀	2490×670	个	3	随机组配套供给
	密封闭式对开电动调节阀	3490×670	个	2	南通昆仑空调工业公司

审定		校对		建设单位	合肥某药厂	工程编号 / 设计阶段
审核		设计		子项名称	固体制剂车间	比例 / 图号
项目负责人		制图		图名	J-2净化空调系统图	共 页 第 页

图 6-5　J-2 净化空调系统图

② 在完成空调送回风平面图及通风平面图后，要给土建专业提供各种风口的预留洞情况，穿楼板、出墙面风管的洞口尺寸及标高。

（二）与工艺专业的配合

了解车间的生产性质、流程，对净化空调及通风的要求，在确定初步的空调通风方案后，与工艺专业进行沟通，在合理的情况下，可以对工艺方案进行更有利于净化空调方面的调整，例如机房的位置、尺寸，除尘间的设置，对于产热产湿产尘设备的布置，房间门的适当移动等。

（三）与电气专业的配合

洁净区内的吊顶上高效过滤器送风口、排风口（罩）与洁净灯具相互交错，因此在布置好吊顶风口、确定出净化空调及通风设备的用电量及设备阀门间的连锁、控制要求后，要把这些条件反馈给电气专业，以便电气专业进行相关资料的收集，着手进行方案设计。

（四）与给排水专业的配合

在完成空调送回风平面图及通风平面图和管道轴测图后，应与给排水专业联系，查看回风竖井与房间地漏、给水立管、消火栓（箱）是否设置在一个位置上，否则就需与给排水专业一起协调，根据情况进行调整。在技术夹层内的各类风管、冷冻水管等管道应与给排水专业的给水管、排水管、消防管合理划分高度，以免交叉碰撞。另外要提供给排水专业制冷机所需的循环水量、补给水量。

六、附表和附图

图 6-2 为某药厂总平面图。

图 6-3 为片剂车间二层空调送风平面图。

图 6-4 为片剂车间二层空调回排风平面图。

图 6-5 为 J-2 净化空调系统图。

第二节　制药工业厂房电气设计

近几年，随着我国 GMP 的深入实施以及加入 WTO 后制药企业面临的机遇与竞争，国内制药企业已经越来越清楚地认识到拥有一个符合 GMP 要求，并能与国际接轨的现代化制药企业的重要性。

一、配电系统

制药工业厂房的用电负荷等级和供电要求应根据现行国家标准《供配电系统设计规范》（GB 50052）和生产工艺要求确定。主要生产工艺设备由专用变压器或专用低压馈电线路供电，有特殊要求的工作电源宜设置不间断电源（UPS）。净化空调系统用电负荷、照明负荷应由变电所专线供电。

制药工业厂房的消防用电设备的供配电设计应按现行国家标准《建筑设计防火规范》（GBJ 16）规定执行。

制药工业厂房的低压配电电压应采用 220V/380V，系统接地的形式宜采用 TN-S 或 TN-C-S 系统。电源进线（不包括消防用电）应设置切断装置，并宜设在洁净区外便于管理的地点。由于制药工业厂房对洁净度的要求很高，要求不能沾染尘埃，故洁净室内的配电设备应选择不宜积尘、便于擦拭的小型暗装设备，不宜设置大型落地安装的配电设备。洁净室内的电气管线宜暗敷，穿线导管应采用不燃材料，洁净区的电气管线管口及安装于墙上的各种电气设备与墙体接缝处应有可靠的密封措施。

二、照明系统

实践经验表明工厂和车间里良好的照明对于提高产量和质量十分有效。良好的照明增加了工人的舒适度和安全度，减少错误率，并能刺激员工发挥出良好的状态。总之，出色的照明对于企业的竞争位置起到了间接但是十分重要的作用。

1. 照明的重要性

首先，由于制药工业厂房对洁净度的要求很高，要求不能沾染尘埃，故采用无窗的密闭性结构。为了使作业者不产生心理上的闭塞感而能愉快地工作，需要有良好的环境。因此，照明的作用是重要的。其次，洁净室的工作内容大多有精细的要求，所以对照明一向有很高的要求。

在照明设计时，特别要注意以下几点：

① 确保可视作业的必要照度；

② 造成一个在心理上有明亮印象的空间；

③ 形成舒适的亮度分布；

④ 减少眩光；

⑤ 进行环境设计（色彩、内部装修、引进观赏植物等）。

2. 照明方式

这里有必要先说明一下无窗洁净室的照明方式。

（1）一般照明　它指不考虑特殊的局部需要，为照亮整个被照面积而设置的照明。

（2）局部照明　这是指为增加某一指定地点（如工作点）的照度而设置的照明。但在室内照明中一般不单独使用局部照明。

（3）混合照明　这是指工作面上的照度由一般照明和局部照明合成照明，其中，一般照明的照度应占总照度的10％～15％。

3. 照度

根据调查，对工作认为比较合适的最低照度做了统计，其结果略高于150lx。因此，将一般照明的下限值定为150lx是合适的，虽然在300lx时有更高的工作效率。

根据大量的验收测定发现，最低照度值达到200lx以上就比较困难，实际上150lx已相当亮了，因为平均照度要高于它很多。工作区内用平均照度意义不大，因为有若干点在150lx以下，就不适合工作了。从药厂操作的精细程度看，比不上机械、电子等行业，因此把最低照度也降到150lx是合适的，表6-2是日本工业标准照度级别，中精密操作才定在150～300lx，药厂操作当然不会超过中精密操作。

表6-2　日本工业标准照度级别

操作精度	照度范围/lx	标准范围/lx	照明电力/(W/m²)
超精密操作	700～1500	1000	50
精密操作	300～700	500	25
中精密操作	150～300	200	10
粗操作	70～150	100	5

WHO的GMP提出“生产照明应该明亮，特别是那些生产线上目检的地方”。这就表明，应该区别对待。调查表明，有局部照明的实际工作面的照度值，接近或超过1000lx的占50％以上，而采用8W荧光灯做局部照明时，一般照度可以达到1000lx。

因此，对于特别要求高照度的操作点可以采用局部照明，而不宜普遍提高整个车间的最低照度标准。因为从≥300lx降低到≥150lx，可以节省一半电能，这不是一个小问题。

除可利用局部照明外，必要时也可利用自然光，当平面上有外廊时就可以做到这一点。另外，还应区分场合，非生产房间的照明应低于生产房间，但考虑到明暗适应问题，照度不宜相差太大，非生产房间一般不宜低于100lx。

① 根据《洁净厂房设计规范》，无采光窗洁净区工作面上的照度值，不应低于表6-3规定的数值。

表6-3 无采光窗洁净区工作面上的最低照度值

识别对象的最小尺寸 d 及场所/mm	视觉工作分类		亮度对比	照度/lx	
	等级			混合照明	一般照明
$d \leqslant 0.15$	Ⅰ	甲	小	2500	500
		乙	大	1500	300
$0.15 \leqslant d \leqslant 0.3$	Ⅱ	甲	小	1000	300
		乙	大	750	200
$0.3 \leqslant d \leqslant 0.6$	Ⅲ	甲	小	750	200
		乙	大	750	200
$d > 0.6$	Ⅳ	—	—	750	200
通道、休息室	—	—	—	—	100
暗房工作室	—	—	—	—	30

② 无采光窗洁净区混合照明中的一般照明，其照度值应按各视觉等级相应混合照度值的10%～15%确定，并且不低于200lx。

③ 洁净室内一般照明的照度均匀度不应小于0.7。

④ 中国GMP关于照度的规定见表6-4。

表6-4 中国GMP对照度的规定

GMP(1992年版)	GMP(1998年版)	兽药GMP(修订稿)
第十三条　厂房内的照度一般不应低于300lx，对照度另有要求的生产部位可增加局部照明	第十四条　……主要工作室的照度宜为300lx；对照度有特殊要求的生产部位可设置局部照明……	第十六条　洁净室(区)应根据生产要求提供足够的照明，主要工作室的最低照度不得低于150lx；对照度有特殊要求的生产部位可设置局部照明……厂房内其他区域的最低照度不得低于100lx

4. 照明设备的选型、安装

根据《洁净厂房设计规范》规定：

① 洁净室内照明光源，宜采用高效荧光灯，若工艺有特殊要求或照度值达不到设计要求时，也可采用其他形式光源；

② 洁净室内一般照明灯具为吸顶明装；如灯具嵌入顶棚暗装时，其安装缝隙应该有可靠的密封措施。

5. 备用照明

① 洁净厂房内设置备用照明。

② 备用照明宜作为正常照明的一部分。

③ 备用照明应满足所需场所或部位进行必要活动和操作的最低照度。

6. 应急照明

洁净厂房内应设置供人员疏散用的应急照明。在安全出口、疏散口和疏散通道转角处应按现行国家标准设置疏散标志。在专用消防口处应设置红色应急照明灯。

三、火灾自动报警系统

由于制药工业厂房洁净区采用无窗的密闭性结构，内设净化空调系统，故应该设置火灾自动报警系统，以防止和减少火灾危害，保护人身和财产安全。火灾自动报警系统的设计参照现行国家标准《建筑设计防火规范》(GBJ 16) 及《火灾自动报警系统设计规范》。

制药工业厂房应设置消防值班室或控制室，其位置应设置在非洁净区内。消防控制室应设置消防专用电话。

制药工业厂房的生产区 (包括技术夹层)、机房、站房等均应设置火灾探测器，生产区及走廊应设置手动火灾报警按钮。制药工业厂房中易燃、易爆气体的贮存、使用场所，管道入口室及管道阀门等易泄露的地方，应设可燃气体探测器，有毒气体的贮存、使用场所应设气体探测器。报警信号应联动启动或手动启动相应的事故排风机，并应将报警信号送至消防控制室。

制药工业厂房的消防控制设备及线路连接应可靠。控制设备的控制及显示功能，应符合现行国家标准《建筑设计防火规范》(GBJ 16) 及《火灾自动报警系统设计规范》的规定。洁净区内火灾报警应进行核实，并应进行如下消防联动控制：启动室内消防水泵，接受其反馈信号；关闭有关部位的电动防火阀，停止相应的空调循环风机、排风机及新风机，并接受其反馈信号；关闭有关部位的电动防火门、防火卷帘门；控制备用应急照明灯和疏散标志灯燃亮；在消防控制室或低压配电室应手动切断有关部位的非消防电源；启动火灾应急扩音机，进行人工或自动播音；控制电梯降至首层，并接受其反馈信号。

四、其他

制药工业厂房应根据工艺生产要求设静电防护措施。洁净室的净化空调系统，应采取防静电接地措施。洁净室内可能产生静电危害的设备、流动液体、气体或粉体管道应采取防静电接地措施，其中有爆炸和火灾危险场所的设备、管道应符合现行国家标准《爆炸和火灾危险环境电力装置设计规范》(GB 50058) 的有关规定。

制药工业厂房的防雷接地系统设计应符合现行国家标准《建筑物防雷设计规范》(GB 50057) 的规定。

制药工业厂房内应设置与厂内外联系的通信装置，制药工业厂房生产区与其他工段的联系，宜设生产对讲电话。

制药工业厂房根据生产管理和生产工艺特殊需要，宜设置闭路电视监视系统。制药工业厂房洁净区内应设置净化空调系统等的自动监控装置，净化空调系统风机宜选用变频调速控制。

五、设计举例

以湖南某制药有限公司的电气设计为例加以阐述。

(一) 供电设计

1. 供电电源

由 10kV 高压线路 (架空) 供给。

全厂用电负荷为电阻，电感性负荷，平均自然功率因素为 0.80。综合制剂车间、提取车间、动力站房、锅炉房为两班制生产，其他部门为一班制生产。

根据该公司用电负荷对供电可靠性的要求，按《工业与民用供电系统设计规范》和《建筑设计防火规范》确定负荷等级为三级。

2. 供电系统

经与企业及当地供电部门协商，10kV 电源架空引至厂区围墙边终端杆，杆上装设户外真空断路器、避雷器。后改用电缆埋地引至厂变电所，经隔离柜引入变压器，再经变压器降压为 0.23kV/0.4kV 电压后，由低压开关柜分若干回路采用电缆直埋地方式引至各用电场所。为保证供电安全可靠，变电所设工作接地系统，所有开关设备、金属构件均要求可靠接地。

3. 变电所

变电所设在厂区东北部，设有低压配电室、高压配电室、值班室。

变压器依据负荷性质、大小及负荷情况而选择。采用需用系数法逐级计算，最后确定全厂用电计算负荷及变压器容量。全厂总设备安装容量 1394.4kW；总设备计算容量为 961kW，视在容量为 941kV·A，需用系数为 0.68。经电容补偿后，全厂平均功率因素为 0.92，补偿后全厂视在容量为 984.7kV·A。选择变压器安装容量为 1250kV·A，变压器负荷率为 81%，选择一台 SCB9-1250/10/0.4 干式变压器。

4. 保护与用电计量

变压器由杆上真空断路器保护，低压侧出线以断路器做短路和过负荷保护。全厂用电采用高压计量，计量装置由供电部门提供并安装。此外在各主要用电场所另设低压计量，以便管理考核。

5. 功率因素补偿

全厂用电平均自然功率因素为 0.80，根据全国供用电规则，高压用电单位平均功率因素应达 0.9 以上。设计采用在变电所低压侧和综合制剂车间、提取车间、综合办公楼集中补偿的办法，共计电容补偿 608kVar，补偿后全厂功率因素 $\cos\phi=0.92$。

6. 全厂供电线路及户外照明

厂区供电线路由变电所 220V/380V 低压侧引出，采用放射（树干）方式，电缆埋地引至各用电场所。厂区主要道路设有路灯照明。

7. 防雷与接地

为了保证变电所及各个用电场所电器设备安全运行，在变电所高压 10kV 进线终端杆上装设阀型避雷器，变电所工作接地与防雷接地连为一体。各主要建筑均利用建筑物基础钢筋作接地网，从而降低接触电压。220V/380V 低压线路进入建筑物时，中性线均做重复接地，建筑物内配电系统接地采用 TN-C-S 系统。变电所工作接地电阻要求小于 4Ω。其他用电场所进户线重复接地电阻要求小于 10Ω。对于具有防爆要求的场所，将按照其防爆等级采取相应的接地措施。

（二）电力设计

① 厂区内动力线路均由厂区变电所引出（220V/380V，三相四线制）。各主要车间设置配电室。电源引入后，经配电柜、箱引至各用电设备，一般采用放射-树干混合方式供电。

② 提取车间内提取部分为火灾（爆炸）危险场所二级防爆危险场所。这些危险场所根据要求选用相应等级的电器产品。配电线路视具体用电设备及现场安装情况分别采用橡套电缆，VV 电缆及 BV 线沿电缆桥架或穿镀锌钢管明敷设。危险区域内配电和控制设备采用相

应防火或防爆等级产品。

③ 其他工房（建筑）一般采用 VV 电缆沿电缆桥架敷设或采用 VV 电缆及 BV 线穿钢管暗敷设。净化场所内穿线管口要做密封处理，相应的配电箱选用超薄型产品（或特制）嵌墙暗装，必要时对配电箱柜做净化包装以适应净化区内生产操作需要和建筑特点。

（三）照明设计

① 厂区各车间电源引入后照明回路与动力回路分开，形成独立支路并独立计量。建筑物照明均采用成套照明配电箱控制，一般采用放射-树干混合方式供电。线路采用 BV 铜芯线穿钢管（SC，TC）暗敷为主。

② 净化控制区按照 GMP 要求照度不低于 300lx。其他生产区及办公区照度取为 150～200lx。辅助工房、设备机房及大面积库房一般照度不低于 75lx。

③ 灯具选择

a. 净化控制区内以选择净化型不锈钢荧光灯具为主。

b. 爆炸危险场所选用防爆性能不低于 dⅡBT2 等级的隔爆型灯具。

c. 一般生产区、库房及办公区以普通节能型荧光灯为主。

d. 设备机房等处以采用工厂灯为主。

e. 车间配置应急照明灯及疏散指示灯。

f. 厂区道路照明采用庭园灯以和整个厂区环境匹配。

（四）建筑物防雷设计

根据计算本厂区建筑预计雷击次数均小于 0.06 次/年。提取车间具有 2 个爆炸危险环境设计考虑为二类防雷建筑，其他各建筑物均为三级防雷建筑。各建筑按照《建筑防雷设计规范》规定设计。一般建筑屋面设避雷带保护，利用现浇柱内钢筋作为防雷引线，利用其建筑基础作接地极并连成网格。综合制剂车间、提取车间为轻钢结构，利用其金属屋面作为接闪器，利用钢柱作为引下线，利用其建筑基础作接地极并连成网格。

（五）火灾报警系统

全厂电气线路采用多级自动开关保护，在用电设备或线路出现过负荷及短路保护时，可及时可靠地切断电源，线路均采用穿钢管保护敷设方式，防止火灾，安全可靠。

局部有爆炸危险的场所，电气设备尽量安装在爆炸危险场所以外，需要现场操作的用电设备，其电气装置根据爆炸危险等级及可能引起爆炸的介质情况选择适当的、能保证安全的防爆型设备。

配电箱（柜）外壳，各车间内所有正常不带电设备外壳均可靠接地。各建筑物根据其防雷等级，按照防雷设计规范采取相应的防雷措施。在爆炸危险场所内，设置可燃气体报警器，在爆炸气体达到一定浓度时，立即发出报警信号，以便工作人员及时采取措施，避免可能发生的危险。

在综合制剂车间、提取车间、综合办公楼内设置集中火灾自动报警系统，系统包括报警控制器，感烟、感温探头及手动报警钮等设备。当探头测到火情信号后，值班人员进行火灾确认，并采取相应的措施，如切断消防电源、启动消防设备、进行人员疏散等措施。集中火灾自动报警系统采用 JB-2002/GJZ 系统并配备应急电源。

在综合制剂车间、提取车间内设疏散应急照明灯，变电所设事故应急灯，以保证在停电及火灾情况下，人员疏散及操作变配电设备。

表 6-5 为一期全厂总负荷计算及变压器选择用表。

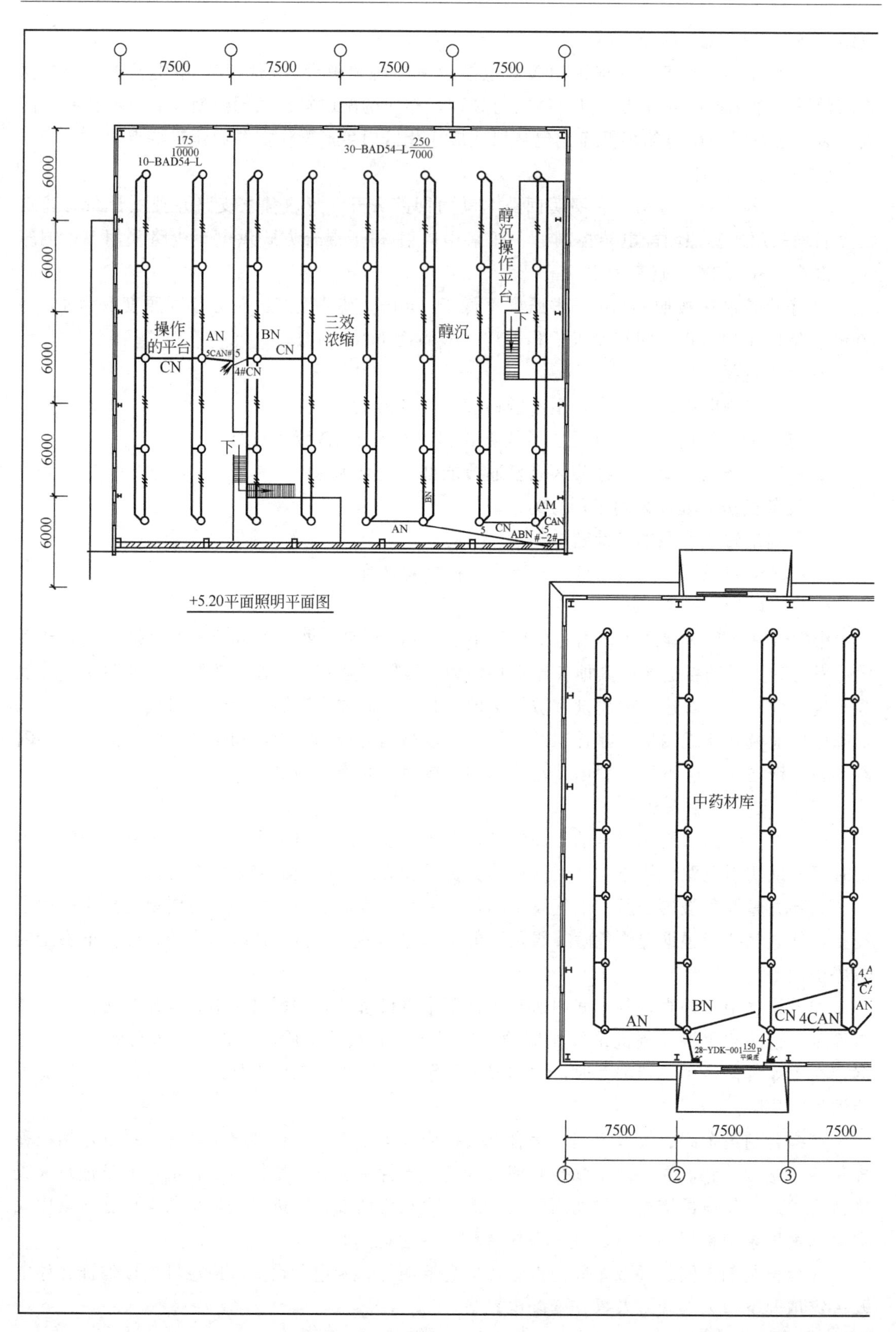

7500
7500
7500
7500
6000
6000
6000
6000
6000
175
10000
10-BAD54-L
30-BAD54-L 250/7000
醇沉操作平台
操作的平台
AN
BN
CN
三效浓缩
醇沉
下
AN
CN
ABN
AM
CAN
+5.20平面照明平面图
中药材库
AN
BN
CN
4CAN
28-YDK-001 150/P
7500
7500
7500
①
②
③

图 6-6　照明

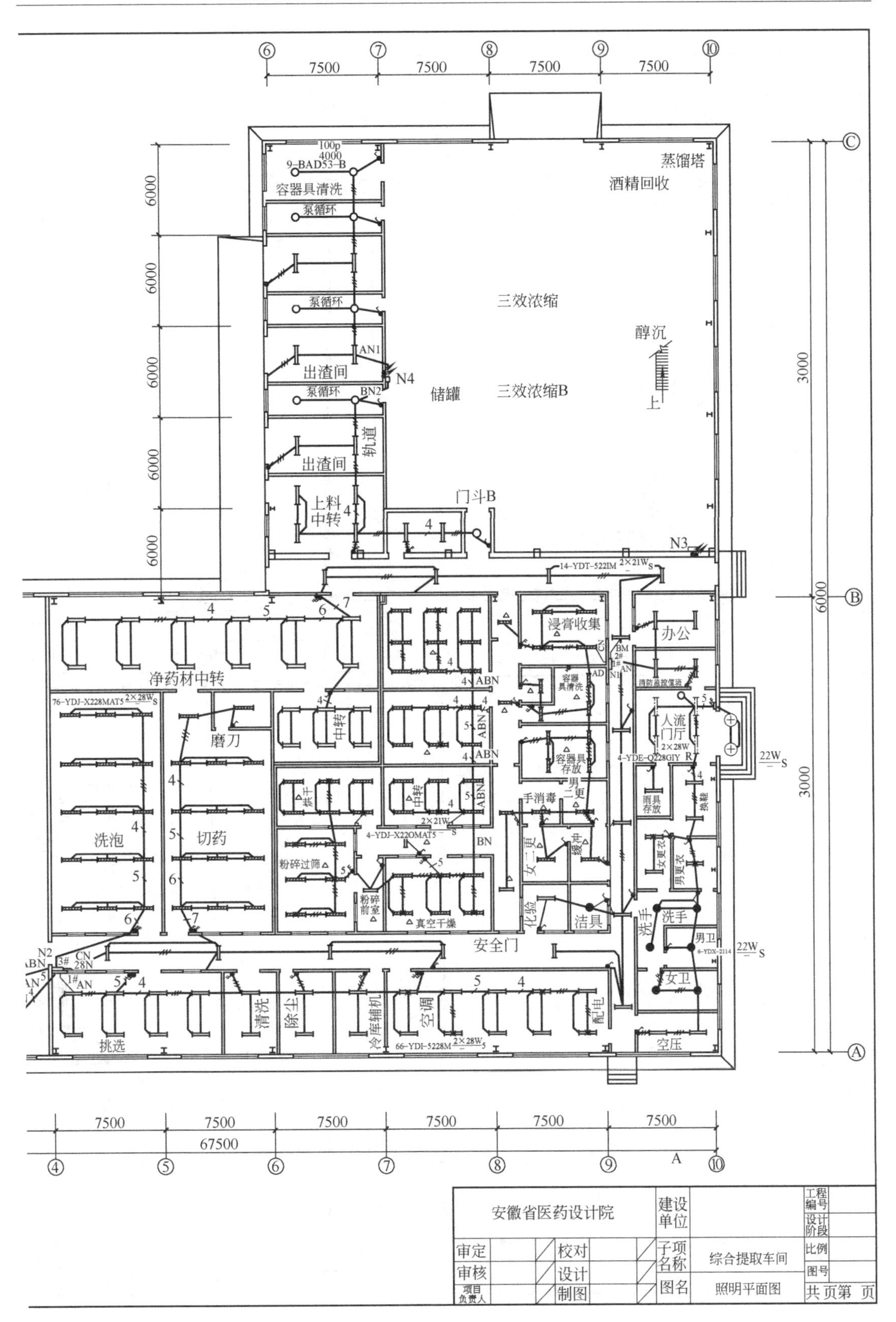

安徽省医药设计院
建设单位
工程编号
设计阶段
审定
校对
子项名称
综合提取车间
比例
审核
设计
图号
项目负责人
制图
图名
照明平面图
共 页第 页
容器具清洗
泵循环
出渣间
上料中转
门斗B
储罐
三效浓缩
三效浓缩B
醇沉
蒸馏塔
酒精回收
净药材中转
磨刀
中转
洗泡
切药
粉碎过筛
真空干燥
浸膏收集
容器具清洗
容器具存放
手消毒
男二更
女二更
缓冲
化验
洁具
办公
消防监控值班
人流门厅
雨具存放
换鞋
女更衣
男更衣
洗手
男卫
女卫
安全门
挑选
清洗
除尘
冷库辅机
空调
配电
空压
7500
67500
6000
3000

平面图

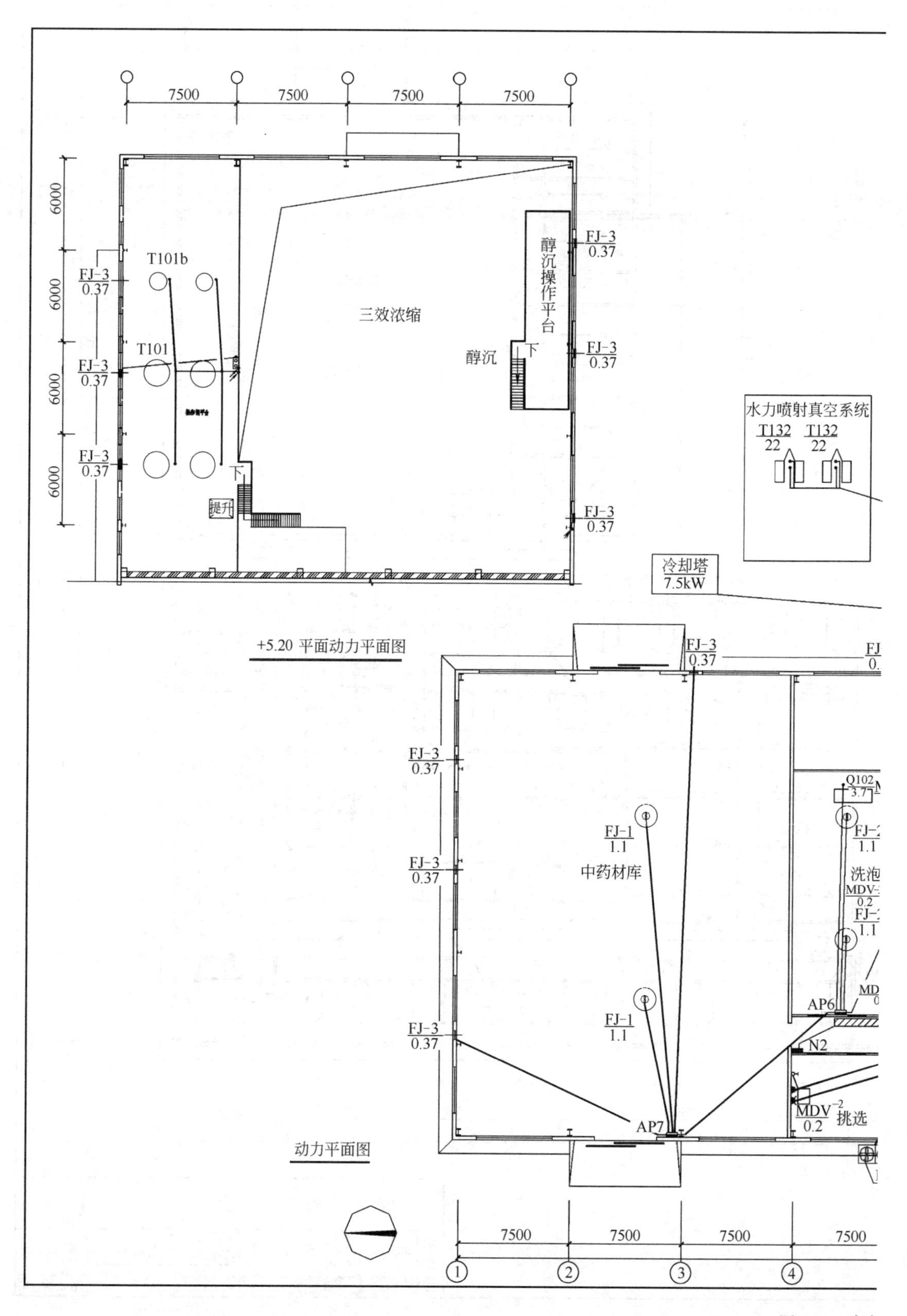

7500
7500
7500
7500
6000
6000
6000
6000
FJ-3
0.37
T101b
T101
三效浓缩
醇沉操作平台
醇沉
下
提升
水力喷射真空系统
T132
22
T132
22
冷却塔
7.5kW
+5.20 平面动力平面图
中药材库
FJ-1
1.1
AP7
AP6
N2
Q102
3.7
洗泡
MDV
0.2
挑选
动力平面图
1
2
3
4

图 6-7 动力

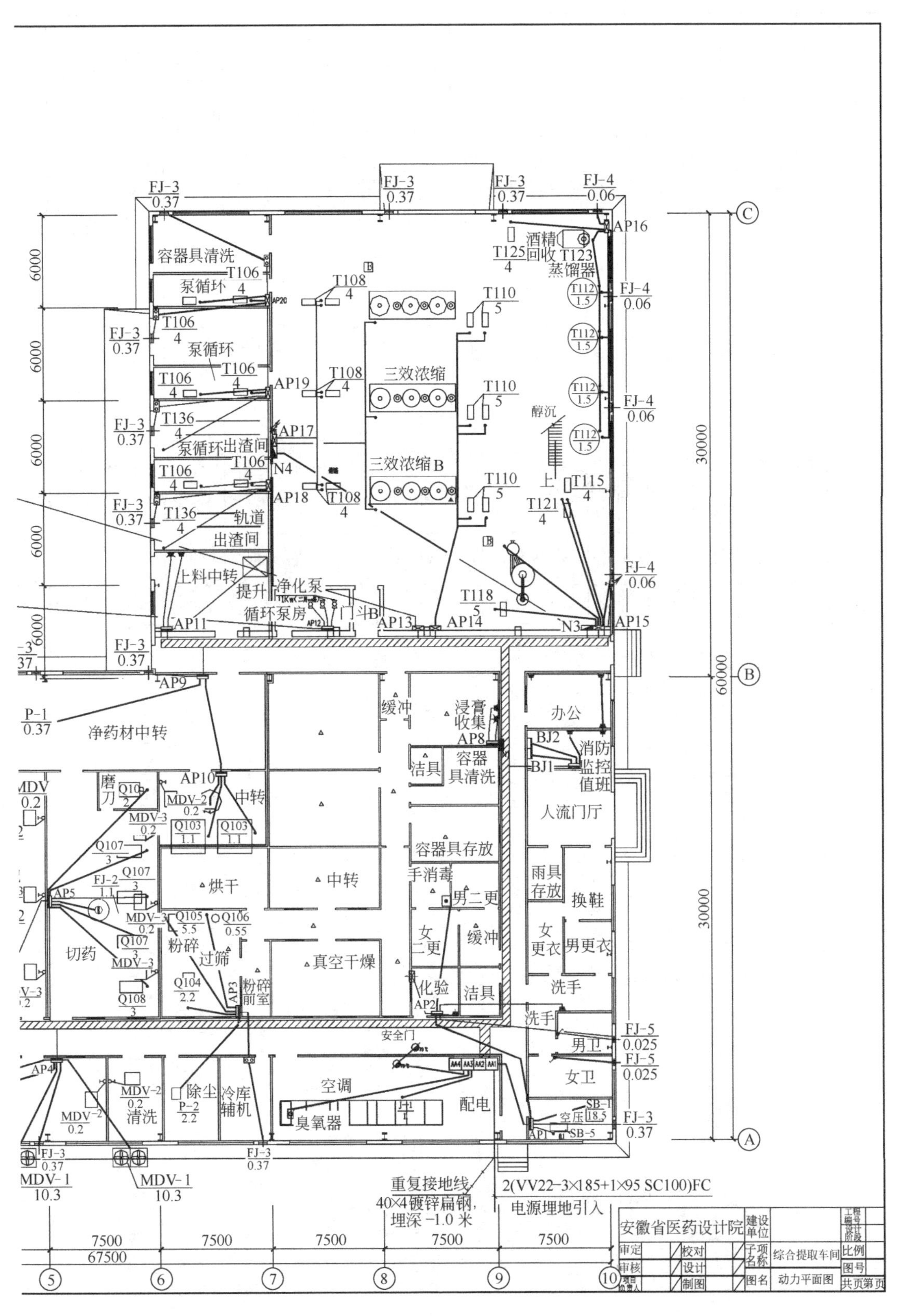

容器具清洗
泵循环
三效浓缩
三效浓缩B
酒精回收
蒸馏器
醇沉
泵循环出渣间
轨道出渣间
上料中转
提升
净化泵
循环泵房
净药材中转
磨刀
切药
烘干
中转
真空干燥
粉碎
过筛
粉碎前室
缓冲
浸膏收集
洁具
容器具存放
手消毒
男二更
女二更
化验
办公
消防监控值班
人流门厅
雨具存放
换鞋
女更衣
男更衣
洗手
男卫
女卫
空调
臭氧器
配电
除尘
冷库辅机
清洗
安全门
重复接地线
40×4镀锌扁钢，埋深 -1.0 米
2(VV22-3×185+1×95 SC100)FC
电源埋地引入
安徽省医药设计院
综合提取车间
动力平面图

平面图

设 计 说 明

(一)设计依据

本工程依据工艺、暖通、空调、给排水等专业提出的设计要求，土建专业提供的平面图，药品生产管理规范(GMP)有关部分及国家有关电气设计规范、规程设计。

(二)设计范围

车间内供配电，照明，火灾报警，避雷接地，电话及应急疏散照明。

(三)供电系统

供电系统接地为 TN-C-S 系统，电源进户线为三相四线，380/220V；电缆埋地引入，进户处做重复接地，接地电阻 $R<1\Omega$，进户后增加一根保护接地线(PE线)，所有配电箱，单相三孔插座均应接入 PE 线。

(四)配电柜、箱安装

XGL 型动力配电柜为落地安装，箱底加10＃槽钢固定；防爆配电箱(BXD53)距地 1.2 米明装，其余配电箱除注明外安装高度为下弦距地 1.4 米，嵌墙暗装。

(五)线路敷设

照明线路为导线穿电线管(TC)沿墙，沿棚暗敷(有吊顶处在吊顶内敷设)，动力及火灾报警线路为导线穿钢管(SC)沿墙，沿地暗敷设(有吊顶处在吊顶内敷设)，有防爆要求的场所照明、动力、火灾报警线路均为导线穿水煤气钢管(RC)沿墙，沿棚明敷设，由配电室引出的照明、动力干线采用电缆沿桥架敷设，桥架安装参见国标图集 86SD169 有关内容。

(六)照明开关，插座安装

照明开关安装高度距地 1.2 米，插座安装高度除图中标注外均为距地 0.3 米。

(七)照明灯具

普通照明灯具按广州元登灯具厂样本选型，荧光灯均为节能型(电子镇流器，飞利浦细灯管)灯罩为透明罩，凡是标有“△”符号的房间均需安装净化型灯具，标有“✖”号的荧光灯均要求配有应急电源(一只相应荧光灯管)，防爆照明灯具按南阳一通防爆仪表厂样本选型，防爆等级为二级体防爆 2 区 11B-T4。

(八)火灾报警系统

火灾报警系统线路按上海松江电子仪器厂 JB-1500A 火灾报警系统选型，控制室设在一层，火灾报警系统安装时应保证烟感温感探头距空调送风口距离大于 1.5 米，距灯具距离大于 0.2 米，距墙距离大于 0.5 米，手动报警按钮安装高度距地 1.2 米，报警系统接线箱均安装在吊顶内，系统线路采用耐热导线 RV-105，1.5mm²。

(九)避雷及接地

避雷及接地装置中所有连接点均应焊接牢固，焊接点长度＞6D，避雷及接地施工参见国标 99D562 有关内容，其隐蔽部分应配合土建施工，做好隐蔽工程记录。

防爆要求的房间室内距地 0.3 米接地母线，所有正常不带电设备金属外壳均应与接地母线可靠连接。

(十)其他

a. 非洁净区进入洁净区的管口以及净化灯的管口及缝隙处应采用密封胶可靠密封。

b. 非防爆区进入防爆区的管口应采用密封隔离措施。

c. 动力、空调供电点位置以工艺、空调设计图为准，所有穿线钢管、桥架均应连成一体并接地(兼做 PE 线)保护。

d. 照明灯具安装位置如与空调风口交叉，灯具让开风口位置。

e. 为保证负荷平衡，施工时单相负荷应严格按图中所标注的相序接线。

f. 带接触器的防爆配电箱内电机控制回路其配电箱上按钮及指示灯型号由制造厂家根据防爆要求配备。

g. 施工中应密切配合各专业设计图相互无误后施工，施工中严格按现行国家电气施工及验收规范进行，并且密切配合土建预埋管线及预留洞。

h. 所有电缆、导线均采用阻燃型(其型号前有“ZR”字样)。

设 备 材 料 表

编号	图例符号	名　称	规格及型号	单位	数量	备　注
1		应急电源	1×40W，时间＞1 小时	个	24	灯具上配套
2		工厂灯	YDK-001，150W	盏	28	
3		吸顶灯	YDX-2114，22W	盏	7	
4		吸顶灯	YDX-201，22W	盏	2	
5		双管荧光灯	YDT-5228M，2×28W	盏	66	
6		双管荧光灯	YDT-5221M，2×21W	盏	14	
7		双管格栅灯	YDE-Q228CIY，2×28W	盏	4	门厅安装
8		双管净化荧光灯	YDJ-X221MAT5，2×21W	盏	14	
9		双管净化荧光灯	YDJ-X228MAT5，2×28W	盏	76	洁净区安装
10		导向灯	YDE2002 2W	盏	5	门头上安装
11		导向灯	YDE2002 2W	盏	7	吸壁安装高度 0.4 米
12		防爆灯	BAD53-B，100W	盏	9	
13		防爆灯	BAD54-L，175W(全卤灯)	盏	10	
14		防爆灯	BAD54-L，250W(全卤灯)	盏	30	
15		防爆导向灯	BAYD-9/20.20W	盏	1	
16		杀虫灯	E30-2.2×15W	盏	1	
17		单相接地暗插座	AP86Z223A10	个	10	
18		三相暗插座	AP86Z14-16A	个	3	
19		防爆单联开关	SW-10	个	5	
20		单联开关	AP86K11-10	个	16	
21		双联开关	AP86K21-10	个	20	
22		三联开关	AP86K31-10	个	4	
23		防水单联开关	AP86K11F10	个	9	
24		防水双联开关	AP86K21F10	个	5	
25		防水三联开关	AP86K31F10	个	8	
26		按钮盒	LA19-22H6A	个	5	
27		防爆按钮盒	LA19-22H，6A	个	1	
28		照明配电箱	PZ30JR	台	2	详见系统图
29		动力配电箱	PZ30JR，非标	台	13	详见系统图
30		防爆照明配电箱	BXM53	台	2	
31		防爆动力配电箱	BXD53	台	8	详见系统图
32		动力配电柜	XGL	台	4	详见系统图
33		交接箱	XF-10	个	1	详见系统图
34		电话插座	AP36ZD1	个	6	
35		火灾报警装置	JB-2002A/B128/16	台	1	
36		可燃气体报警装置	SFD-300TW9	台	1	
37		感烟探测器	JTY-LZ-1108	个	66	
38		防爆感烟探测器	JTY-LZ-1108EX	个	4	
39		感温探测器	JTY-SD-1103B	个	6	
40		气体探测器	SFD-200T	个	9	酒精气体探测安装高度 0.8 米
41		消防按钮	J-SAP-M-01	个	9	
42		火灾警铃	SCJ-1	个	6	吸顶安装
43	280℃	防火阀	随空调配套	个	2	
44		电缆桥架	400×200(镀锌)	米		安装在一层吊顶内
45						
46						
47						

安徽省医药设计院				建设单位		工程编号	
						设计阶段	
审定		校对		子项名称	综合提取车间	比例	
审核		设计		图名	电气设计总说明主要图例	图号	
项目负责人		图图				共　页　第　页	

图 6-8　电气设计总说明、主要图例

表 6-5 一期全厂总负荷计算及变压器选择用表

序号	名称	设备安装容量/kW	计算容量			功率因数	需要系数
			有功负荷/kW	无功负荷/kW	视在功率/kV·A		
1	综合制剂车间	283.5	156	84		0.88	0.55
2	提取车间	376.65	226	122		0.88	0.6
3	办公楼	219.5	175.6	84		0.9	0.8
4	动力站	365.5	292.4	219.3		0.8	0.8
5	锅炉房	64.4	51.5	38.6		0.8	0.8
6	危险品库	55	38.5	29		0.8	0.7
7	门卫	30	21	15.8		0.8	0.7
小计		1394.4	961	592.7			
乘全厂同时系数 0.9			865	533.4			
补偿电容器容量				160			
补偿后			865	373.4	941	0.92	
变压器损耗			25	48			
合计			890	421.4	984.7		

注：全厂设备安装容量为 1394.4kW，全厂计算容量为 961kW，全厂需要系数为 0.68，变压器安装容量为 1250kV·A。

六、附图

图 6-6 为照明平面图。

图 6-7 为动力平面图。

图 6-8 为电气设计总说明、主要图例。

第三节 制药工业厂房给排水设计

一、设计任务及要求

给排水专业在制药工程设计中任务有如下几点。

① 了解工艺过程、工艺参数及工艺对本专业的技术要求。

② 收集各工艺用水点及用水特性如水量、水质、水温、水压、用水时段等参数。

③ 分类列出各工艺用水点的水量，并计算出同类用水量的大小。

④ 依据对工艺专业所提技术要求的收集，以及对建筑专业的复核后的工艺图纸及建筑图纸，结合现场条件，确定合理的给水方案及排水方案。

⑤ 依据确定的给排水方案，并结合本专业的有关技术规范进行设计工作，可按照有关的可行性研究阶段、初步设计阶段、扩大初步设计阶段及施工图设计阶段的不同要求进行设计文件的编写（绘图）工作。

⑥ 依据对设计全过程的掌握，结合设计中的计算参数，编写正确合理的计算书，形成归档文件。

二、主要设计规范

本专业在制药工程设计中需要遵循的国家规范如下：

《建筑设计防火设计规范》GB 50016—2006；

《高层建筑防火设计规范》GB 50045—95；

《洁净厂房设计规范》GB 50073—2001；

《建筑灭火器配置设计规范》GB 50140—2005；

《建筑给排水设计规范》GB 50015—2003；

《室外给水设计规范》GB 50013—2006；

《室外排水设计规范》GB 50014—2006；

《建筑给排水及卫生设备工程设计规范》GB 50242—2002。

三、设计过程

1. 收集资料与熟悉资料

设计阶段的前期是收集资料与熟悉资料的过程。

制药工程的设计大多是以工艺专业为主导，除了后期的给排水设计工作外，在前期本专业只要与工艺设计专业有适量的配合即可满足工艺专业方案设计阶段的要求。工艺专业方案确定后，将会对如土建、电气、空调、给排水等专业提出满足工艺生产过程的要求，对本专业而言，提供的主要资料包括以下几方面。

(1) 图纸资料　如工艺平面布置图、工艺设备布置图、工艺流程图、工艺设备基础图、工艺设备接管位置图等。

(2) 表格资料　如工艺设备用水要求，应包含水量、水压、水温、水质、用水时间、排水情况（如水量、水温、水质），要特别注意有无循环水使用及高温水排放等问题。

(3) 文字资料　如车间工艺生产的技术要求、生产纲领、生产班制、人员配制以及甲方对本工程的特定要求。

2. 分析资料与掌握资料

经过前一阶段对要设计的项目有了初步的了解，面对收集来的大量资料，需整理与分析，使之能成为设计的基础资料，资料分析过程主要如下。

(1) 车间概况分析　从制药工程发展的趋势来看，制药企业大多采用综合式布置方式，组合形式有：中药提取与中药制药车间的组合、中药制剂与西药制剂的组合、办公与质检中心的组合、生产厂房与库房的组合等多种方式。因此应对工艺及建筑专业提供的图纸资料进行分析，确定其生产类别（这一点尤为重要），继而再对工艺的生产级别（万级、10万级等）、供水点位置、标高，排水点位置、标高，使用循环水的设备位置、疏散通道、安全出口位置等对本专业平面方案布置有影响的工艺平面布置形式进行梳理，为确定最终的给排水布置方案打下基础。对各种不同用途的车间常常资料分析的重点也不同，对提取车间的资料分析，应着重注意工艺设备对循环水的使用要求，废水的排放形式，废渣的处置形式以及其错落有致、层高变化较大的车间竖向布置形式。对制剂车间的资料分析常应注意生产车间的产品种类如中成药、西药、原料药等，有无激素类及致敏性要求等，工艺对净化级别的要求，层高分布的要求及暖电等相关专业对本厂房的要求。对药品库房的资料分析常应注意库房的设计温度以及保证温度的措施，库房的规范面积体积等。

(2) 用水资料分析　制药工业的用水量较其他行业大，且实际运行的药厂用水量比设计时的用水量稍大，因此设计时还应放有余量。

工艺专业提出的用水量一般以表格形式出现，设计时应分析工艺用水的几个因素。

① 用水量。水量是反映系统规模一个重要特征，用水量的大小是设计的基本参数，它将会影响设计的方案及系统配置，用水量小的工程可采用市政直供的方式，用水量大的工程可采用厂区加压的方式来解决以保证生产用水量，同时用水量的大小也是计算设计排水量的

重要参数，进而影响排水系统的形式。

② 水质。水质是反映系统类型的一个重要特征，制药企业的用水水质常有饮用水、纯水（去离子水）、注射用水等几种，每种水质在国家规范及药典中都有很详细的规定指标。在工艺用水一览表中常有用水水质要求的一栏，设计要进行分类计算和统计，不可一概而论。

③ 水温。制药工程用水对水温较其他行业高，如提取车间循环水用水水温有 25～45℃的、也有 35～60℃的（有时在同一车间中也有不同的温度要求），设计时要分清。制剂车间中常常要用到热水（如清洗工器具、灭菌等），这时使用的热水常有水温要求，过低的水温（特别是冬季），对于含脂油类的工器具清洗较为困难，所以水温要求是必要的。对不同水温要求的用水应分系统单独供应，既节约能源也提高了用水的可靠性。

④ 水压。制药工程用水水压与其他行业无明显不同，设计时要注重用水量表中对水压的要求，一般不允许有超压工作，由超压工作造成的昂贵的制药工艺设备的损坏在工程实践中也时有发生。

⑤ 用水时间。工业企业设备用水无用水变化系数的概念，但工艺设备的用水是有时段的，也并非是均匀的。所以对工艺专业提出的用水量一览表中，要求本专业应向工艺专业索要同时用水系数 K，这一系数尤为重要，它将决定着最大用水量。

$$Q_{\max}=K\sum Q_i$$

式中，K——同时使用系统（K 常为 0.6～0.9）；

$\sum Q_i$——所有工艺设备同类用水量的和，m^3/h；

$Q_{\max}$——最大用水量，m^3/h。

（3）文字资料的分析　对文字资料的分析，主要是要分析工艺专业提出的各专业技术要求。工艺专业提出的设计基础资料中有车间设计的纲领（即生产规模）、生产班制、人员配制、技术等级等，给排水专业都要认真地分析上述资料，这些都是设计工作中最基本的参数。

3. 编写设计文件

通过上述资料分析，获得了第一手设计资料，对照有关设计规范就可以编写设计文件了。工程设计分为可行性研究阶段、初步设计阶段、扩大初步设计阶段及施工图阶段，各阶段编写设计文件内容也不尽相同，见表 6-6 所示。

表 6-6　设计阶段编写文件一览表

设计阶段	编写的文件	设计图纸
可行性研究阶段	给排水水量计算表 给排水方案设计说明 给排水专业投资估算表	给排水总平面图
初步设计 及扩初阶段	给排水水量计算表 给排水方案设计说明 给排水投资概算表 设备选型计算依据及设备选型表	用水量平衡图 总平面布置图 主要车间平面图 动力站平面图 污水小平面图
施工图阶段	给排水材料表 给排水设备表 给排水专业计算书	设计总说明 车间给排水平面图 给排水系统图 局部大样图 各类站房剖面图 给排水总平面图

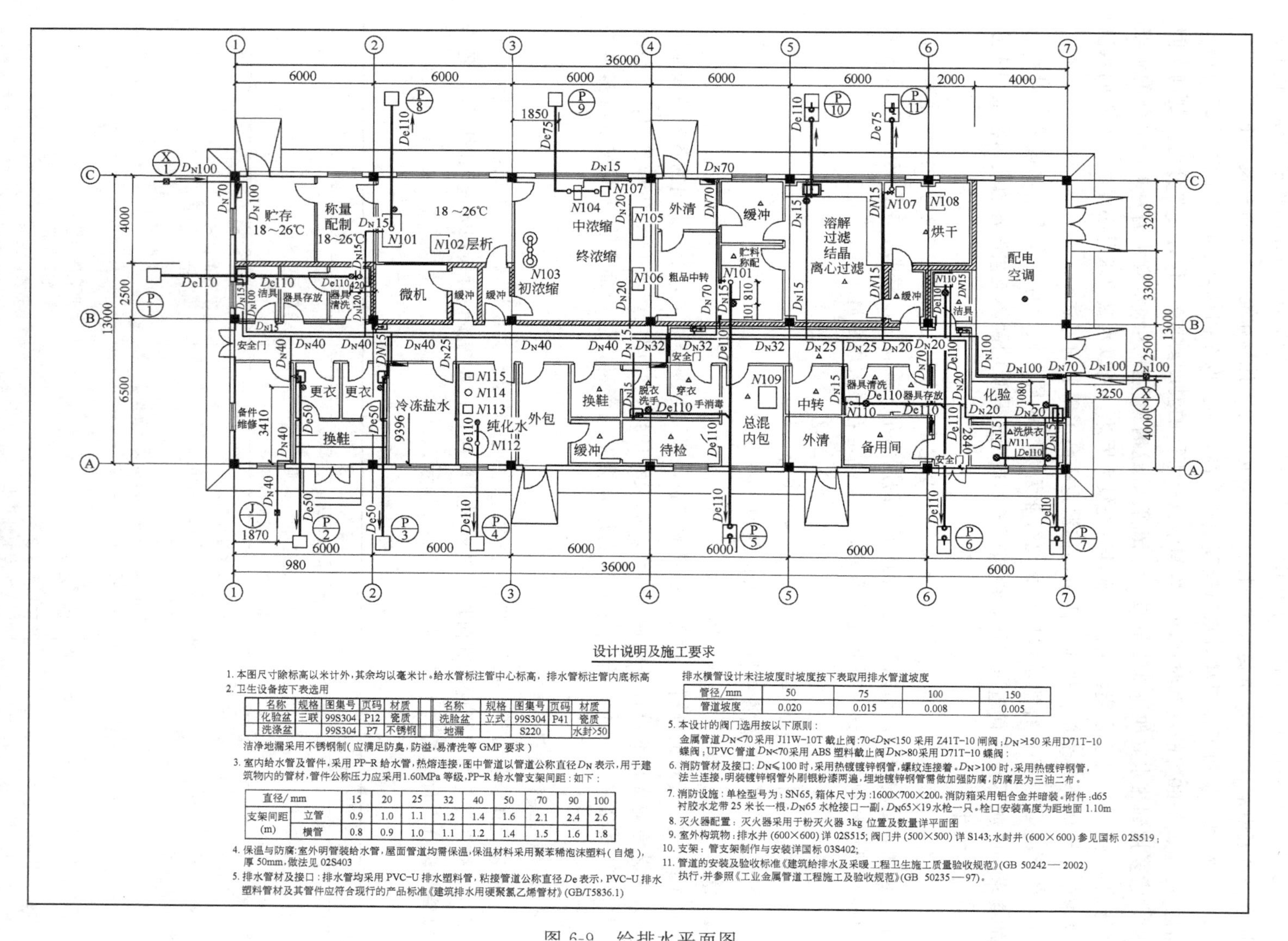

设计说明及施工要求

1. 本图尺寸除标高以米计外，其余均以毫米计。给水管标注管中心标高，排水管标注管内底标高
2. 卫生设备按下表选用

名称	规格	图集号	页码	材质	名称	规格	图集号	页码	材质
化验盆	三联	99S304	P12	瓷质	洗脸盆	立式	99S304	P41	瓷质
洗涤盆		99S304	P7	不锈钢	地漏		S220		水封>50

洁净地漏采用不锈钢制（应满足防臭，防溢，易清洗等 GMP 要求）

3. 室内给水管及管件，采用 PP-R 给水管，热熔连接，图中管道以管道公称直径 D_N 表示，用于建筑物内的管材，管件公称压力应采用1.60MPa 等级，PP-R 给水管支架间距：如下：

直径/mm		15	20	25	32	40	50	70	90	100
支架间距(m)	立管	0.9	1.0	1.1	1.2	1.4	1.6	2.1	2.4	2.6
	横管	0.8	0.9	1.0	1.1	1.2	1.4	1.5	1.6	1.8

4. 保温与防腐：室外明管装给水管，屋面管道均需保温，保温材料采用聚苯稀泡沫塑料（自熄），厚 50mm，做法见 02S403
5. 排水管材及接口：排水管均采用 PVC-U 排水塑料管，粘接管道公称直径 De 表示，PVC-U 排水塑料管材及其管件应符合现行的产品标准《建筑排水用硬聚氯乙烯管材》(GB/T5836.1)

排水横管设计未注坡度时坡度按下表取用排水管道坡度

管径/mm	50	75	100	150
管道坡度	0.020	0.015	0.008	0.005

5. 本设计的阀门选用按以下原则：
   金属管道 D_N<70 采用 J11W-10T 截止阀：70<D_N<150 采用 Z41T-10 闸阀；D_N>150 采用D71T-10 蝶阀；UPVC 管道 D_N<70采用 ABS 塑料截止阀 D_N>80采用 D71T-10 蝶阀：
6. 消防管材及接口：D_N≤100 时，采用热镀镀锌钢管，螺纹连接着。D_N>100 时，采用热镀锌钢管，法兰连接，明装镀锌钢管外刷银粉漆两遍，埋地镀锌钢管需做加强防腐，防腐层为三油二布。
7. 消防设施：单栓型号为：SN65，箱体尺寸为：1600×700×200。消防箱采用铝合金并暗装。附件：d65 衬胶水龙带 25 米长一根，D_N65 水枪接口一副，D_N65×19 水枪一只。栓口安装高度为距地面 1.10m
8. 灭火器配置：灭火器采用于粉灭火器 3kg 位置及数量详平面图
9. 室外构筑物：排水井 (600×600) 详 02S515；阀门井 (500×500) 详 S143；水封井 (600×600) 参见国标 02S519；
10. 支架：管支架制作与安装详国标 03S402；
11. 管道的安装及验收标准《建筑给排水及采暖工程卫生施工质量验收规范》(GB 50242—2002) 执行，并参照《工业金属管道工程施工及验收规范》(GB 50235—97)。

图 6-9　给排水平面图

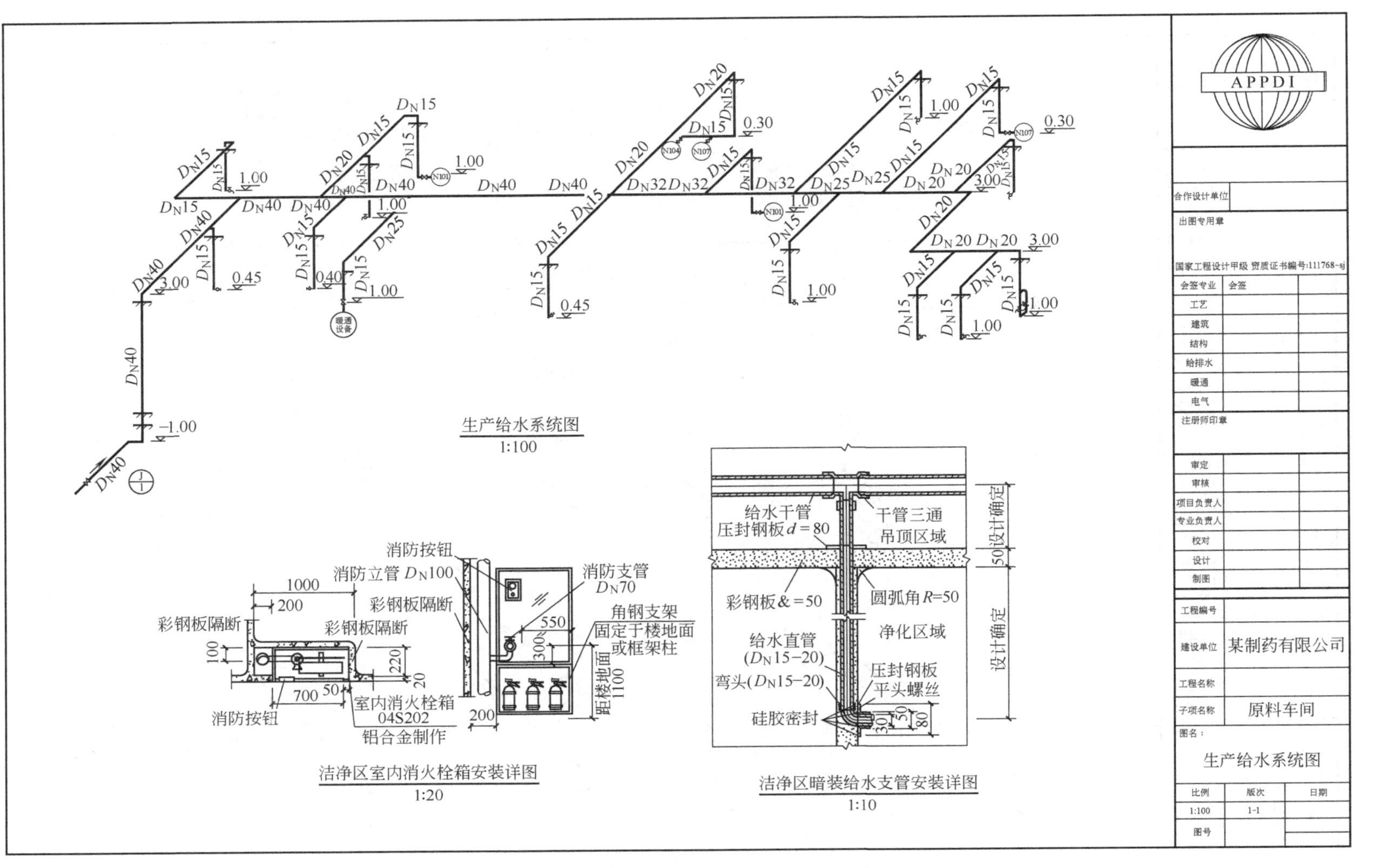

图 6-10　生产给水系统图

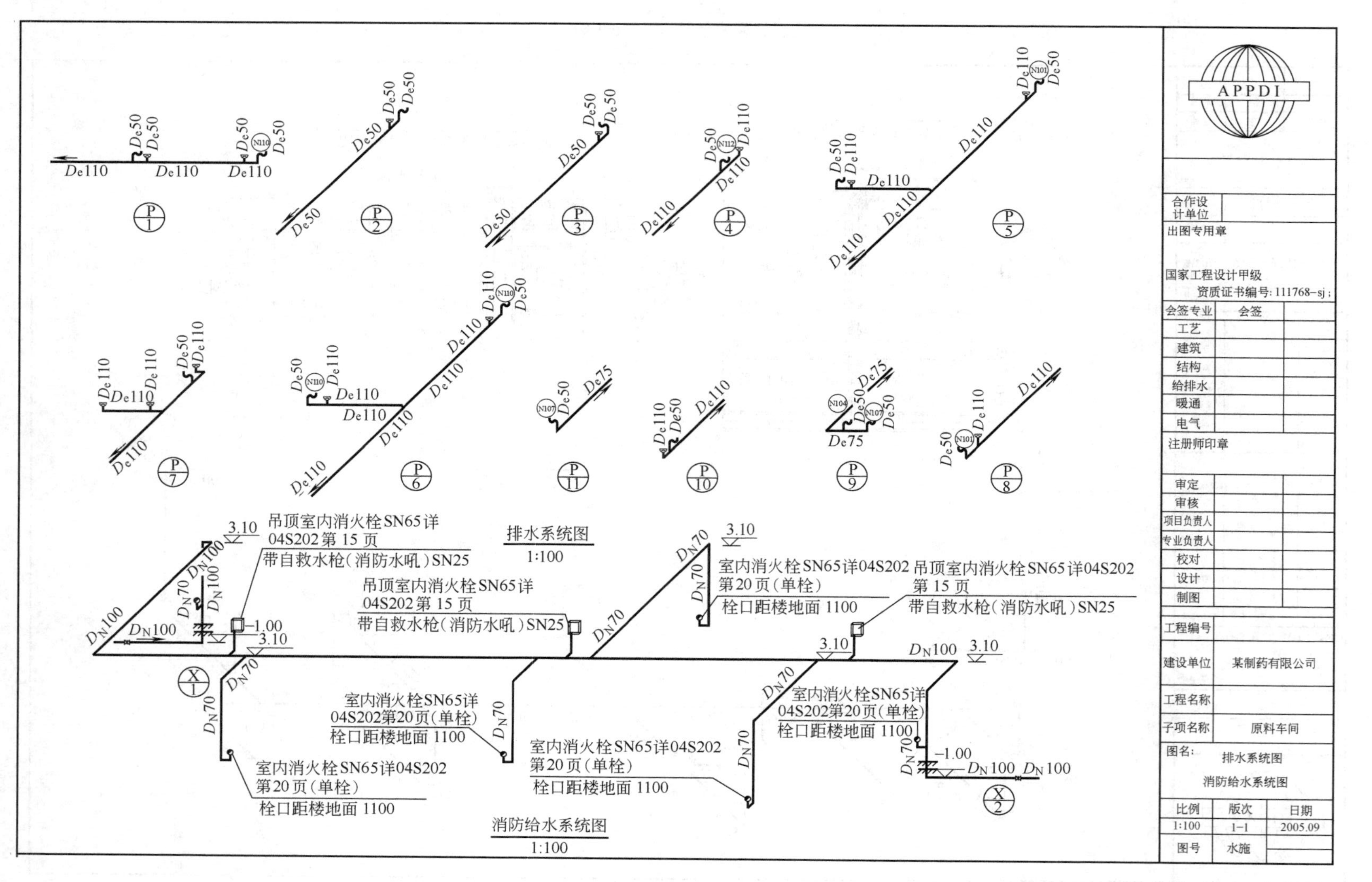
APPDI
合作设计单位
出图专用章
国家工程设计甲级
资质证书编号: 111768-sj ;
会签专业
会签
工艺
建筑
结构
给排水
暖通
电气
注册师印章
审定
审核
项目负责人
专业负责人
校对
设计
制图
工程编号
建设单位
某制药有限公司
工程名称
子项名称
原料车间
图名:
排水系统图
消防给水系统图
比例
1:100
版次
1-1
日期
2005.09
图号
水施
排水系统图
1:100
吊顶室内消火栓SN65详
04S202第15页
带自救水枪(消防水吼)SN25
室内消火栓SN65详04S202
第20页(单栓)
栓口距楼地面1100
室内消火栓SN65详
04S202第20页(单栓)
消防给水系统图
1:100

图 6-11　排水系统图

4. 几点注意事项

制药工程设计大多是净化车间的设计过程，与其他工业建筑的设计有些不同，需要注意以下几点。

（1）管路设计　制药工业对用水水质要求较高，因此管材的选择也必须慎重，宜选择不锈钢、铜管、塑料管等不易受腐蚀的管材，主干管路一般敷设于技术夹层内，支管宜从竖井或建筑物体内暗装至用水点，因此设计管路要注意其隐蔽性。

（2）地漏设计　在洁净厂房设计中，排水是一个非常重要的问题，安排不好将影响和污染洁净室的洁净等级。地漏过少会影响车间排水，形成污染；地漏过多，地漏中积存的污物也会形成污染，这要和工艺专业人员及甲方技术人员一起经过协商讨论后合理确定。一般来说，100 级、1 万级区域不宜设地漏，而 10 万级、30 万级地区要根据需要确定地漏的布置和数量，不可滥设。所有洁净区的地漏均应采用具有防臭防溢功能的洁净地漏。

（3）消火栓布置设计　洁净区的消火栓布置十分重要，它关系到洁净厂房及工作人员的安全，洁净区的消火栓都应暗装，宜采用消火栓与灭火器连体箱，同时考虑到药厂洁净区内隔断较多，因此水龙带不宜过长，水龙带的折减系数应在 0.7～0.8 之间，甚至更小。考虑到在吊顶内检修管道时常进行电焊施工，所以按《洁净厂房设计规范》要求在吊顶内同时设室内消火栓，同时洁净厂房的室内消防用水量为 10L/s，立管使用水枪数为 2 个。消火栓布置常沿疏散走道布置，安全门及安全出口处常设一套室内消火栓。

（4）排水管材的选用　洁净厂房排水管道在吊顶内敷设，现在设计的排水管材多为 UPVC 管，该管材在水力学性能、施工、安装、建筑美观等方面都不失为一种方便节能的产品。但 UPVC 排水管的弱点是排水温度高于 40℃的场合不应采用（高温排水会造成排水接头脱落而影响洁净等级），制药工程中如灭菌柜、清洗池常有高于 40℃的排水，此处应特别处理：采用耐高温管材，切不可疏忽。

（5）遵守规范　制药工程设计也属建筑工程设计的一个部分，尽管它有许多特别之处，但仍需遵守国家的有关规范规定及地方法规要求（有兴趣的读者可参阅给排水专业有关书籍）。

四、附图

图 6-9 为给排水平面图。

图 6-10 为生产给水系统图。

图 6-11 为排水系统图。

第七章　GMP 认证

认证的意义：是我国加入世贸组织和参与经济全球化的需要；是适应社会生产力发展和满足人民群众日益增长的物质文化需求的需要；是规范市场秩序的重要手段；是提高产品质量、增强出口产品竞争力以及保护国内产业的重要举措。实施药品 GMP 的法律依据：《中华人民共和国药品管理法》、《中华人民共和国药品管理法实施条例》。

第一节　GMP 认证文件

一、质量标准的内容

《药品生产质量管理规范》的核心是产品的质量。产品质量好与不好的标志是药品质量标准。质量标准的内容：形状、鉴别、检查、含量测定、其他等。常见的不符合药品质量标准的情况：

① 卫生学不符合规定；

② 含量不符合规定；

③ 装量不符合规定或片重不符合规定；

④ 水分不符合规定。

造成不符合药品质量标准的原因：① 生产工艺规程、岗位操作法可操作性差，重现性差，必须依靠经验来完成生产操作；② 生产环境、生产设备造成的。如：生产操作间不密封引起的污染；设备材质和结构问题造成的污染；烘箱热分布不均匀引起的误差。

GMP 的意义：GMP 的意义就是要克服在药品生产过程中可能对药品质量带来不良影响的各种因素。

GMP 的基本条件：GMP 要解决的上述问题也就是实施 GMP 的基本条件，归纳为两点四个字：污染、差错。防止污染主要靠硬件；防止差错主要靠软件，质量保障体系。

防止污染：空气净化、人员净化、物料净化、车间内装修、设备选型和生产操作带来的污染。

防止差错：① 标准；② 记录（凭证）。

通过严格执行已制订的规程预防生产过程中出现污染和差错。编写和执行文件的目的是使人们在实施 GMP 时做到有章可循、照章办事、有案可查。

二、GMP 文件的编写与管理

1. 在编写和执行文件时应遵循以下原则

① 写好要做的、做好所写的、记好所做的。

② 文件要有重现性、唯一性。

GMP 文件的定义：一切涉及药品生产、管理全过程的书面标准和实施过程中产生结果的记录。

文件管理的定义：文件管理是指文件的设计、制定、审核、批准、分发、培训、执行、归档和变更的一系列过程的管理活动。

2. 文件管理的意义

① 建立一整套文件化管理体系。

② 明确管理和工作职责。

③ 对员工进行培训和教育的教材。

④ 保证生产经营全过程按照书面文件的规定进行运行。

⑤ 监督检查和管理的依据。

⑥ 真实反映生产经营全过程。

⑦ 便于进行追踪管理。

⑧ 接受 GMP 检查和质量审计、GMP 认证及药品生产企业管理认证的必要支持。

3. 文件编制与管理职责

文件的设计和使用取决于文件的使用者，所有人员均需了解对他们至关重要的 GMP 基本原则，并必须经过初级及连续的培训；所有人员均有及时、准确执行书面文件的责任。原则上由质量管理部门负责，包括：① 指定合适的人员起草相关的文件；② 对已起草的文件进行审定；③ 协助人事部门组织培训；④ 文件有效性的监督检查；⑤ 记录的分析与评价；变更控制。

文件编制的时间要求：① 生产开工前、新产品投产前、新设备使用前；② 处方和方法改变前；③ 组织机构职能发生变化时；④ 文件编制系统进行改进时；⑤ 使用过程中发生问题时。

做好文件管理的前提条件：① 应设立和完善组织机构体系，使之高效、协调、运行良好；② 所有责任人员必须以书面形式列出各自的工作职责；③ 对于执行 GMP 的有关人员，他们的责任不得有空缺或未加说明的重叠；④ 生产管理部门、质量管理部门、设备管理部门及授权人等关键岗位人员必须具备必需的教育背景和实践经验的资格，树立和保持对产品高标准和持续改进的观念，懂技术、敢管理、勇于承担责任、善于与他人合作。

4. 文件的类型与内容

根据文件的定义，文件可分为两大类：标准和记录（包括凭证）。标准又分为：管理标准、技术标准、操作标准。

管理标准包括：文件管理标准、生产管理标准、质量管理标准、卫生管理标准、验证管理标准、维修工程管理标准。文件管理标准包括：程序文件管理标准、记录文件管理标准、批记录管理标准。生产管理标准包括：物料管理标准，生产工序管理标准，设备、器具管理标准，人员作业管理标准。质量管理标准 ：取样管理、质量检验结果评价方法、卫生管理标准。

验证管理标准包括：验证工作基本程序；验证组织与实施管理程序；同步验证管理程序；回顾性验证管理程序；设施、设备验证管理程序；工艺验证管理程序；清洁方法验证程序；水系统验证程序；再验证管理。

维修工程管理标准包括：设备管理制度；设备档案管理制度。

技术标准包括：产品工艺规程、质量标准。

工作标准包括：岗位责任制、岗位操作法或标准操作程序（包括岗位 SOP）、其他标准操作程序（如设备校验、清洗，人员更衣、环境检测等）。

记录（凭证）可分为：生产管理记录、质量管理记录、监测维修校验记录、销售记录、验证记录、表格文件。

生产管理记录：物料管理记录、批生产记录（包括岗位操作记录）、批包装记录。

质量管理记录：批质量管理记录、其他记录（质量申诉、退货记录、稳定性试验记录等）。

监测维修记录：厂房、设备、设施。

表格文件：台账、编码表、定额表、卡/标签、设备状态标志、物料状态标志。

5. 文件编制与管理过程

设计→起草/修订→审核/批准→发放→培训→执行→归档→回顾/变更→修订

文件编码的要求：系统性、准确性、可追踪性、稳定性、相关一致性。

文件的变更控制：变更的提出、审批、执行、管理、记载。

三、人员培训

1. 人员培训管理文件

① 药品生产企业的各级管理人员、各岗位职工均应接受 GMP 培训教育。

② GMP 培训教育计划应根据不同培训对象的要求分别制订，并以文件形式发布。

③ 培训教育工作要制度化、规范化。个人培训记录要归档保存，培训效果要定期考核、评价。

④ 培训教育可采用厂外培训和厂内培训相结合的方式。企业可选派有关人员参加厂外各类有关 GMP 培训班、研讨班，使他们成为企业推行 GMP 的骨干。厂内培训可采用全脱产、半脱产以及现场培训的形式，针对本企业实施 GMP 的现状，对职工进行增强实施 GMP 意识和专门技术与方法的培训。

⑤ 所有文件必须落实到执行人。

⑥ 所有执行人必须经过培训。

⑦ 各岗位人员经岗位技术培训和 GMP 培训考核合格后，发给上岗证，持证上岗。

⑧ 人员培训由人事部门负责组织，其他部门予以协助。

2. 人员培训计划

① 各部门将相关岗位人员定岗情况及应掌握的文件目录报人事部门。

② 所有新批准执行或修订后批准执行的文件涉及的所有相关人员的名单上报人事部门。

③ 人事部门根据所掌握的情况，合理安排全年、季度及当月的培训计划。

个人培训记录应包括本人所在岗位应掌握的所有文件的培训。培训不仅仅限于文件，还应包括实际操作。各部门将相关岗位人员定岗情况及应掌握的文件目录报人事部门。所有新批准执行或修订后批准执行的文件涉及的所有相关人员的名单上报人事部门。人事部门根据所掌握的情况，合理安排全年、季度及当月的培训计划。

四、GMP 检查条款所对应的基本文件及要求

（一）文件的起草

1. 文件应由主要使用部门起草

2. 企业编制的文件宜统一格式

① 题目。

② 编号（类别、版本、修订的体现）。

③ 页号（总页数、分页号）。

④ 起草人、审核人、批准人及日期。

⑤ 会审部门。

⑥ 颁发部门。

⑦ 执行日期。

⑧ 内容。

（二）文件的审批

① 经过会审需要修改的文件初稿，由文件的起草人根据会审进行修改。

② 文件的审核人及批准人必须是预先确定的，并有书面的职责要求。根据文件类别不同，审核人与批准人可分别为部门负责人、厂级主管人员或其他被授权人，但不得由一人兼任。

③ 经审批的文件必须有起草人、审核人、批准人签字。

（三）文件的印制、发放

① 正式批准执行的文件应计数印制、发放。

② 应按其印制数量制订发行号，以便于查询、追踪及撤销。

③ 文件的收、发应由专人管理，并有记录，内容有：

a. 文件的题目；

b. 文件的编号；

c. 文件的发行号；

d. 发放数量；

e. 发至部门；

f. 分发人签名及日期；

g. 接收人签名及日期。

（四）文件的执行及监督检查的主要内容

① 工作现场使用的文件，核对文件目录、编号。

② 文件的执行情况及其结果。

③ 记录是否准确、及时。

④ 已撤销的文件是否全部收回。

（五）文件的修订

① 文件应定期检查不断修订。正常情况下，一般为两年左右，对现行文件进行复核，检查做出确认或修订的评价，也可随时进行文件修订。

② 文件修订一般由文件的使用者或管理者提出，填写技术文件修改申请表经文件的批准人评价修订的可行性并审批。文件的修订过程可视为新文件的起草。修订的文件一经批准执行，其印制、发放应与新文件相同。

③ 文件的修订必须记录，以便追踪检查。

（六）文件的撤销与回收

① 一般已废除及过时的文件或发现内容有问题的文件属撤销文件的范围。

② 新文件颁布执行之时，旧文件应撤销。

③ 发现文件有错误应立即撤销。

（七）文件保管及归档

企业应根据国家及地方的有关法规，制订各类文件的保管及归档管理制度。

第二节　验　　证

一、验证概述

验证：证明任何程序、生产过程、设备、物料、活动或系统确实能达到预期结果的有文件证明的一系列活动。

药品生产过程的验证内容必须包括：空气净化系统、工艺用水系统、生产工艺及其变更、设备清洗、主要原辅料变更，无菌药品生产过程的验证内容还应增加灭菌设备、药液滤过及灌封（分装）系统。

验证管理流程见图 7-1 所示。

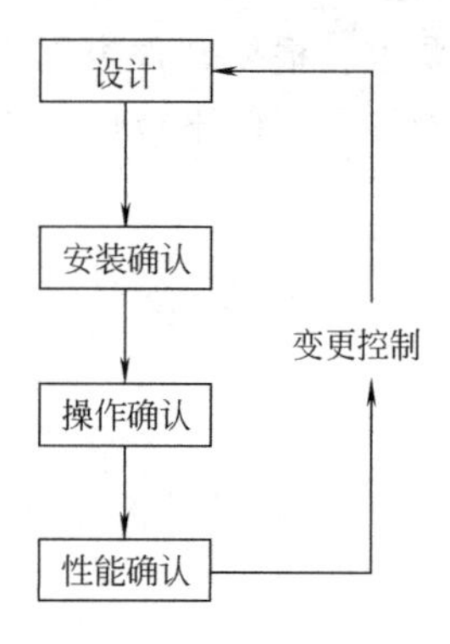

图 7-1　验证管理流程

二、验证工作相关部门的责任

验证工作与各部门相关的责任始终联系；验证是不断进行的质量工作的一部分，是生产单位运作的一部分；验证工作与多个部门有关：生产部门、质量保证、质量检验、研究与开发、工程部门、生产计划、文件控制、采购。工程：工厂验收测试、起动/调试、故障检查、现场验收测试、试验、周期性升级发展、供应厂商的文件报告、资料交接、设备档案、管道和设备图纸、竣工图、规格标准、流程图、设备操作手册。

生产/质量保证：标准操作程序、人员培训、预防性维修与保养、计量校验、符合法规要求、供应商审计、超质量标准结果的调查、安全、验证实施计划的制订、提供实施验证过程和进行记录的人员。

质量检验：生产区域清洁的确认、在线产品/材料的检查、协调/在线材料的收集、产品测试。

三、各部门对验证的影响

工程：规范标准、图纸、流程图、设备布置图。

生产：设备手册、操作人员、计划安排、维修记录。

质量系统：检查和批准、技术鉴定、实验室支持、环境。

开发：技术过程、工艺过程、清洁。

四、验证的步骤

常用的验证项目：安装确认；操作确认；工艺验证；清洗验证。

安装验证：设备、管线安装后，对照设计图纸和供应商提供的技术资料，查验安装是否符合设计要求和设备技术规格。

验证步骤如下。

(1) 安装确认 (IQ)　确认设备和系统是按照设计安装的，并符合设备和系统设计要求和标准。

安装确认项目包括：

包装确认；

设备清单；

安装过程确认；

材料确认（与产品直接接触的）；

仪器部分确认；

润滑剂确认（与产品接触的润滑剂必须是食品级的）；

各种技术图纸及操作指南确认；

安装过程确认；

与设备相关联的公用系统的确认。

（2）运行确认（OQ）　确认设备/系统的每一部分功能均能在规定的标准范围内稳定的运行。运行确认应在完成安装确认并已得到认可后进行，运行确认项目包括：

测试仪器校验；

设备/系统各部分功能测试；

指示器、互锁装置和安全控制测试；

报警器检测；

断电和修复。

五、安装验证内容（举例）

1. GMP 对工艺用水系统的要求

① 纯化水、注射用水的制备、贮存和分配应能防止微生物的滋生和污染。

② 贮罐和输送管道所用材料应无毒、耐腐蚀。

③ 管道的设计和安装应避免死角和盲管。

④ 贮罐和管道要规定清洗、灭菌周期。

⑤ 注射用水贮罐的通气口应安装不脱落纤维的疏水性除菌滤器。

⑥ 注射用水的贮存可采用 80℃以上保温、65℃以上循环保温或 4℃以下存放。

2. 纯化水、注射用水安装确认文件

① 有技术部门确定、质量部门认可的流程图，用水点、设计参数。

② 水处理设备与管路的安装高度记录，脱脂、试压记录。

③ 仪器、仪表的校验记录。

④ 管材、滤材、隔膜的材质证明。

⑤ 焊接、连接的证明。

⑥ 系统的运行，消毒标准操作规程，维修规程。

纯化水处理装置包括：多介质过滤器、活性炭过滤器、电渗析/离子交换器/反渗透/CDI、输送泵及循环泵、紫外灯、终端过滤器、贮罐、管线及各类仪表。

3. 检验

检验依据：企业标准（结合《中国药典》2005 年版）。

检验频率及项目：

① pH、电导率、氯化物，每个生产批号检一次；

② 微生物限度每个生产批号检一次；

③ 每月做一次全检。

举例如下：注射用水质量标准。

质量标准

【性状】　应为无色的澄明液体；无臭，无味。

【检查】

pH 5.0～7.0。

电导率（20℃）不得过 2.5ms/cm。

氯化物、硫酸盐与钙盐　应符合规定。

硝酸盐　不得过0.000006%。

亚硝酸盐　不得过0.000002%。

氨　不得过0.00003%。

二氧化碳　应符合规定。

易氧化物　应符合规定。

不挥发物　遗留残渣不得过1mg。

重金属　不得过0.00005%。

【微生物限度检查】　细菌和霉菌　总数不得过100 CFU/100ml。

第三节　药品GMP认证

药品GMP认证的含义：药品GMP认证是国家依法对药品生产企业（车间）实施监督检查并取得认可的一种制度，是贯彻执行《中华人民共和国药品管理法》的组成部分，是药品和药品生产许可的首要条件。

一、药品GMP的基本条件

1. 避免人为的错误生产出不良药品

指避免人为地发生如不同品种混放、贴错标签、放错说明书等情况。为此，要求留有足够、合理的空间及时间，避免人为的出现各种错误。

2. 防止药品的污染和质量的下降

指保证药品不因受各种污染而影响质量。为此，要注意生产设备结构，制订卫生清洁标准和方法；控制人流、物流，不准随便进入车间；生产操作人员要进行健康检查。

3. 建立高度的质量保证体系

指建立一个质量管理部门，其权限要从生产部门独立出来，建立与生产管理、质量管理的设备维修、仪器校正、标准操作规程和方法等相适应的验证及管理体制。

二、药品GMP认证检查分类

1. 常规检查

① 新开办的药品生产企业（车间）。

② 首次药品GMP认证的企业（车间）。

③《药品GMP证书》期满的企业（车间）。

④ 增加生产范围或新品种的企业（车间）。

⑤ 改变生产工艺或厂房设备等变更的企业（车间）。

2. 定期检查

证书有效期内的企业（车间）。

3. 追踪检查

限期整改后的企业（车间），主要检查缺陷项目的整改落实情况。

4. 专题检查

① 用户投诉或怀疑有药品质量问题的企业（车间）。

② 特定产品批准上市前的企业（车间）。

③ 药品监督管理工作需要的企业（车间）。

三、药品 GMP 认证程序

四、认证现场检查评定标准

① 药品 GMP 认证检查项目共 225 项。其中关键项目（*）56 项，称为严重缺陷；一般项目 169 项，称为一般缺陷。

② 严重缺陷不足 3 项时，且能够在限期 6 个月内整改符合规定的，可推迟推荐。

③ 严重缺陷满 3 项时，不与推荐。

④ 一般缺陷达 21%～40%，推迟推荐，在限期 6 个月时间内整改，并经追踪检查，符合规定的，予以推荐。

五、GMP 认证提交的内容

（一）机构与人员

（1）企业的组织机构

（2）质量管理部门　生产管理负责人根据药品标准、生产管理及标准操作规程、生产卫生管理及标准操作规程履行责任，保证生产全过程处于受控状态。

① 编制下达生产指令。

② 按生产指令生产药品。

③ 按一个批号编制批生产记录。

④ 按每个批号确认标签及包装材料是否符合要求，并做记录。

⑤ 对原料、中间产品、成品按每个批号，确认标签、包装材料在每个环节的保管、出库是否符合要求，并做记录。

⑥ 确认工艺设备的清洁，并做记录。

⑦ 确认生产操作人员的卫生管理，并做记录。

⑧ 定期检查（维修）生产设备，并做记录。

⑨ 确认有关事项的结果，通过文件向生产企业负责人报告。

（3）质量管理负责人　根据药品标准、质量管理及标准操作规程履行责任，确保质量保证体系运行过程中的协调、监督、审核和评价工作科学规范。

① 编制质量控制、监督检验实施计划。

② 原料及产品按批号，对标签、包装材料按每个环节留样，并做记录。

③ 对留样品按批号进行试验检查，并做记录。

④ 定期检查维修有关试验、检验的设备、仪器，并做记录。

⑤ 对检验结果进行判定，将其结果书面向生产企业负责人、生产管理负责人报告。

（4）领导层人员

① 企业领导人员具有大专以上或相当学历，药品生产和质量管理经验。

② 部门领导人员具有专业技术职称，丰富的药品生产和质量管理经验。

③ 生产和质量管理部门负责人不得相互兼任，或由非在编人员担任。

（5）岗位人员

① 生产操作人员要具有一定的文化程度，经专业知识、岗位技术、GMP 管理、职业道德等培训，合格并持证上岗。

② 特殊岗位的人员需符合特殊要求。

（6）人员培训内容

① 企业领导：法律、法规、GMP、生产经营和质量管理。

② 部门负责人：法律、法规、GMP、专业技术、企业制度。
③ 岗位操作人员：法律、法规、GMP、企业制度、工艺规程、SOP、质量监控方法。

（二）厂房与设施（参见教材《药物制剂工程技术与设备》）

（三）设备

1. 基本要求

① 设备的设计和选型。
② 设备的结构。
③ 设备的表面。
④ 设备的传动部件。
⑤ 灭菌设备。
⑥ 纯化水贮罐及管道。
⑦ 设备的安装。

2. 设备管理

设备档案内容有：
① 生产厂家、型号、规格、生产能力、安装日期；
② 技术资料（说明书、质量合格证、设备图纸、总装配图、备品备件清单等）；
③ 安装位置及施工图；
④ 维护保养检修的内容、周期及记录；
⑤ 设备的改进和变动记录；
⑥ 设备的验证或鉴定记录；
⑦ 设备的事故记录。

例一　设备基础管理规程
① 设备管理机构的设置与职责。
② 设备分类及其管理措施。
③ 设备造册及台账。
④ 制订安全操作标准。
⑤ 培训及上岗。
⑥ 盘点、检查、考核及统计。

例二　设备开箱验收程序
① 清点，核对箱内物件。
② 检查原始资料及技术文件。
③ 检查主机及附件外观情况。
④ 填写《开箱验收检查记录》。

例三　设备调试验收程序
① 按技术指标逐项试验，先空载运转后负荷试车。
② 做安装确认、运行确认及性能确认。
③ 填写记录。
④ 运行初期加强产品检验。

例四　设备运行管理规程
① 按操作标准操作。

② 状态标志管理。

③ 清洗与消毒操作。

④ 运行记录。

⑤ 压力容器管理。

⑥ 液体物料输送管理。

（四）物料

1. 采购

按照规定的质量标准购进物料，并宜实行定点采购，以保证药品生产有一个质量稳定的供应系统，同时将对这个供应系统的管理纳入企业药品生产管理中。

① 物料的质量审核。

② 生产供应商的选择。

2. 验收

初验→清洁→编号→请验→取样检验→入库

3. 贮存

① 各种在库贮存物料应有明显的状态标志，待验、合格、不合格物料的货位要严格分开，并分别用黄色、绿色、红色标明。

② 对有温度、湿度及特殊要求的物料、中间产品或成品，应按规定条件贮存。

③ 固体、液体的原料、辅料应分库贮存；挥发性物料应注意避免污染其他物料。

④ 标签和使用说明书均应按品种、规格有专柜或专库加锁贮存。

4. 发放原则

① 物料发放时应先进先出，易变先出。

② 发放的物料应包装完好，称重计量，附有的合格标志与物料一致。

③ 待验及不合格物料不得发放使用。

④ 仓库保管员依据生产指令或领料单所列物料品名、编号、批号、规格、数量等进行发放。

⑤ 发料人、领料人、复核人均应在生产指令或领料单上签字。

⑥ 需拆零的物料可根据其性质在指定区域拆包、称量，称量后被拆包件应封严后放回原货位，并悬挂标志。

⑦ 货物发放后应由仓库保管员及时填写货位卡和台账，注明货物去向及结存情况。

⑧ 仓库管理人员应定期对库存情况进行盘点，如有差错，应查明原因，并及时纠正。

5. 药品的标签、使用说明书

① 设计。

② 批准和印刷。

③ 验收。

④ 保管。

⑤ 发放。

例：物料进厂验收入库管理规程

① 初验内容。

② 清洁方法和工具。

③ 编号记账。

④ 物料状态标志方法。

⑤ 请验、取样、更换标志、记录。

⑥ 入库手续。

（五）卫生

包括：① 厂区卫生；② 厂房卫生；③ 工艺卫生；④ 人员卫生。

例：厂房、设备、容器清洁（消毒）规程

① 清洁（消毒）范围。

② 清洁（消毒）实施条件及程序。

③ 清洁（消毒）所用设备、设施或器具。

④ 允许使用的清洁（消毒）剂及配置方法。

⑤ 清洁（消毒）频率与方法。

⑥ 清洁（消毒）评价。

⑦ 清洁（消毒）人、检查人。

（六）验证

1. 验证的概念及分类

① 前验证。

② 同步验证。

③ 回顾性验证。

④ 再验证。

⑤ 厂房与设施验证。

⑥ 设备验证。

⑦ 工艺验证。

⑧ 检验方法验证。

⑨ 产品验证。

⑩ 计算机程控系统的验证。

⑪ 生产清洁验证。

2. 验证步骤

① 制订验证方案。

② 实施验证。

③ 验证报告及审批。

④ 文件管理。

⑤ 再验证。

3. 验证标准的原则及验证必要条件

① 验证标准的原则　合法性；国际公认惯例；质量保证。

② 必要条件及要求　基本具备 GMP 条件；不能用反证；只有相同工艺条件下获得的各种数据才可以用于回顾性验证，其批数一般超过 20 批，不得少于 6 批；工艺验证至少包括连续三批生产性试验。

4. 验证文件

包括验证方案和试验结果及记录。

5. 验证项目

① 厂房与设施

a. 空气净化系统（HVAC系统）。

b. 制水系统。

c. 直接接触药品的气体。

d. 其他公用工程系统。

② 关键设备

a. 验证目的。确认设备的设计；确立有关文件；确保计量器具的准确性；确定运行与操作要求；确认设备能满足产品质量要求。

b. 验证步骤。预确认、安装确认、运行确认、性能确认。

③ 生产工艺及其变更

a. 工艺验证目的。证实某一工艺过程确实能稳定地生产出符合预定规格及质量标准的产品。生产工艺变更，首先需进行鉴定，并要取得药品监督管理部门的批准认可，再进行生产工艺验证。

b. 工艺验证的内容。产品质量的均一性、稳定性；工艺参数设计的合理性、准确性；生产过程控制方法与手段的可靠性；设施、设备与物料的适用性等。

④ 设备清洗验证

a. 验证目的。是对清洗SOP的确认，考察SOP的可操作性和符合性。

b. 基本要求。所有与药品直接接触的生产设备及容器均要验证；验证可通过目测、化学检验及微生物检验等来证实；验证时必须按清洗SOP操作。

c. 效果评价标准。接触药品的设备表面残留量少于日剂量的千分之一；接触药品的设备表面污染量少于10μg/g；不能有可见的残留痕迹。

⑤ 物料验证。对物料质量标准的确认及供应商的质量体系审核，证实符合本企业产品的生产和质量要求。主要原辅料发生变更时应进行再验证，内容有：稳定性试验；试生产；供应商的质量审核。

（七）生产管理

1. 技术文件的制订程序及要求

① 生产工艺规程。

② 岗位操作法。

③ 标准操作规程（SOP）。

④ 生产记录。

⑤ 生产记录的复核。

⑥ 批生产记录的整理、审核与保管。

2. 生产过程管理

① 配料、投料的计算、称量。

② 称量及复核。

③ 岗位操作。

④ 偏差及紧急情况。

⑤ 中间产品。

⑥ 清场管理。

⑦ 不合格品。

（八）质量管理

1. 物料的监督

① 质量监督人员或授权人参与对物料等供应厂家依据有关规定进行质量审核，并填写记录。

② 质量监督人员依据物料的检验报告书，填写物料质量月报，并发放合格证或不合格证，不合格的物料不准投入使用。

③ 遇有与物料接收标准不符的情况应拒收或置不合格品区，并立即向质量管理部门报告，根据规定及时处理。

2. 生产过程的监督

① 各级专职或兼职质量检查员应按质量标准、标准操作规程、生产全过程的监控标准等，检查中间产品、成品、卫生、设备等情况，并逐项做好质量检查记录，填写中间产品或成品的质量月报。

② 质量监督人员应复核生产过程的物料平衡，并在生产记录上签字。

③ 中间产品、成品的待验及贮存期间，按有关规定执行，标志准确，仓贮合理。

④ 不合格品应有明显标志，分放在限制区内，并在规定时间内及时处理，记录齐全。

⑤ 质量监督部门负责审核批生产记录中有关内容。

⑥ 质量监督人员应对工艺用水的水质定期全面检查，并负责监督制水工序，按规定检查水质。

3. 洁净室的监督

① 质量监督人员应定期监测洁净室环境，并记录。

② 按规定要求监督检查滤器的完整性及滤效等有关资料并记录。

③ 当控制参数发生偏差时，应监督其及时纠正。

4. 留样观察

① 企业应设有留样观察室，由专人负责留样观察工作。

② 建立留样观察制度，明确规定留样品种的批数、数量、复查项目、复查期限、留样时间等。

③ 填写留样记录，留样观察记录。

④ 定期分析，做好留样研究总结并报企业质量负责人。

5. 不合格品的监督

① 质量监督人员负责监督有关部门严格执行“不合格品的管理规程”或“不合格品的处理程序”，不合格品应单独放在限制区，并填写不合格品台账，详细记录。

② 根据不合格品情况，审核书面处理报告，呈报企业质量负责人审核、批准。

③ 质量监督部门负责监督执行处理工作在规定时间内完成，并填写不合格品的处理记录。

6. 稳定性试验

① 质量管理部门有专人负责对物料、中间产品、成品的稳定性试验工作。

② 根据“稳定性试验规程”，定期对物料、中间产品、成品影响稳定性因素的试验数据进行收集、整理，并向质量负责人汇报。

③ 通过对物料的质量稳定性评价，确定原料的贮存期、药品的失效期或质量负责期。

7. 用户访问制度

企业必须定期组织开展对用户的访问，制订用户访问制度，重视用户对产品质量的意见，制订整改措施，并付诸实施。

8. 质量档案及质量台账

① 质量管理部门必须建立产品质量档案，并指定专人负责。内容如下：产品简介；品名，规格，批准文号，投产日期，简要工艺流程，工艺处方；质量标准沿革；主要物料、中间产品、成品等质量标准；历年质量情况及评比；与国内外同类产品对照情况；留样观察情况；稳定性试验；重大质量事故；用户访问意见；工艺规程及检验方法变更情况；提高产品质量的试验总结。

② 质量管理部门应按品种建立产品质量台账，并定期进行累计及分析。内容有：品名、日期、批号、批量、检验报告单号、检验项目及数据、外观检查项目及结果、质量指标完成情况、备注等。

（九）产品的销售与收回

（1）成品仓贮管理　入库验收；贮存；出库验发。

（2）销售记录管理　销售记录管理是GMP管理的一个重要方面，每批成品应有销售记录，并特别强调其准确性。销售记录应妥善保管好，根据记录应能追查每批成品的销售去向，以便在必要时能及时全部追回。

销售记录的内容：

① 药品名称、剂型、规格、批号；

② 检验报告书号；

③ 合同单号、运输方式；

④ 发货数量（件数）；

⑤ 收货单位或购货人、地址、邮编、电话、传真；

⑥ 发货日期、发货人；

⑦ 其他。

（3）药品退货和收回

① 入库接收。

② 退回药品的处理

a. 退回药品的原因可能涉及其他批号时，应同时调查、处理。

b. 定期对退回药品进行原因分析，写出书面报告，提交企业质量负责人。紧急收回药品处理：

Ⅰ. 下发紧急收回药品通知单；

Ⅱ. 追回所有药品；

Ⅲ. 做好收回记录；

Ⅳ. 药品收回进库后，要认真做好“紧急收回药品入库记录”，收回药品要单独存放，做有效隔离，并应逐件做出明显标记；

Ⅴ. 药品的销毁应在质量管理部门的监督下进行，并应做好销毁记录。

（十）投诉与不良反应报告

（1）用户质量投诉的处理及程序　用户质量投诉是企业获得药品质量信息，了解药品销售过程中质量情况的重要手段。应制订“用户质量投诉管理制度”，并有专人负责。

① 用户质量投诉收集，做好信件的登记建档及用户接待工作。

② 用户质量投诉的评价、分类、调查及处理。

③ 了解药品使用效果及用户要求，做好质量信息的总结及反馈工作。

其程序为：用户投诉的接收；用户投诉的处理。

(2) 药品不良反应报告　药品不良反应类别：副作用、毒性反应、过敏反应、药物依赖性、致突变、致畸、致癌，其他不良反应等。

药品不良反应报告程序。

① 企业应建立药品不良反应监察报告制度，并指定专门机构或人员负责管理。

② 药品出现不良反应情况时，应详细记录和认真调查处理，并及时以书面形式报告所在地药品监督管理部门，情况严重的，应收回全部药品。

③ 药品出现重大质量问题时，应及时向当地药品监督管理部门报告。

(十一) 自检

(1) 自检的目的　自检是指企业通过以质量管理部门为主的自检组织，对本企业的质量保证体系以及药品生产过程、厂房、设施、设备、质量管理等方面定期与不定期地进行全面检查或局部检查，从而评价其是否与 GMP 的要求相一致，发现缺陷及时改进，以保证药品生产各环节符合 GMP 的有关要求。自检也可称为企业内部的质量审核。

(2) 自检程序

① 成立自检小组。

② 制订自检规程及自检项目。

③ 现场检查并详细记录。

④ 写出书面报告，对检查进行评价，提出改进措施。

⑤ 将问题反馈到有关部门并制订追踪检查计划。

⑥ 自检报告归档。

(3) 自检频次

① 定期自检。如年检，按药品监督管理部门要求每年对全厂执行 GMP 情况进行一次全面检查。月检或季检，按月或按季对有关部门执行 GMP 情况进行抽检，发现问题及时解决。

② 不定期自检。针对性自检：出现特别情况时进行检查，如药品出现成批退货时应进行自检。有重点的自检：如新厂房、新设备开始使用时，新的软件开始推行时应进行重点自检。

第四节　药品生产企业洁净厂房的施工和验证

一、概述

洁净厂房是指对生产环境空气洁净度有一定要求的可供人活动的空间，其功能是能控制微粒的污染。洁净厂房是与空气洁净技术联系在一起的，GMP 所应用的空气洁净技术是由处理空气的空气净化设备、输送空气的风管系统和进行生产的洁净环境－洁净室三大部分构成。

首先由送风口向室内送入干净的空气，室内产生的细菌、灰尘被干净空气稀释后强迫其由回风口进入系统的回风管道，在空调设备的混合段与从室外引入的经过过滤处理的新风混合，再经过空调器处理后又送入室内。室内空气如此反复循环，就可以在一个时期内把污染控制在一个稳定的水平上。

空气洁净技术就是建立洁净环境的技术，它是一个综合性的技术。洁净技术涉及的内容范围是很广的，如洁净室技术的研究、开发；洁净室各系统（壁板、吊顶、地板、消毒剂及消毒系统、净化空调系统）以及其他服务系统（如洁净工作服、洁净室专用抹布等消耗品）的研究、开发、安装、运行及管理；高纯水、高纯气体、特种气体、高纯化学品（液）的分配系统（上至整体的系统，下至单体设备、组件、管道材质并内表面处理、管道附件等）的研究、开发、安装、运行，及高纯工艺介质中的各种玷污物质的检测监测系统的开发及其应用；工艺及工艺设备本身的玷污控制研究、开发等。

洁净室与一般建筑不同的是它既有新建（土建）的，也有金属板壁、铝型材板壁甚至木质贴塑板壁在现场改建或装配的，新建的一些中、大型工程主要由设计院设计，专业安装公司施工安装（有时施工单位还要进行二次设计）；小型的则将设计、制造和安装合为一家，都由各净化设备厂承担。

对一个洁净厂房来说，要达到控制污染的目的，设计、施工、调试和验证以及今后的维护管理都是非常重要的，缺一不可。洁净厂房设计必须做到技术先进、经济适用、安全可靠、确保质量，符合节约能源、劳动卫生和环境保护的要求。并且为施工安装、维护管理、检修测试和安全运行创造必要的条件。

无论是建设单位项目管理人员还是施工单位都必须对洁净厂房的设计和施工有深刻的了解，并熟悉GMP和各种规范。

常用的洁净厂房设计与安装规范、标准及规定如下：

《药品生产质量管理规范》(1998年修订)；

《医药工业洁净厂房设计规范》(1996年)；

《采暖通风与空气调节设计规范》GBJ 19—87（2001年版）；

《通风与空调工程施工及验收规范》GB 50243—97；

《洁净厂房设计规范》GB 50073—2001；

《洁净室施工及验收规范》JGJ 71—90；

《建筑设计防火规范》GBJ 16—87（2001年版）。

二、药品生产企业GMP洁净厂房的特点

① 以微粒和微生物为环境控制对象。

② 多功能的综合整体

多专业：建筑、空调、净化、纯化水、工业气体。

多参数：洁净度、风量、风压、噪声、光照度。

③ 对进入洁净厂房的空气、人、物有净化消毒设施。

④ 厂房设施应耐消毒、耐腐蚀、防霉、防湿，便于清洗。

三、洁净室厂房的施工

（一）材料和装饰要求

(1) 装饰材料的基本要求　表面平整、光洁、不起尘、无裂缝、无颗粒性物质脱落。

(2) 地面材料

① 无弹性饰面材。

② 涂料。

③ 弹性饰面材。

(3) 墙面材料　瓷板墙面、油漆涂料。

(4) 墙体材料　砖墙、轻质隔墙。

(5) 吊顶材料　硬吊顶、软吊顶。

(6) 门窗材料　彩钢板、不锈钢、铝合金。

(7) 照明灯具　吸顶式、嵌入式。

(8) 建筑装饰要点

① 不产尘、不产菌原则。

② 不积尘、不积菌原则。

③ 容易清洁原则。

(二) 洁净厂房的防火与安全要求

① 洁净厂房的耐火等级不应低于二级。

② 洁净厂房疏散走廊应设置机械防排烟设施。

③ 净化空调系统的风管应设防火阀。

④ 风管、附件及辅助材料的选择。

⑤ 甲、乙类厂房用的送风设备和排风设备不应布置在同一通风机房内，且排风设备不应和其他房间的送、排风设备布置在同一通风机房内。

⑥ 排除、输送有燃烧或爆炸危险的气体、蒸汽和粉尘的排风系统，应设有导除静电的接地装置。其排风设备不应布置在建筑物的地下室、半地下室。

(三) 施工要求

① 洁净室必须按设计图纸施工，施工中需修改设计时应有设计单位的变更通知。没有图纸和技术要求的不能施工和验收。

② 洁净室施工前要制订详尽的施工方案和程序，施工中各工种之间应密切配合，按程序施工。

③ 工程所用的主要材料、设备、成品、半成品均符合设计规定，并有出厂合格证和技术鉴定注明文件。对质量有怀疑时，必须进行检验。过期材料不得使用。

④ 洁净室施工过程中，应在每道工序施工完毕后进行中间检验验收，并记录在案。

⑤ 对已安装（亚）高效过滤器的房间，不得进行有粉尘的作业。

四、洁净厂房的净化空调系统

人类在长期与自然环境的斗争中，主要解决外界环境对人类生存的威胁和影响。随着社会的发展，人类在抵御自然环境侵害的能力方面，手段越来越多，从消极防御逐步发展到能主动地去控制环境，并且从保证人类生存的基本条件逐步发展到创造一定的使人感到舒适的空气环境。

在工业生产过程中，随着某些工艺的进行，将会产生大量的热、湿、灰尘和有害气体，对这些有害物如果不采取有效的防护措施，将会污染车间空气和大气环境，对人们的身体健康造成极大的危害。

在药品生产中，不仅对空气温度、湿度有一定的要求，而且对空气中含有尘粒和微生物的大小和数量也有相当严格的规定。医药工业近年来大量建立“洁净室”，就是利用过滤技术将每升空气中含有的以十万甚至百万计的灰尘颗粒，降低到每升空气中只含有几粒至几百、几千粒的不同净化等级，以控制空间的含尘数量。

无论是在工业建筑中为了保证工人的身体健康，提高产品质量，还是在公共建筑中为了满足各种人的活动和舒适的需要，都要求采用人工的办法，创造和维持一定要求的空气环境，这就是 HVAC。

① 供热就是利用热媒（如热水或蒸汽）将热能从热源输送到用户，HVAC 中主要指以水和蒸汽为热媒的建筑物采暖系统。在洁净厂房内，由于采用了空调系统，其主要设备空气处理机组内本身就具有冬季加热的功能，也就没有必要在房间里设置单独的散热设备来采暖了。

② 通风就是把室内的废气排出去，把新鲜空气送进来，以控制室内有害物量不超过卫生标准，这还包括了除尘技术。通风系统的作用主要在于消除生产过程中产生的灰尘、有害气体、高温和辐射热的危害。

附录一、药品GMP认证检查项目注释（部分）

＊0301　企业是否建立药品生产和质量管理机构，明确各级机构和人员的职责。企业应有组织机构图，并有明确的岗位职责文件。

0302　是否配备与药品生产相适应的管理人员和技术人员，并有相应的专业知识。

从组织机构图及岗位责任制文件中对应各部门的人员是否配备齐全，且不得过多的兼任；查看人事档案确认是否为本企业在编人员；查看其相关学历证明的原件；查看在本企业工作年限确认其所参与的文件编写、填写记录及验证等工作的时间是否一致。必要时可查看工资表。

0401　主管生产和质量的企业负责人是否具有医药或相关专业大专以上学历，并具有药品生产和质量管理经验。

主管药品生产和质量的企业负责人，可以是同一个人。医药或相关专业是指该专业所受教育应包括下列学科或适当的综合学科：化学（分析化学、有机化学）、生物化学、化学工程、微生物、药学、药剂学、药理、毒理、医学、核医学等相关学科；总工程师应视为企业负责人，但岗位责任中应有说明；药品生产和质量管理经验应为三年以上的所管理部门的工作经验。

0402　生物制品生产企业生产和质量管理的负责人是否具有相应的专业知识（细菌学、病毒学、生物学、分子生物学、生物化学、免疫学、医学、药学等），并具有丰富的实践经验以确保在其生产、质量管理中履行其职责。

生物制品生产企业负责人所应具有的专业知识只包括上述学科，除此之外的相关学科不在此例；应有五年以上所管理部门的工作经验。

0403　中药制剂生产企业主管药品生产和质量管理的负责人是否具有中药专业知识。

中药制剂生产企业主管药品生产和质量管理的负责人所受教育应包括中药学科。

0501　生产管理和质量管理的部门负责人是否具有医药或相关专业大专以上学历，并具有药品生产和质量管理的实践经验。

生产管理和质量管理的部门负责人应有其所管理部门两年以上工作经验。

0502　生产管理和质量管理的部门负责人是否相互兼任。

应避免主管质量的企业负责人兼任生产管理部门负责人。

0601　从事药品生产操作的人员是否经相应的专业技术培训上岗。

专业技术培训是指设备标准操作法及岗位标准操作法的培训。应查看人员培训的有关文件。重点查看培训时间与其所参与的生产记录的时间是否吻合。

0602　从事原料药生产的人员是否接受过原料药生产特定操作的有关知识培训。

除设备标准操作法及岗位标准操作法的培训外，应侧重岗位安全防护的培训。

0603　中药材、中药饮片验收人员是否经相关知识的培训，具有识别药材真伪、优劣的技能。

注：辅有阴影的内容为作者对GMP认证检查项目的释译。

应注重验收人员对本企业所用中药材、中药饮片的真伪、优劣的识别技能及相应的培训。

0604　从事药品质量检验的人员是否经相应的专业技术培训上岗。

药品质量检验人员的专业技术培训特指检验技能的培训，具有医药或相关专业大专以上学历的人员亦应经专业技术培训后方可上岗，但培训的单位并不一定为指定单位，应注重是否经过培训及培训效果。

0701　从事药品生产的各级人员是否按本规范要求进行培训和考核。

这里所说的培训和考核不仅仅是《药品生产质量管理规范》，还应包括企业所有的生产和质量管理文件的培训和考核。

0702　从事生物制品制造的全体人员（包括清洁人员、维修人员）是否根据其生产的制品和所从事的生产操作进行专业（卫生学、微生物学）和安全防护培训。

应侧重安全防护知识的培训，尤其是菌种保护的安全培训。

0801　企业药品生产环境是否整洁，厂区地面、路面及运输等是否对药品生产造成污染，生产、行政、生活和辅助区总体布局是否合理；是否相互妨碍。

应侧重药品生产车间周围一定区域内的地面、路面绿化或硬化；生产、行政、生活和辅助区总体布局是否合理，强调的是不能相互妨碍。

0901　厂房是否按生产工艺流程及其所要求的空气洁净等级进行合理布局。

工艺流程是否合理布局应包括车间是否按功能划分区域，如仓贮区、称量及前处理区、辅助区、生产区、包装区、人物流通道等；产尘量大的工序如粉碎、过筛、称量间等应分别设置；空气洁净等级是否合理布局是指空气洁净条件要求不同的区域位置的设置是否合理，如产尘量大的区域是否相对集中。

0902　同一厂房内的生产操作之间和相邻厂房之间的操作是否相互妨碍。

同一厂房内的生产操作之间是否相互妨碍应侧重每个生产岗位的位置和面积是否考虑了设备的大小、操作方式（如加料方式）、与前后生产工序的连接方式是否合理，使生产操作能有条理的进行；相邻厂房之间的操作是否相互妨碍应侧重厂房之间的公用部分是否相互影响（如物料的出入、人员的出入），尤其是公用人员更衣区域应避免交叉污染。

1001　厂房是否有防止昆虫和其他动物进入的设施。

应侧重防止昆虫及其他动物的进入而不是进入后的捕捉。

1101　洁净室（区）的内表面是否平整光滑、无裂缝、接口严密、无颗粒物脱落、耐受清洗和消毒。

洁净室（区）的内表面如采用彩钢板应注意彩钢板之间的接口是否密封；如采用涂料，则应注意涂料性能是否不脱落、耐腐蚀。

1102　洁净室（区）的墙壁与地面的交界处是否成弧形或采取其他措施。

这一条应注意两个问题，第一，是墙壁与地面的交界处而不是墙壁与墙壁或墙壁与顶棚的交界处；第二，不是必须采用弧形，其目的是减少灰尘的积聚和便于清洁，只要有清洁的方法即可。

1103　洁净室（区）内是否使用无脱落物、易清洗、易消毒的卫生工具，其存放地点是否对产品造成污染，并限定使用区域。

卫生工具的材质应与洁净工作服的质地要求相一致，光滑、不产生静电、不脱落纤维和颗粒性物质；并应注意工具存放间是否独立使用，是否对卫生工具标有使用的范围。

1104　中药生产的非洁净厂房地面、墙壁、天棚等内表面是否平整、易于清洁、不易脱落、无霉迹，是否对加工生产造成污染。

中药生产的非洁净厂房是指中药前处理和提取车间，不包括收膏和直接入药部分的粉碎。墙壁应能够清洗，如瓷砖；天棚以不易产生脱落物、不易霉菌生长的材质为宜。

1105　净选药材的厂房是否设拣选工作台，工作台表面是否平整，不易产生脱落物。

拣选台的表面可选用不锈钢材质且不应有接缝。

1201　生产区是否有与生产规模相适应的面积和空间。

应注意生产现场不能贮存物料。

1202　中药材、中药饮片的提取、浓缩、蒸、炒、炙、煅等厂房是否与其生产规模相适应。

应注意提取、浓缩、蒸、炒、炙、煅等工段生产能力的平衡，如提取液要分几次浓缩，不能一次浓缩的提取液的存放地点和存放时间是否有安排。

1203　原料药中间产品的质量检验与生产环境有交叉影响时，其检验场所是否设置在生产区域内。

原则上不应在生产区域内设置检验场所。中间体检验最好在中心检验室检验，如果生产区域距中心检验室较远，可在生产区域就近设置检验室。

1204　贮存区是否有与生产规模相适应的面积和空间。

应注意贮存区的面积应能满足连续生产时的需要。

1205　贮存区物料、中间产品、待验品的存放是否有能够防止差错和交叉污染的措施。

应注意在贮存区物料、中间产品、待验品要分区存放，有效隔离，并有明显的标志。

1206　原料药的易燃、易爆、有毒、有害物质的生产和贮存的厂房设施是否符合国家的有关规定。

原料药的易燃、易爆、有毒、有害物质的生产和贮存的厂房验收要有消防、环保等有关部门的认可。

1301　洁净室（区）内的各种管道、灯具、风口等公用设施是否易于清洁。

洁净室（区）内的各种管道、灯具、风口要便于拆卸，不能拆卸的应避免死角，并应有清洁的方法和周期的文件。

1401　洁净室（区）的照度与生产要求是否相适应，厂房是否有应急照明设施。

应有所生产的品种对照度的要求并有检测的记录；要有定期检查应急照明设施的文件规定。

1501　进入洁净室（区）的空气是否按规定净化。

其生产的剂型应与GMP所要求的空气净化级别相一致。

1502　洁净室（区）的空气是否按规定监测，空气监测结果是否记录存档。

首先应有文件规定，要有操作性强的标准操作规程，监测的内容应包括换气次数、噪声等。

1503 洁净室（区）的净化空气如可循环使用是否采取有效措施避免污染和交叉污染。

空气净化系统的回风，应从初效段进入风箱。

1504 空气净化系统是否按规定清洁、维修、保养并做记录。

要有文件规定，应包括清洁、维修、保养的方法和周期，初效过滤器的清洗、干燥、存放要有地点。

1601 洁净室（区）的窗户、天棚及进入室内的管道、风口、灯具与墙壁或天棚的连接部位是否密封。

应注意进入室内的管道最好加套管或垫圈，直接穿越天棚不便于密封。

1602 空气洁净度等级不同的相邻房间之间是否有指示压差的装置，静压差是否符合规定。

应包括空气洁净等级相同的但要求相对负压的房间与相邻房间之间；注意指示压差的装置应安装在有气流组织关系的相邻房间之间，如人、物流出入口。静压差的监测记录应纳入批生产记录，以证明在生产该批药品时生产环境与生产工艺要求一致。

1603 非创伤面外用中药制剂及其他特殊制剂的生产厂房门窗是否能密闭，必要时有良好的除湿、排风、除尘、降温等设施。

非创伤面外用中药制剂及其他特殊制剂的生产厂房不需洁净空气，但人员、物料的进入应参照洁净区管理。

1604 用于直接入药的净药材和干膏的配料、粉碎、混合、过筛等厂房门窗是否密闭，有良好的通风、除尘等设施。

应包括直接入药的提取液；用于直接入药的净药材和干膏的配料、粉碎、混合、过筛等厂房不需洁净空气，但应送舒适性空气；人员、物料的进入应参照洁净区管理。

1701 洁净室（区）的温度和相对湿度是否与药品生产工艺要求相适应。

洁净室（区）的温度和相对湿度的监测记录应纳入批生产记录，以证明在生产该批药品时生产环境与生产工艺要求一致。

1801 洁净室（区）的水池、地漏是否对药品产生污染，100 级洁净室（区）内是否设置地漏。

应注意水池的下水与地漏的要求一致。

1901 不同空气洁净度等级的洁净室（区）之间的人员和物料出入，是否有防止交叉污染的措施。

应与洁净室（区）和非洁净室（区）之间的要求一致，但人员由低级别进入高级别时，可直接套穿高级别的洁净工作服，经洗手、消毒后进入。

1902 10000 级洁净室（区）使用的传输设备是否穿越较低级别区域。

应注意传输设备在穿越时的连接形式，如两台传输设备的串联形式是允许的。

1903 洁净室（区）与非洁净室（区）之间是否设置缓冲设施，洁净室（区）人流、物流走向是否合理。

人流、工器件传送、物料传送等是否最大限度地防止药品的交叉污染和混杂，应侧重人员更衣间的布局及面积、物料进入的方式及功能间的分布等是否合理，人员更衣应为脱外衣室、洗手、穿洁净衣室、手消毒、缓冲；物料进入不宜用传递窗，以缓冲间为宜。

2001　生产青霉素等高致敏性药品是否使用独立的厂房与设施、独立的空气净化系统，其分装室是否保持相对负压，分装室排出室外的废气是否经净化处理并符合要求，分装室排风口是否远离其他空气净化系统的进风口。

独立的厂房是指独立的建筑物，这样才能保证分装室排风口远离其他空气净化系统的进风口。

2002　生产β-内酰胺结构类药品与其他类药品生产区域是否严格分开，使用专用设备和独立的空气净化系统。

与其他类药品生产区域是否严格分开是指有有效隔断的独立的生产区域。

2101　性激素类避孕药品生产厂房与其他药品生产厂房是否分开，是否装有独立的专用空气净化系统，气体排放是否经净化处理。

性激素类避孕药品原料药的生产厂房必须是独立的建筑物；性激素类避孕药品制剂的生产厂房至少应为专用的生产区域。

2102　生产激素类、抗肿瘤类化学药品是否与其他药品使用同一设备和空气净化系统；不可避免时，是否采用有效的防护措施和必要的验证。

应视生产药品品种的情况来决定所应采取的措施。

2201　生产用菌毒种与非生产用菌毒种、生产用细胞与非生产用细胞、强毒与弱毒、死毒与活毒、脱毒前与脱毒后的制品和活疫苗与灭活疫苗、人血液制品、预防制品等加工或灌装是否同时在同一生产厂房内进行。

这些类型的药品的生产可公用一个生产厂房，但不能同时生产，应注意交替生产时清场处理。

2202　生产用菌毒种与非生产用菌毒种、生产用细胞与非生产用细胞、强毒与弱毒、死毒与活毒、脱毒前与脱毒后的制品和活疫苗与灭活疫苗、人血液制品、预防制品等贮存是否严格分开。

其各自的贮存区要有有效的隔离。

2203　不同类型的活疫苗的处理、灌装是否彼此分开。

如果在同一厂房同时生产不同类型的活疫苗，就要有各自的处理和灌装区域。

2204　强毒微生物操作区是否与相邻区域保持相对负压，是否有独立的空气净化系统，排出的空气是否循环使用。

其与相邻区域的通道加大送风量以确保其对相邻的区域保持相对负压。

2205　芽孢菌制品操作区是否与相邻区域保持相对负压，是否有独立的空气净化系统，排出的空气是否循环使用，芽孢菌制品的操作直接灭活过程完成之前是否使用专用设备。

其与相邻区域的通道加大送风量以确保其对相邻的区域保持相对负压。

2206　各类生物制品生产过程中涉及高危致病因子的操作，其空气净化设施是否符合特殊要求。

2207 生物制品生产过程中使用某些特定活生物体阶段的设备是否专用，是否在隔离或封闭系统内进行。

2208 卡介苗生产厂房和结核菌素生产厂房是否与其他制品生产厂房严格分开，卡介苗生产设备要专用。

2209 炭疽杆菌、肉毒梭状芽孢杆菌和破伤风梭状芽孢杆菌制品是否在相应专业设备内生产。

2210 设备专用与生产孢子形成体，当加工处理一种制品时是否集中生产，某一设施或一套设施中分别轮换生产芽孢菌制品时，在规定时间内是否只生产一种制品。

2211 生物制品生产的厂房与设施是否对原材料、中间体和成品存在潜在污染。

2212 聚合酶链反应试剂（PCR）的生产和检定是否在各自独立的建筑物内进行，防止扩增时形成的气溶胶造成交叉污染。

2213 生产人免疫缺陷病毒（HIV）等检测试剂，在使用阳性样品时，是否有符合相应规定的防护措施和设施。

2214 生产用种子批和细胞库，是否在规定贮存条件下专库存放，是否只允许指定人员进入。

2215 以人血、人血浆或动物脏器、组织为原料生产的制品是否使用专用设备，是否与其他生物制品的生产严格分开。

2216 使用密闭系统生物发酵罐生产生物制品可以在同一区域同时生产（如单克隆抗体和重组DNA制品）。

2217 各种灭活疫苗（包括重组DNA产品）、类毒素及细胞提取物，在其灭活或消毒后可以与其他无菌制品交替使用同一灌装间和灌装、冻干设施。但在一种制品分装后，必须进行有效的清洁和消毒，清洁和消毒效果应定期验证。

2218 操作有致病作用的微生物是否在专门的区域内进行，是否保持相对负压。

2219 有菌（毒）操作区与无菌（毒）操作区是否有各自独立的空气净化系统，来自病原体操作区的空气是否循环使用。

2220 来自危险度为二类以上病原体的空气是否通过除菌过滤器排放，滤器的性能是否定期检查。使用二类以上病原体强污染性材料进行制品生产时，对其排出污物是否有有效的消毒设施。

2221 用于加工处理活生物体的生物制品生产操作区和设备是否便于清洁和去除污染，能耐受熏蒸消毒。

2301 中药材的前处理、提取、浓缩和动物脏器、组织的洗涤或处理等生产操作是否与其制剂生产严格分开。

严格分开是指有有效隔断的独立的生产区域，即上述工段的任何部分均不得在制剂生产厂房中进行。

2302 中药材的蒸、炒、炙、煅等厂房是否有良好的通风、除尘、除烟、降温等设施。

应注意这些设备的管理，要有相应的文件。

2303 中药材、中药饮片的提取、浓缩等厂房是否有良好的排风及防止污染和交叉污染等设施。

中药材、中药饮片的提取、浓缩等厂房的空气、人员及物料的进入均无需特别控制。

2304　中药材的筛选、切片、粉碎等操作是否有有效的除尘、排风设施。

中药材的筛选、切片、粉碎等厂房的空气、人员及物料的进入均无需特别控制。

2401　非无菌药品产尘量大的洁净室（区）经捕尘处理不能避免交叉污染时，其空气净化系统是否利用回风。非无菌药品空气洁净度等级相同的区域，产尘量大的操作室是否保持相对负压。

首先，非无菌药品产尘量大的洁净室（区）要有捕尘设施；其次其空气净化系统的回风最好直排并且操作室与相邻的房间之间要保持相对负压。

2501　与药品直接接触的干燥用空气、压缩空气和惰性气体是否经净化处理，符合生产要求。

应对上述气体进行净化处理，处理的结果应符合所生产品种的限度要求。

2601　仓贮区是否保持清洁和干燥，是否安装照明和通风设施。仓贮区的温度、湿度控制是否符合贮存要求，按规定定期监测。取样时是否有防止污染和交叉污染的措施。

应注意温、湿度仪放置的位置要有代表性；当温、湿度超出规定的范围时是否有调控手段；应有取样室或取样车。

2701　洁净室（区）的称量室或备料室空气洁净度等级是否与生产要求一致，是否有捕尘设施，有防止交叉污染的措施。

应注意洁净空气回风直排不能代替捕尘设施，首先应考虑捕尘设施，不能避免交叉污染时其空气净化系统不利用回风；防止交叉污染的另一个措施是与相邻的房间保持相对负压。

2801　实验室、中药标本室、留样观察室是否与生产区分开。

实验室、中药标本室、留样观察室不能设置在生产区域内。

2802　生物检定、微生物限度检定室是否分室进行。

生物检定、微生物限度检定室的条件应符合国家有关规定，即应为10000级洁净度等级。注意微生物限度检查时应避免阳性对照菌对样品的污染。

2901　对有特殊要求的仪器、仪表是否安放在专门的仪器室内，是否有防止静电、震动、潮湿或其他外界因素的影响的设施。

仪器、仪表室的设置应远离道路；仪器、仪表的安放台要不易被震动。

3001　实验动物房是否与其他区域严格分开，实验动物是否符合国家有关规定。

实验动物房要取得管理部门的许可证书。

3002　用于生物制品生产的动物室、质量检定动物室是否与制品生产区各自分开。

3003　生物制品所使用动物的饲养管理要求，是否符合实验动物管理规定。

3101　设备的设计、选型、安装是否符合生产要求、易于清洗、消毒或灭菌，是否便于生产操作和维修、保养，是否能防止差错和减少污染。

3102　灭菌柜的容量是否与生产批量相适应，灭菌柜是否具有自动监测及记录装置。

应注意自动监测及记录装置是否正常使用，记录是否归入批生产记录。

3103　生物制品生产使用的管路系统、阀门和通气过滤器是否便于清洁和灭菌，封闭性容器（如发酵罐）是否用蒸汽灭菌。

3201　与药品直接接触的设备表面是否光洁、平整、易清洗或消毒、耐腐蚀，不与药品发生化学变化或吸附药品。

3202　洁净室（区）内设备保温层表面是否平整、光洁、有颗粒性物质脱落。

3203　与中药材、中药饮片直接接触的工具、容器表面是否整洁、易清洗消毒、不易产生脱落物。

用于中药材、中药饮片中转的容器不宜使用麻袋或编织袋。

3204　与药液接触的设备、容器具、管路、阀门、输送泵等是否采用优质耐腐蚀材质，管路的安装是否尽量减少连（焊）接处。

一般采用不锈钢材质，用快接方式连接。

3205　过滤器材是否吸附药液组分和释放异物，禁止使用含有石棉的过滤器材。

应有所使用的过滤器材的材质证明。

3206　用润滑剂、冷却剂等是否对药品或容器造成污染。

应有所使用的润滑剂、冷却剂不污染药品、容器的证明。

3301　与设备连接的主要固定管路是否标明管内物料名称、流向。

应包括空气净化系统的管路、水系统的管路等。

3401　纯化水的制备、贮存和分配是否能防止微生物的滋生和污染。

应注意纯化水的制备、贮存和分配的任何一个环节是否有暴露的情况。

3402　注射用水的制备、贮存和分配是否能防止微生物的滋生和污染，贮罐的通气口是否安装不脱落纤维的疏水性除菌滤器，贮存是否采用80℃以上保温、65℃以上保温循环或4℃以下存放。

检查贮水罐除了通气口以外是否还有与外界暴露的环节；一般采用65℃以上保温循环。

3403　贮罐和输送管路所用材料是否无毒、耐腐蚀，管路的设计和安装是否避免死角、盲管，贮罐和管路是否规定清洗、灭菌周期。

在用水端应采用大循环，否则难以避免盲管。

3405　生物制品生产用注射用水是否在制备后6h内使用；制备后4h内灭菌72h内使用。

也允许采用80℃以上保温、65℃以上保温循环或4℃以下存放。

3405　水处理及其配套系统的设计、安装和维护是否能确保供水达到设定的质量标准。

纯化水的卫生学指标应与饮用水的指标相同。

3501　生产和检验用仪器、仪表、量具、衡器等使用范围、精密度是否符合生产和检验要求，是否有明显的合格标志，是否定期校验。

校验后的合格标志应贴在明显的位置，而不是归入设备、仪器档案。

3601　生产设备是否有明显的状态标志。

设备的状态标志应固定在设备上，内容应包括设备的型号、规格安装日期、性能状况（如完好）及下次检修、保养的日期等或待检修。

3602　生产设备是否定期维修、保养。设备安装、维修、保养的操作是否影响产品的质量。

应有定期维修、保养的管理文件和记录；在线维修的操作应有标准操作规程以保证不影响产品的质量。

3603　非无菌药品的干燥设备进风口是否有过滤装置，出风口是否有防止空气倒流的装置。

要注意是否有使用防止空气倒流的装置的管理文件并按规定正常使用。

3604　生物制品生产过程中污染病原体的物品和设备是否与未用过的灭菌物品和设备分开，并有明显的标志。

3701　生产、检验设备是否有使用、维修、保养记录，并由专人管理。

要有设备档案。

3801　物料的购入、贮存、发放、使用等是否制订管理制度。

应侧重管理制度与现实情况的吻合。

3802　原料、辅料是否按品种、规格、批号分别存放。

3901　物料是否符合药品标准、包装材料标准、生物制品规程或其他有关标准，不得对药品质量产生不良影响。

在无药品标准、包装材料标准、生物制品规程的情况下，要选用其他有关标准时，不得对药品质量产生不良影响。

3902　原料、辅料是否按批取样检验。

应按取样的有关规定的原则取样。

3903　进口原料药、中药材、中药饮片是否有口岸药品检验所的药品检验报告。

口岸药品检验所的药品检验报告没有原件的而使用复印件的应有购入单位的印章。

4001　中药材是否按质量标准购入，产地是否保持相对稳定，购入的中药材、中药饮片是否有详细记录。

购入的中药材要符合药品标准；应有文件规定所用的中药材的产地。购入的中药材、中药饮片的详细记录的内容应包括数量、产地、来源采收（加工）日期。

4002　中药材、中药饮片每件包装上是否附有明显标记，表明品名、规格、数量、产地、来源采收（加工）日期。

如果购入时供应商没有附上述标记，企业应自己补上。

4101　物料是否从符合规定的单位购入，是否按规定入库。

应从有合法证照的单位购入，否则不得入库。

4201　待验、合格、不合格物料是否严格管理。

待验、合格、不合格物料要分区存放，并有明显的标志。

4202　不合格的物料是否专区存放，是否有易于识别的明显标志并按有关规定及时处理。

专区存放必须有有效的隔离；应规定及时处理的时间概念及处理的程序，处理后要有记录。

4301　有特殊要求的物料、中间产品和成品是否按规定条件贮存。

规定的条件是指药品标准中所规定的药品的贮存条件。中间产品的贮存条件应与物料、成品的贮存条件相适应。

4302　固体原料和液体原料是否分开贮存，挥发性物料是否避免污染其他物料，炮制、整理加工后的净药材是否使用清洁容器或包装，净药材是否与未加工、炮制的药材严格分开。

固体原料和液体原料要分库贮存；挥发性物料要有密闭的包装；净药材要有专库。

4401　麻醉药品、精神药品、毒性药品（药材）是否按规定验收、贮存、保管。

应侧重保管的条件。

4402　菌毒种是否按规定验收、贮存、保管、使用、销毁。

应侧重管理的文件和记录。

4403　生物制品用动物源性的原材料使用时要详细记录，内容至少包括动物来源、动物繁殖和饲养条件、动物的健康情况。

4404　用于疫苗生产的动物是否是清洁级以上的动物。

4405　是否建立生产用菌毒种的原始种子批、主代种子批和工作种子批系统。

4406　种子批系统是否有菌毒种原始来源、菌毒种特征鉴定、传代谱系、菌毒种是否为单一纯微生物、生产和培育特征、最适保存条件等完整资料。

4407　生产用细胞是否建立原始细胞库、主代细胞库和工作细胞库系统。

4408　细胞库系统是否包括：细胞原始来源（核型分析、致瘤性）、群体倍增数、传代谱系、细胞是否为单一纯化细胞系、制备方法、最适合保存条件等。

4409　易燃、易爆和其他危险品是否按规定验收、贮存、保管。

应注意不仅仅是易燃易爆品还应包括危险品，尤其是质量检验用危险品；易燃、易爆和其他危险品可委托管理，但被委托方的设施及对易燃、易爆和其他危险品的管理应符合国家有关规定；现场检查时检查组要前往托管的易燃、易爆和其他危险品库进行现场检查。

4410　毒性药材、贵细药材是否分别设置专库或专柜。

毒性药材应按国家有关规定确定的范围认定；贵细药材企业可根据药材的价格自行确定。

4411　毒性药材、易燃易爆等药材外包装上是否有明显的规定标志。

一定是规定的标志，而不是企业自己随意确定的标志。

4501　物料是否按规定的使用期限贮存，期满后是否按规定复验；贮存期内如有特殊情况是否及时复验。

有贮存期限的应按规定的贮存期限贮存；如原料药的贮存期限低于制剂的贮存期限后则不能投料；无贮存期限的物料一般不能超过三年，期满后应复验，以确认能否继续使用及继续贮存的期限；在贮存期限内，如遇特殊情况应及时复验，以确认能否继续使用及继续贮存的期限。

4601 药品标签、使用说明书是否与药品监督管理部门批准的内容、式样、文字相一致。印有与标签内容相同的药品包装物，是否按标签管理。

药品标签、说明书的内容一定要经药品监督管理部门批准，一经批准，不得有任何改动，包括内容和形式；如果药品包装的小盒、中盒甚至大盒印有与标签相同的内容，也应按标签管理。

4602 标签、使用说明书是否经质量管理部门校对无误后印制、发放、使用。

印制前的样稿应经质量管理部门签字批准，样稿应有详细的说明，包括字体、型号、色标等内容。第一次印制的原样应在质量管理部门保存作为入库验收的对照品，对每次印制的标签、说明书与对照样品校对无误后方可发放使用。

4701 标签、使用说明书是否由专人保管、领用。

不仅要专人保管，还应专人领用。专人领用不一定为某一个人，可以确定为几个人。

4702 标签、使用说明书是否按品种、规格、专柜（库）存放，是否凭批包装指令发放，是否按实际需要量领取。

不是按生产指令领取，而是根据批包装指令按实际需要量领取。

4703 标签是否记数发放，由领用人核对、签名。标签使用数、残损数及剩余数之和是否与领用数相符。

如果领用时无法核对领用的准确数量时，可以从标签的使用数、残损数及剩余数之和来确认领用数的准确数量，但必须由领用人、发放人及相关的管理人员签名确认。

4704 印有批号的残损标签或剩余标签是否由专人销毁，是否有记数，发放、使用、销毁是否有记录。

印有批号的残损标签或剩余标签应全部销毁并应记录具体的数字；必要时可将销毁标签的商标剪下贴在销毁记录上备查。

4801 企业是否有防止污染的卫生措施和各项卫生管理制度，并由专人负责。

由专人负责不是由一个人管理所有的卫生管理制度，而是不同的管理制度应由不同的部门各负其责。

4901 是否按生产和空气洁净度等级的要求制订厂房清洁规程，内容是否包括：清洁方法、程序、间隔时间，使用的清洁剂或消毒剂，清洁工具的清洁方法和存放地点。

4902 是否按生产和空气洁净度等级的要求制订设备清洁规程，内容是否包括：清洁方法、程序、间隔时间，使用的清洁剂或消毒剂，清洁工具的清洁方法和存放地点。

4903 是否按生产和空气洁净度等级的要求制订容器清洁规程，内容是否包括：清洁方法、程序、间隔时间，使用的清洁剂或消毒剂，清洁工具的清洁方法和存放地点。

厂房、设备及容器具的清洁规程中应注重清洁后的有效期，尤其是已清洁的容器具的存放，应标明各自的有效期。

5001 生产区是否存放非生产物品和个人杂物，生产中的废弃物是否及时处理。

生产中的废弃物应有专用的区域存放，在生产结束时及时通过指定的通道移出生产区域。

5002 在含有霍乱、鼠疫苗、免疫缺陷病毒（HIV）、乙肝病毒等高危病原体的生产操作结束后，对可疑的污染物品应在原位消毒，并单独灭菌后，方可移出工作区。

5101　更衣室、浴室及厕所的设置是否对洁净室（区）产生不良影响。

洁净室（区）内不得设置浴室及厕所。

5201　工作服的选材是否与生产操作和空气洁净度等级要求相一致，并不得混用。洁净工作服的质地是否光滑、不产生静电、不脱落纤维和颗粒物。

洁净工作服不仅仅要满足光滑、不产生静电、不脱落纤维和颗粒物的要求，还应注意工作服的式样及穿戴方式。如自上而下，裤子包衣服、鞋套包裤子等。

5202　无菌工作服的式样及穿戴方式是否能包盖头发、胡须及脚部，并能阻止人体脱落物。

无菌工作服最好使用联体服。

5203　不同空气洁净度等级使用的工作服是否分别清洗、整理，必要时消毒或灭菌，工作服是否制订清洗周期。

百级洁净室（区）使用的工作服必须消毒或灭菌，并在百级保护下整理；万级、10万级洁净室（区）使用的工作服可在同一洗衣机中清洗、整理，但不得同时清洗、整理；30万级洁净室（区）与非洁净室（区）使用的工作服可在同一区域中清洗、整理，但不得使用同一台洗衣机。

5204　100000级以上洁净度等级使用的工作服是否在洁净室（区）内洗涤、干燥、整理，是否按要求灭菌。

应包括工作鞋的洗涤、干燥。

5301　洁净室（区）是否限于该区域生产操作人员和经批准的人员进入，人员数量是否严格控制，对临时外来人员是否进行指导和监督。

进入洁净室（区）的人员数量一般以每人4～6个平方米为宜，人数的核定应按工作岗位的面积来确定该区域能够容纳的人数，而不是整个洁净室（区）可容纳的人数。如果临时外来人员的人数超过所要进入区域的限定人数时，可分批进入。

5302　进入洁净室（区）的工作人员（包括维修、辅组助人员）是否定期进行卫生和微生物学基础知识、洁净作业等方面的培训和考核。

应包括企业可能进入洁净室（区）的所有人员；还应注意定期培训。

5303　在生物制品生产日内，没有经过明确规定的去污染措施，生产人员不得由操作活微生物或动物的区域转到操作其他制品或微生物的区域。

5304　与生产过程无关的人员是否进入疫苗类生产控制区，进入时是否穿着无菌防护服。

5305　从事生物制品生产操作的人员是否与动物饲养人员分开。

5401　进入洁净室（区）的人员是否化妆和佩带饰物，是否裸手直接接触药品，100级洁净室（区）内的操作人员是否裸手操作，不可避免时手部是否及时消毒。

100级洁净室（区）包括局部100级洁净室（区）。应有文件规定哪些情况是不可避免的。

5501　洁净室（区）是否定期消毒；消毒剂是否对设备、物料和成品产生污染，消毒剂品种是否定期更换，以防止产生耐药菌株。

消毒剂品种更换周期应有依据。

5601　药品生产人员是否有健康档案，直接接触药品的人员是否每年至少体检一次。传染病、皮肤病患者和体表有伤口者是否从事直接接触药品的生产。

应注意日常出现的体表创伤、流行性感冒患者的检查；对因病调离直接接触药品生产岗位的人员应有调离和返回岗位的书面程序。

5602　生物制品生产及维修、检验和动物饲养的操作人员、管理人员，是否接种相应疫苗并定期体检。

5603　患有传染病、皮肤病、皮肤有伤口者和对生物制品质量产生潜在的不利影响的人员，是否进入生产区进行操作或进行质量检验。

5701　企业是否进行药品生产验证，是否根据验证对象建立验证小组，提出验证项目、制订验证方案，并组织实施。

企业要以文件的形式组建验证小组，不同的验证小组人员可以交叉、兼任；厂房、空气净化系统、设备的验证小组应在厂房设计、施工及设备选型前组建。

5702　药品生产过程的验证内容是否包括空气净化系统、工艺用水系统、生产工艺及其变更、设备清洗、主要原辅材料变更。

生产工艺验证只有在空气净化系统、工艺用水系统、生产工艺及其变更、设备清洗、主要原辅材料不变的情况下方可进行回顾性验证；生产工艺验证只有在空气净化系统、工艺用水系统、生产工艺及其变更、设备清洗等验证完成后进行。

5703　关键设备及无菌药品的验证的内容是否包括灭菌设备、药液滤过及灌封（分装）系统。

无需对所有设备进行验证；药品标准规定的检验仪器及检验方法不需验证。

5801　生产一定周期后是否进行再验证。

应有文件规定再验证的周期。

5901　验证工作完成后是否写出验证报告，由验证工作负责人审核、批准。

验证应包括验证方案、验证过程和验证报告。不能将验证报考和验证方案合并。

6001　验证过程中的数据和分析内容是否以文件形式归档保存，验证文件是否包括验证方案、验证报告、评价和建议、批准人等。

验证过程中的文件，应保存原始记录。

6401　是否建立文件的起草、修订、审查、批准、撤销、印制及保管制度。

应注意文件的批准日期与执行日期之间要有培训日期的间隔时间。

6402　分发、使用的文件是否为批准的现行文本。已撤销和过时的文件除留档备查外，是否在工作现场出现。

应注意设备使用说明书应以设备标准操作规程文件形式出现；文件的发放应为原件（可在复印件上盖章）。

6501　文件的制订是否符合规定。

1. 文件的标题应能清楚地说明文件的性质。
2. 各类文件应有便于识别其文本、类别的系统编码和日期。
3. 文件使用的语言应确切、易懂。
4. 填写数据时应有足够的空格。
5. 文件制订、审查和批准的责任应明确，并有责任人签名。

6601 是否有生产工艺规程、岗位操作法或标准操作规程，是否任意更改，如需更改时是否按规定程序执行。

生产工艺规程必须严格按照国家药品监督管理部门批准的处方和工艺来制订，不得任意更改；岗位标准操作规程的内容应包含在生产工艺规程的框架中，不得出现不一致甚至矛盾的情况。

6602 生物制品是否严格按照《中国生物制品规程》或国家药品监督管理部门批准的工艺方法生产。

6701 产品是否进行物料平衡检查。物料平衡超出规定限度，应查明原因，在得出合理解释、确认无潜在质量事故后，方可按正常产品处理。

物料平衡的检查应区别与产品出品率的检查，不仅有下限，也要有上限；中药制剂的物料平衡应以在正常情况下提取液的实际出膏量来确定制剂制作的出品量。

6702 中药生产中所需贵细、毒性药材和中药饮片是否按规定监控投料。

毒性、贵细药材和中药饮片在贮存过程中是否特殊管理，特别是毒性药材从领料到投料要全程监控，并有详细记录。

6801 是否建立批生产记录。批生产记录是否及时填写、字迹清晰、内容真实、数据完整，并由操作人及复核人签名。

中药生产的前处理、提取和制剂生产可分别建立生产批号及批生产记录。

6802 批生产记录是否保持整洁、不得撕毁和任意涂改。批生产记录填写错误时，是否按规定更改。批生产记录是否按批号归档，保存至药品有效期后一年；未规定有效期的药品，批生产记录是否保存三年。

更改时，在更改处签名，并使原数据仍可辨认。

6803 原料药的生产记录是否具有可追踪性，其批生产记录至少从粗品的精制工序开始。

连续生产的批生产记录，可作为该批产品各工序生产操作和质量监控的记录。

6901 药品是否按规定划分生产批次，并编制生产批号。

应分清批次与批号的概念。

7001 生产前是否确认无上次生产遗留物。

不能将上次生产的清场合格证副本作为无上次生产遗留物的确认依据。一定要履行生产前的检查程序，确保无上次生产遗留物。

7002 是否有防止尘埃产生和扩散的有效措施。

生产管理文件中应明确，有产尘操作时应首先开启捕尘设施后方可操作或有可能产尘的设备要开启前应待其捕尘设施运行一段时间后方可开启。

7003　不同产品品种、规格的生产操作是否在同一操作间同时进行。

应注意虽然有有效的隔断，但使用同一送风、回口的操作间也视为同一操作间，不能同时生产不同品种、规格的产品。

7004　有数条包装线同时包装时，是否采取隔离或其他有效防止污染和混淆的设施。

隔离的形式至少应为隔断。

7005　无菌药品生产直接接触药品的包装材料是否回收利用。

回收使用包括生产过程中的回收。

7006　是否防止物料及产品所产生的气体、蒸汽、喷雾物或生物体等引起的交叉污染。

生产管理文件中应明确，生产前检查排除产品所产生的气体、蒸汽、喷雾物等的设备的状况是否良好。

7007　无菌药品生产直接接触药品的包装材料、设备和其他物品的清洗、干燥、灭菌到使用时间间隔是否有规定。

应规定直接接触药品的包装材料当天没有使用的要重新清洗、干燥、灭菌。

7008　无菌药品的药液从配置到灭菌或除菌过滤的时间间隔是否有规定。

应规定出现异常情况的处理方法。

7009　每一生产操作间或生产用设备、容器是否有所生产的产品或物料名称、批号、数量等状态标志。

生产状态标志除标志正在生产的状态以外还应包括已清洁或待清洁；如果生产操作间中的设备、容器状态均相同，则只需标出生产操作间的状态；如果不同，则应标出生产操作间中每一台设备、容器的状态。

7010　非无菌药品的药品上直接印字所用油墨是否符合使食用标准。

应有生产厂家或供应商提供的证明材料。

7011　非无菌药品的液体制剂的配制、过滤、灌封、灭菌等过程是否在规定时间内完成。

应规定出现异常情况的处理方法。

7012　非无菌药品的软膏剂、眼膏剂、栓剂生产过程中的中间产品是否规定贮存期和贮存条件。

无特殊要求的不需另行规定，只有在其制剂的生产条件不一致时应专门规定。

7013　原料药生产使用敞口设备或打开设备操作时，是否有避免污染的措施。物料、中间产品和原料药在厂房内或厂房间的流转是否有避免混淆和污染的措施。

使用敞口设备或打开设备操作生产时应先开启捕尘设施；物料、中间产品和原料药在厂房内或厂房间的流转应有文件规定具体的流向。

7014　原料药生产是否建立发酵用菌种保管、使用、贮存、复壮、筛选等管理制度，并记录。

7015　中药制剂生产过程中，中药材是否直接接触地面。

中药前处理生产过程的物料中转最好使用金属容器。

7016　含有毒性药材的生产操作，是否有防止交叉污染的特殊措施。

如与其他药材严格分开；使用固定的容器甚至挑拣工作台等。

7017　挑拣后的药材的洗涤是否使用流动水，用过的水是否用于洗涤其他药材。

应规定每种药材的洗涤程序，如用水量的大小、洗涤的时间等。

7018　不同药性的药材是否在一起洗涤，洗涤后的药材及切制和炮制品是否露天干燥。

不同药材应分别洗涤。洗涤后的药材及切制和炮制品应烘干。

7019　中药材、中间产品、成品的灭菌方法是否以不改变质量为原则。

应严格按照国家药品监督管理部门批准的生产工艺中的灭菌方法灭菌，不得擅自使用钴60照射法灭菌。

7020　直接入药的药材粉末，配料前是否做微生物检查。

生产安排时应考虑到微生物检查所用的时间，必须见到微生物检查的合格报告后方可进行配料。

7021　中药材使用前是否按规定进行拣选、整理、剪选、炮制、洗涤等加工，需要浸润的中药材是否做到药透水尽。

生产工艺规程中应明确规定药材的拣选、整理、剪选、炮制、洗涤等加工程序，浸润的时间要有明确的规定。

7101　是否根据产品工艺规程选用工艺用水，工艺用水是否符合质量标准，是否根据验证结果，规定检验周期，是否定期检验，是否有检验记录。

如果工艺用水为饮用水，则应定期做饮用水的质量检验；纯化水的卫生学标准参照饮用水。

7201　产品是否有批包装记录，记录内容是否完整。

批包装记录的内容应包括：

1. 待包装产品的名称、批号、规格；
2. 印有批号的标签和使用说明书以及产品合格证；
3. 待包装产品和包装材料的领取数量及发放人、领用人、核对人签名；
4. 已包装的产品数量；
5. 前次包装操作的清场记录（副本）及本次包装清场记录（正本）；
6. 本次包装操作完成后的检验核对结果、核对人签名；生产操作负责人签名。

7202　药品零头包装是否只限两个批号为一个合箱。合箱外是否标明全部批号，并建立合箱记录。

应规定相邻的两个批号合箱，并规定相邻的两个批号相隔的时间期限。

7203　原料药可以重复使用的包装容器，是否根据书面程序清洗干净，并去除原有的标签。

最好使用不锈钢容器。

7301　药品的每一生产阶段完成后是否由生产操作人员清场，填写清场记录内容。清场记录内容是否完整，是否纳入批生产记录。

清场记录的内容包括：工序、品名、生产批号、清场日期、检查项目及结果、清场负责人及复查人签名。

7401 质量管理部门是否受企业负责人直接领导。

企业负责人是指企业一级的负责人，并非必须为企业法人或总经理（厂长）。

7402 质量管理和检验人员的数量是否与药品生产规模相适应。

质量监督人员和质量检验人员不得兼任；质量监督人员至少每一生产车间一名。

7403 是否有与药品生产规模、品种、检验要求相适应的场所、仪器、设备。

应至少具有其成品检验所需的所有仪器。

7404 生物制品原辅料（包括血液制品的原料血浆）、原液、半成品、成品是否严格按照《中国生物制品规程》或国家药品监督管理部门批准的质量标准进行检定。

7405 生物制品国家标准品是否由国家药品检验机构统一制备、标化和分发。生产企业是否根据国家标准制备其工作品标准。

7501 质量管理部门是否履行制订和修订物料、中间产品和产品的内控标准和检验操作规程的职责。

检验操作规程是对国家法定质量标准的操作程序的补充文件，不能改变国家法定标准的内容。

7502 质量管理部门是否履行取样和留样制度的职责。

购入的原辅料、包装材料不需留样；注射剂的留样只需留够理化检验的数量。

7503 质量管理部门是否履行制订检验用设备、仪器、试剂、试液、标准品（或对照品）、滴定液、培养基、实验动物等管理办法的职责。

1. 检验用设备、仪器要有使用记录。
2. 配制的试液要标有使用的期限。
3. 标准品（对照品）要有领用、发放、使用记录及称量配制的方法。
4. 滴定液的标定应有固定的操作场所并注意室内温湿度的变化。
5. 培养基等物料应按规定的方式保存。

7504 质量管理部门是否履行决定物料和中间产品使用的职责。

物料和中间产品必须有质量管理部门出具的检验合格报告方可使用。

7505 药品放行前是否由质量管理部门对有关记录进行审核。审核内容是否包括：配料、称重过程中的复核情况；各生产工序检查记录；清场记录；中间产品质量检验结果；偏差处理；成品检验结果等。符合要求并有审核人员签字后方可放行。

批生产记录的每一生产岗位的原始记录上必须有属于质量管理部门直接领导的质量监督人员签名后方可放行。

7506 质量管理部门是否履行审核不合格品处理程序的职责。

质量管理部门在出具不合格品报告后，应立即按处理程序督办不合格品的处理，直至处理完毕为止，并应有详细的记录。

7507 质量管理部门是否履行对物料、中间产品和成品进行取样、检验、留样，并出具检验报告的职责。

应区分留样品与留样观察品。只需对留样观察品按规定定期检验并出具检验报告书。

7508　原料药的物料因特殊原因需处理使用时，是否有审批程序，并经企业质量管理负责人批准后发放使用。

应有明确规定哪些特殊的原因需特殊处理。

7509　质量管理部门是否履行监测净化室（区）的尘粒数和微生物数的职责。

应规定检测不合格时的处理程序。

7510　质量管理部门是否履行评价原料、中间产品及成品的质量稳定性，为确定物料的贮存期、药品有效期提供数据的职责。

需要评价质量稳定性的原、辅料应按留样管理办法留样并观察。
要在质量管理部门的岗位责任制中明确负责制订质量管理和检验人员的岗位职责。

7601　质量管理部门是否会同有关部门对主要物料供应商的质量体系进行评估。

明确对主要物料供应商质量体系评估的内容，并有书面程序。

7602　生物制品生产用物料是否对供应商进行评估并与之签订较固定合同，以确保其物料的质量稳定性。

7701　每批药品均是否有销售记录。根据销售记录能追查每批药品的售出情况，必要时是否能及时全部追回。销售记录内容是否包括品名、剂型、批号、规格、数量、收货单位和地址、发货日期。

7801　销售记录是否保存至药品有效期后一年。未规定有效期的药品，其销售记录是否保存三年。

7901　是否建立药品退货和收回的书面程序，并有记录。药品退货和收回记录内容是否包括品名、批号、规格、数量、退货和收回单位及地址、退货和收回原因及日期、处理意见。

应区别退货和收回的概念；退货是被动的行为，收回是主动的行为。

7902　因质量原因退货和收回的药品制剂，是否在质量管理部门监督下销毁，涉及其他批号时，是否同时处理。

应特别注意涉及其他批号是指退货和收回的药品制剂的质量问题在其他批号的药品制剂中可能同样存在，必须一并收回。

8001　是否建立药品不良反应监测报告制度，是否指定专门机构和人员负责药品不良反应监测报告工作。

应明确药品不良反应的概念，不能将药品不良反应与药品质量问题等同。

8101　对用户的药品质量投诉和药品不良反应，是否有详细记录和调查处理。

应有调查处理的书面程序。

8102　对药品不良反应是否及时向当地药品监督管理部门报告。

8201　药品生产出现重大质量问题时，是否及时向当地药品监督管理部门报告。

8301　企业是否定期组织自检。自检是否按预定的程序对企业进行全面检查。

要明确自检的内容应包括：人员、厂房、设备、文件、生产、质量控制、药品销售、用户投诉和产品收回的处理是否严格按照规范执行。

8401　自检是否有记录。自检报告是否符合规定的内容。

附录二、制药工程课程设计任务书设举例

一、课程设计的目的与任务

课程设计是本课程的一个重要教学环节。进行本课程设计的目的是培养学生综合运用所学的知识，特别是本课程的有关知识解决制药工程车间设计实际问题的能力，使学生深刻领会洁净厂房GMP车间设计的基本程序、原则和方法。掌握制药工艺流程设计、物料恒算、设备选型、车间工艺布置设计的基本方法和步骤。从技术上的可行性与经济上的合理性两个方面树立正确的设计思想。通过本课程设计，提高学生运用计算机设计绘图（AutoCAD）的能力。

二、课程设计的基本环节

① 设计时间为4周，设计动员，发题，安排进度，进行有关说明。

② 查阅资料、确定生产工艺、绘制工艺流程图，结合工程实际指导学生如何收集所需资料及检索相关规范标准，从技术可行性和经济合理性两方面树立正确的设计思想。

③ 物料衡算、能量计算、设备选型。

④ 进入车间工艺平面设计、绘制平面布置图、化工单体设备设计、编写设计说明书。

⑤ 设计考核、评定成绩。

三、几点说明

① 关于设计题目：从给定的题目中任选一题。

② 关于设计资料：针对每个题目均编写有设计任务书、设计指导书、设计说明书格式、设计参考资料目录，每个同学发设计指导书一本。

③ 关于计算机制图：要求学生一律采用AutoCAD制图，并进行指导。

④ 有关设计中的未知参数，要求学生到实验室自行研究测定。

本课程与其他课程的联系和分工；

《化工原理》的管路计算及化工单元操作的相关内容；

《化工机械设备》的设备机械基础知识；

《药剂学》的各制剂生产工艺；

《GMP教程》的GMP实质内容；

《化工制图》及AutoCAD内容。

四、课程设计的考核、评分方法

设计考核的内容包括如下。

(1) 设计说明书、图纸的质量（指说明书内容是否完整、正确，文字表达是否简洁、清楚，车间布置是否合理，主要设备总装图结构是否合理，图纸表达是否规范、正确，图面是否整洁、清楚等）。

(2) 课程设计结束后，由任课教师以及相关教师主持课程设计答辩会，按设计组分别进行汇报和答辩；成绩评定按优、良、中、及格、不及格五级记分。

(3) 设计成果包括

① 设计说明书一份，包括工艺概述、物料衡算、工艺设备选型说明、工艺主要设备一览表、车间工艺平面布置说明、车间技术要求等。

② 工艺平面布置图一套（1∶100）、制药单体设备安装设计图（1∶50）、带控制点工艺管道流程图。

③ 一般要求学生采用AutoCAD制图。

④ 图中所有图例、管路标号均采用国家标准，并在图中标出。

设计题目一 年处理1000t药材的中药提取车间工艺设计

设计时间：

指导老师：

设计内容和要求

① 按水提醇沉工艺设计，考虑提取的前处理。

② 确定并绘制中药提取工艺管道流程及环境区域划分。

③ 物料衡算、设备选型。

④ 年处理1000t药材的中药提取车间工艺平面布置（包括精烘包区域）。

⑤ 醇沉罐的安装图（剖示图1∶50）。

⑥ 紧扣GMP规范要求。

⑦ 编写设计说明书。

设计成果

① 设计说明书一份，包括工艺概述、物料衡算、工艺设备选型说明、工艺主要设备一览表、车间工艺平面布置说明、车间技术要求。

② 工艺平面布置图一套（1∶100）。

③ 醇沉罐的安装图（剖示图1∶50）。

④ 带控制点工艺管道流程图。

设计题目二 年产3亿片片剂生产车间工艺设计

设计时间：

指导老师：

设计内容和要求

① 确定工艺流程及净化区域划分。

② 物料衡算、设备选型（按单班考虑、片重按0.5g计；要求有高效包衣工序，制粒方式，包装形式自定）。

③ 按GMP规范要求设计车间工艺平面图。

④ 高效包衣机的安装图（平、立、剖面图1∶50）。

⑤ 编写设计说明书。

设计成果

① 设计说明书一份。包括工艺概述、工艺流程及净化区域划分说明、物料衡算、工艺设备选型说明、工艺主要设备一览表、车间工艺平面布置说明、车间技术要求。

② 工艺平面布置图一套（1∶100）。

③ 高效包衣机的安装图（平、立、剖面图1∶50）。

④ 工艺管道流程图。

设计题目三　年产1亿支2ml水针剂生产车间工艺设计

设计时间：

指导老师：

设计内容和要求

① 确定工艺流程及净化区域划分。

② 物料衡算、设备选型（按二班制，联动线生产）。

③ 按GMP规范要求设计车间工艺平面图。

④ 灭菌检漏工序的管道布置图（标出管道标号、管径、管材）。

⑤ 编写设计说明书。

设计成果

① 设计说明书一份。包括工艺概述、工艺流程及净化区域划分说明、物料衡算、工艺设备选型说明、工艺主要设备一览表、车间工艺平面布置说明、车间技术要求。

② 工艺平面布置图一套（1∶100）。

③ 灭菌检漏工序的管道布置图（1∶50）。

④ 工艺管道流程图（包括配液工序）。

设计题目四　年产1000万瓶250ml大输液生产车间工艺设计

设计时间：

指导老师：

设计内容和要求

① 确定工艺流程及净化区域划分。

② 物料衡算、设备选型（按二班制，联动线生产）。

③ 按GMP规范要求设计车间工艺平面图。

④ 洗瓶工序的管道布置图（包括碱水、回用蒸馏水、注射用水的管道布置、管道标号、管径、管材等）。

⑤ 编写设计说明书。

设计成果

① 设计说明书一份。包括工艺概述、工艺流程及净化区域划分说明、物料衡算、工艺设备选型说明、工艺主要设备一览表、车间工艺平面布置说明、车间技术要求。

② 工艺平面布置图一套（1∶100）。

③ 洗瓶工序的管道布置图（1∶50）。

④ 工艺管道流程图（包括配液工序）。

设计题目五　年产2亿粒胶囊剂生产车间工艺设计

设计时间：

指导老师：

设计内容和要求

① 确定工艺流程及净化区域划分。

② 物料衡算、设备选型（按单班考虑、胶囊重按0.3g计；要求有湿法制粒、高效沸腾干燥、铝塑包装）。

③ 按GMP规范要求设计车间工艺平面图。

④ 高效沸腾干燥机的安装图（平、立、剖面图1∶50）。

⑤ 编写设计说明书。

设计成果

① 设计说明书一份。包括工艺概述、工艺流程及净化区域划分说明、物料衡算、工艺设备选型说明、工艺主要设备一览表、车间工艺平面布置说明、车间技术要求。

② 工艺平面布置图一套（1∶100）。

③ 高效沸腾干燥机的安装图（平、立、剖面图1∶50）。

④ 工艺管道流程图。

设计题目六　年产100万支（5ml瓶）冻干疫苗生产车间工艺设计

设计时间：

指导老师：

设计内容和要求

① 确定工艺流程及净化区域划分。

② 物料衡算、设备选型（按二班制，联动线生产）。

③ 按GMP规范要求设计车间工艺平面图。

④ 车间工艺用水的管道布置图（不包括制水站，按照GMP规范要求，工艺用水由制水站出发65℃循环送至用水点）。

⑤ 工艺用水的管道系统图。

⑥ 编写设计说明书。

设计成果

① 设计说明书一份。包括工艺概述、工艺流程及净化区域划分说明、物料衡算、工艺设备选型说明、工艺主要设备一览表、车间工艺平面布置说明、车间技术要求。

② 工艺平面布置图一套（1∶100）。

③ 车间工艺用水的管道布置图（1∶100）。

④ 工艺用水的管道系统图（1∶100）。

⑤ 工艺管道流程图。

设计题目七　年产 2000 万袋冲剂生产车间工艺设计

设计时间：

指导老师：

设计内容和要求

① 确定工艺流程及净化区域划分。

② 物料衡算、设备选型（按单班考虑、冲剂重按 5g 计；要求有湿法制粒、高效沸腾干燥、包装形式自选）。

③ 按 GMP 规范要求设计车间工艺平面图。

④ 计算该车间所用的工艺纯水量，并做纯水站的设计。

⑤ 编写设计说明书。

设计成果

① 设计说明书一份。包括工艺概述、工艺流程及净化区域划分说明、物料衡算、工艺设备选型说明、工艺主要设备一览表、车间工艺平面布置说明、车间技术要求；纯水站的设计说明。

② 冲剂车间工艺平面布置图一套（1∶100）。

③ 纯水站的平面布置图（1∶50）。

④ 冲剂生产工艺管道流程图。

⑤ 纯水生产工艺管道流程图。

设计题目八　年产 5000 万支 10ml 口服液生产车间工艺设计

设计时间：

指导老师：

设计内容和要求

① 确定工艺流程及净化区域划分。

② 物料衡算、设备选型（按二班制，联动线生产）。

③ 按 GMP 规范要求设计车间工艺平面图。

④ 配液工序的工艺管道布置图（标出管道标号、管径、管材）。

⑤ 编写设计说明书。

设计成果

① 设计说明书一份。包括工艺概述、工艺流程及净化区域划分说明、物料衡算、工艺设备选型说明、工艺主要设备一览表、车间工艺平面布置说明、车间技术要求。

② 工艺平面布置图一套（1∶100）。

③ 配液工序的工艺管道布置图（1∶50）。

④ 工艺管道流程图（包括配液工序）。

设计题目九　年产1000万支250ml糖浆剂生产车间工艺设计

设计时间：

指导老师：

设计内容和要求

① 确定工艺流程及净化区域划分。

② 物料衡算、设备选型（按二班制生产）。

③ 按GMP规范要求设计车间工艺平面图。

④ 配液工序的工艺管道布置图（标出管道标号、管径、管材）。

⑤ 编写设计说明书。

设计成果

① 设计说明书一份。包括工艺概述、工艺流程及净化区域划分说明、物料衡算、工艺设备选型说明、工艺主要设备一览表、车间工艺平面布置说明、车间技术要求。

② 工艺平面布置图一套（1∶100）。

③ 配液工序的工艺管道布置图（1∶50）。

④ 工艺管道流程图（包括配液工序）。

设计题目十　年产5000万支无菌分装的粉针剂生产车间工艺设计

设计时间：

指导老师：

设计内容和要求

① 确定工艺流程及净化区域划分。

② 物料衡算、设备选型（按二班制生产）。

③ 按GMP规范要求设计车间工艺平面图。

④ 计算注射用水用量，并做注射用水制备工艺设计。

⑤ 编写设计说明书。

设计成果

① 设计说明书一份。包括工艺概述、工艺流程及净化区域划分说明、物料衡算、工艺设备选型说明、工艺主要设备一览表、车间工艺平面布置说明、车间技术要求；考虑胶塞、铝盖的处理。

② 无菌分装的粉针剂工艺平面布置图一套（1∶100）。

③ 注射用水制备工艺平面图（1∶50）。

④ 工艺管道流程图。

主要设备选型参考（可查阅 www. phmacn. com）

位号	设备名称	型号	外形尺寸/mm	单机电量	生产能力
1	粉碎机	GFSJ-18	1000×1300×1600	7.5kW	200kg/h
2	超微粉碎机组	WFJ-15	3800×1000×2800	15kW	150kg/h
3	旋振筛	ZS515	700×700×1320	1.0kW	250kg/h
4	旋转筛	FTS190	1680×520×1380	2.2kW	1000 kg/h
5	摇摆式颗粒机	YK160	1030×450×1100	1.5kW	300kg/h
6	槽形混合机	CH-200	1560×1600×1300	3kW	200L
7	混合制粒机	GHL-150	1810×880×2100	15kW	50kg/批
8	一步制粒机	FL-60	4800×2000×3000	12kW	60kg/批
9	一步制粒机	FL-120	5300×2500×3400	20kW	120kg/批
10	配液罐	JZ200	D750×1120	2.2kW	150kg
11	热风循环烘箱	C-CT-2	2300×2200×2000	0.9kW	200kg/批
12	快速整粒机	GHD-160	1200×500×1000	2kW	160kg/次
13	混合机	V-500	2200×2000×2700	3kW	125kg/批
14	混合机	V-1000	3040×1000×2900	4kW	350kg/批
15	三维混合机	SBH200	2030×2100×1700	4kW	140kg/批
16	三维混合机	SBH500	2000×2450×1850	5.5kW	350kg/批
17	压片机	ZP-33	920×890×1540	2.2kW	5.5 万片/h
18	高速压片机		950×1090×1540	15kW	15 万片/h
19	高效包衣机	BGB150	1100×1000×1589	10kW	150kg/批
20	除湿机	ZHS-15D	1150×900×2050	19kW	
21	铝塑包装机	DPH-250	2000×900×1400	3.5kW	9 万片/h
22	铝塑包装机	BP130	1450×1000×1200	5kW	5 万～14 万片/h
23	塑瓶包装机	PZ50	2800×1100×1500	2kW	40 瓶/min
24	灭菌消毒锅	NF-III	1150×850×1100	22kW	
25	干法制粒机	GZL-50	1190×850×2300	6kW	55kg/h
26	安瓿蒸煮柜		2000×1280×1200	1.5kW	
27	安瓿注水机	AZJ-1 型	2000×1200×1250	3.6kW	35000 支/h
28	安瓿甩水机	SSJ-851	1150×670×940	1.5kW	
29	隧道灭菌烘箱	JN86-2	6000×1650×1900	72kW	25000 支/h
30	配液机组	FX-200	3000×1000×1120	2.2kW	500kg
31	蒸馏水贮罐	JZ200	D750×1120	2.2kW	
32	蒸馏水输送泵		900×500×450	3.5kW	
33	拉丝灌封机	LSAG1-2	1300×600×135	0.7kW	4500 支/h
34	安瓿灭菌检漏柜	XG1. S	2500×1120×1900	3.5kW	
35	安瓿印字包装机	YBL-2	6800×1500×1550	1.9kW	30000 支/h
36	安瓿洗、烘、灌封联动线	BXSZ1/20	7500×2100×2600	24kW	16000 支/h(2ml)
37	大输液联动线	BXZSY100/500	23210×1700×2100	11kW	50 瓶/min

续表

位号	设备名称	型号	外形尺寸/mm	单机电量	生产能力
38	灯检贴签包装机		11200×1000×1200	5kW	60瓶/min
39	浓配罐	500L		2kW	
40	稀配罐	2000L		4kW	
41	不锈钢输送泵	BS25F	1100×700×500	12kW	
42	全自动胶塞清洗机	KJCS-8	2800×2000×2300	20kW	8万只/批
43	多能提取罐	$3m^3$	D1512×3740	5.5kW	
44	多能提取罐	$1m^3$	D1484×3340	4.5kW	
45	三效浓缩器	SJN-1.5	9000×2000×4020	18kW	1500kg/h
46	三效浓缩器	SJN-1.0	7000×1500×3400	11kW	1000kg/h
47	喷雾干燥器	LPG-150	5500×4500×7000	90kW	150kg/h
48	醇沉罐	$1m^3$	D1300×3300	1.5kW	
49	酒精浓缩器	1000B	3000×1500×7000		400kg/h
50	球形浓缩罐	500L	1900×1000×3620		100kg/h
51	真空干燥箱	FZG-1	1513×1924×2060	10kW	125kg/批
52	全自动胶囊充填机	NJP800	700×900×1800	2.5kW	800粒/min
53	全自动胶囊充填机	NJP1200	800×950×1900	3.5kW	1200粒/min
54	胶囊抛光机	PG-7000	1150×1250×400	1.2kW	5000粒/min
55	西林瓶成套粉针联动线		17130×1850×1900	50kW	300瓶/min
56	口服液洗烘灌轧联动机组	BXKF5/25	8500×2100×2400	35kW	60～160瓶/min
57	颗粒自动包装机	DXDK-100	625×751×1558	0.9kW	55～100袋/min
58	全自动液体灌装旋盖机	KDL-950	1330×1200×1500	3kW	30～80瓶/min
59	液体灌装自动线	YZ25/500	10700×2200×2000	4.2kW	20～80瓶/min
60	真空冷冻干燥机	GLZ-5	3000×2200×3500	100kW	冻干面积$5m^2$

推荐教材及主要参考书

1. 谭天恩，窦梅，周明华编著. 化工原理（第3版）. 北京：化学工业出版社，2006
2. 国家医药管理局上海医药设计院编. 化工工艺设计手册. 1986
3. 张洪斌主编. 药物制剂工程技术与设备. 北京：化学工业出版社，2003
4. 张绪桥主编. 药物制剂设备与车间工艺设计. 北京：中国医药科技出版社，2000
5. 毕殿洲主编. 药剂学. 北京：人民卫生出版社，2002
6. 国家食品药品监督管理局. 药品生产质量管理规范. 1998

参考文献

1 张洪斌主编．药物制剂工程技术与设备．北京：化学工业出版社，2003

2 张绪桥主编．药物制剂设备与车间工艺设计．北京：中国医药科技出版社，2000

3 朱盛山．药物制剂工程．北京：化学工业出版社，2002 年 8 月

4 胡鹤立．国外制剂设备发展趋势与特点．制药机械，1994，(114)

5 屠锡德，张钧寿，朱家璧．药剂学．第 3 版．北京：人民卫生出版社，2002

6 曹光明．中药工程学．第 2 版．北京：中国医药科技出版社，2001

7 范碧亭．中药药剂学．上海：上海科学技术出版社，1997

8 吴中秋，贾景华．药物制剂设备．沈阳：辽宁科学技术出版社，1994

9 赵宗艾主编，药物制剂机械．北京：化学工业出版社，1998

10 中国化学制药工业协会等．药品生产质量管理规范实施指南．北京：化学工业出版社，2001

11 国家药品监督管理局药品生产质量管理规范（1998 年修订）及附录．

12 朱世斌主编．药品生产质量管理工程．北京：化学工业出版社，2001

13 药品生产质量管理规范认证管理办法．国药监安［2002］442 号

14 中国药科大学自编教材．药物制剂车间设计和专用设备（上册）．1997

15 李钧主编．药品 GMP 实施与认证．北京：中国医药科技出版社，2000

16 柴诚敬等编．化工原理课程设计．天津：天津科技出版社，2002